Digital Image Processing Using MATLAB

MATLAB
在数字图像处理中的应用

陈刚　　**魏晗**　　**高毫林**　　**曲晶**　　**编著**
Chen Gang　Wei Han　Gao Haolin　Qu Jing

清华大学出版社

北京

内 容 简 介

　　MATLAB 是一种集算法开发、数据分析、数值计算和数据可视化于一体的高级技术计算语言,具有高效、功能强大、界面友好等特点,是目前工程界比较流行的工程仿真软件。

　　本书以最新版的 MATLAB R2016b 为操作平台,主要包括 MATLAB 数字图像处理基础和 MATLAB 数字图像处理实例两部分。第一部分主要包括 MATLAB 和数字图像处理基础、数字图像变换技术、数字图像增强、数字图像恢复、数字图像编码、数字图像分割、数字图像特征分析与提取等;第二部分是实例部分,主要介绍基于神经网络的水果自动识别、基于图像特征的火灾检测、基于全局特征的图像检索、基于词袋法的图像检索、基于词袋法的图像分类和基于位置敏感哈希的图像聚类。

　　本书重点突出,基础部分内容的讲解从理论到实践,由浅到深,从易到难,各个章节既相互独立又前后关联;实践部分内容结合图像处理现实应用,步骤讲解详细,语言浅显易懂,实用性强,可操作性高。

　　本书主要面向初中级用户,立足于 MATLAB 在数字图像处理方面的应用,并且附带较多的实例讲解,所以既适合初学者,又适合有一定经验的 MATLAB 使用者。

图书在版编目(CIP)数据

　　MATLAB 在数字图像处理中的应用/陈刚等编著.—北京:清华大学出版社,2016(2025.8 重印)
　　ISBN 978-7-302-42432-1

　　Ⅰ.①M… Ⅱ.①陈… Ⅲ.①MATLAB 软件 Ⅳ.①TP317

　　中国版本图书馆 CIP 数据核字(2015)第 303340 号

责任编辑:曾　珊
封面设计:李召霞
责任校对:李建庄
责任印制:宋　林

出版发行:清华大学出版社
　　　　　网　　　址:https://www.tup.com.cn,https://www.wqxuetang.com
　　　　　地　　　址:北京清华大学学研大厦 A 座　　　　　　　邮　　编:100084
　　　　　社 总 机:010-83470000　　　　　　　　　　　　　　邮　　购:010-62786544
　　　　　投稿与读者服务:010-62776969,c-service@tup.tsinghua.edu.cn
　　　　　质量反馈:010-62772015,zhiliang@tup.tsinghua.edu.cn
　　　　　课件下载:https://www.tup.com.cn,010-62795954
印 装 者:三河市龙大印装有限公司
经　　销:全国新华书店
开　　本:185mm×260mm　　印　张:18　　　　　字　　数:451 千字
版　　次:2016 年 1 月第 1 版　　　　　　　　　　　印　　次:2025 年 8 月第 9 次印刷
定　　价:39.00 元

产品编号:061086-01

前 言
PREFACE

MATLAB 集科学计算、建模仿真和图形化显示于一身,在线性代数、矩阵分析、数值及优化、数理统计和随机信号分析、数字信号处理、通信系统、数字图像处理、视频处理等众多领域的理论研究和工程设计中得到非常广泛的应用,并已成为科学研究、工程技术等众多领域可信赖的科学计算环境和标准仿真平台。

本书针对初中级读者的学习特点,结合作者多年使用 MATLAB 的教学和实践经验,由浅入深、图文并茂,详细介绍了 MATLAB 在数字图像的基本运算、变换、增强、恢复、编码、分割、特征提取等方面的应用与实践。在讲解的过程中配合以大量实例操作,使读者循序渐进地熟悉、学习并掌握软件在图像处理中的应用。全书共 13 章,分成两部分:第一部分每章先介绍理论知识,然后讲解例题,最后讲解综合实例,使理论与实践紧密结合;第二部分每章都是先介绍实验原理,然后给出具体实验步骤,并给出实验结果。

主要特点

本书作者都是长期使用 MATLAB 进行教学、科研和实际工程开发的教师和工程师,有着丰富的教学经验和编著经验。在内容编排上,按照读者学习的一般规律,结合大量实例讲解操作步骤,能够使读者快速、真正地掌握 MATLAB 软件在图像处理中的使用。

具体来讲,本书具有以下鲜明的特点:

- 从零开始,由浅入深;
- 层次清晰,内容丰富;
- 文字简练,图文并茂;
- 实例引导,专业经典;
- 学以致用,注重实践。

读者对象

- 读者大中专院校相关专业的师生;
- 对 MATLAB 感兴趣的研究人员和科技工作者;
- 从事计算机、信号处理、通信工程、图像处理等相关领域设计工作的工程技术人员;
- 具有一定 MATLAB 知识、希望掌握 MATLAB 高级编程技术的用户。

本书既可作为各类中专、高职高专、本科院校师生的参考用书,也可以作为读者自学的教程,同时也适用于有一定经验的工程技术人员作为参考手册。

为了方便读者学习,本书配套提供了教辅资料,其中包含了本书主要实例源文件。

本书第 1 章由魏晗和高毫林编写;第 2 章由高毫林编写;第 3 章由魏晗编写;第 4、5 章由高毫林编写;第 6~8 章由陈刚和魏晗编写;第 9 章由魏晗和曲晶编写;第 10、11 章由高毫林和陈刚编写;第 12、13 章由高毫林和曲晶编写。全书由陈刚和魏晗进行统稿。为本书提供帮助的老师还有宋一兵、张长江、管殿柱、王献红、李文秋、张忠林、赵景波、曹立文、郭方方、初航、谢丽华、贾晓瑞、李璐君等,在此表示感谢!

  鉴于作者水平有限,书中难免存在错误和不足之处,真诚欢迎各位读者给予批评指正。希望我们的努力对您的工作和学习有所帮助,也希望您把对本书的意见和建议告诉我们。

作 者

2015 年 12 月

目 录
CONTENTS

第二部分　MATLAB 数字图像处理实例

第一部分

ARTICLE

MATLAB 数字图像处理基础

　　MATLAB 是一款数据分析和处理功能都非常强大的可视化工程实用软件,它以矩阵运算为基础,把计算、可视化、程序设计融合在一个简单易用的交互式工作环境中,使用方便,输入快捷,运算高效,而且很容易由用户自行扩展。另外,随着新版本的推出,MATLAB的扩展函数越来越多,功能越来越强大。本书应用了最新的 MATLAB R2016b 版本软件,主要介绍 MATLAB 在图像变换、图像增强、图像恢复、图像编码、图像分割、图像特征提取和识别等方面的综合应用。

　　这部分内容主要包括以下 7 章:

第 1 章

MATLAB 和数字图像处理基础

MATLAB 是美国 MathWorks 公司出品的商业数学软件,用于算法开发、数据可视化、数据分析以及数值计算的高级技术计算语言和交互式环境,主要包括 MATLAB 和 Simulink 两大部分。MATLAB 是矩阵实验室(Matrix Laboratory)的简称,它和 Mathematica、Maple 并称为三大数学软件。它在数学类科技应用软件中在数值计算方面首屈一指,可以进行矩阵运算、绘制函数和数据、实现算法、创建用户界面、连接其他编程语言的程序等,主要应用于工程计算、控制设计、信号处理与通信、图像处理、信号检测、金融建模设计与分析等领域。

除具备卓越的数值计算能力外,MATLAB 还提供了专业水平的符号计算、文字处理、可视化建模仿真和实时控制等功能。MATLAB 的基本数据单位是矩阵,它的指令表达式与数学工程中常用的形式十分相似,故用它来解算问题要比用 C、FORTRAN 等语言简捷得多。它拥有数百个内部函数和三十几种工具包(Toolbox)。工具包又可以分为功能工具包和学科工具包。功能工具包用来扩充 MATLAB 的符号计算,可视化建模仿真,文字处理及实时控制等功能。学科工具包是专业性比较强的工具包,控制工具包、信号处理工具包、通信工具包等都属于此类。

开放性使 MATLAB 广受用户欢迎。除内部函数外,所有包文件和各种工具包都是可读可修改的文件,用户通过对源程序的修改或加入自己编写程序构造新的专用工具包,并且 MathWorks 也吸收了 Maple 等软件的优点,使 MATLAB 成为一个强大的数学软件。

1.1 MATLAB 简介

本节主要介绍 MATLAB 最新版本 MATLAB R2016b 的工作环境、图像处理工具箱和计算机视觉工具箱。

1.1.1 MATLAB R2016b 的工作环境

MATLAB R2016b 中的许多新功能都是在 R2016a 的功能基础上升级而来的,其中包括引入 tall 数组用于操作超过内存限制的过大数据;引入时间表数据容器用于索引和同步带时间戳的表格数据;增加能够在脚本中定义本地函数的功能,以提高代码的重用性和可读性;通过使用 MATLAB 的 Java API 可以在 Java 程序中调用 MATLAB 代码;支持使用三维超像素的立体图像数据进行简单线性迭代聚类(Simple Linear Iterative Clustering,

SLIC)和三维中值滤波；使用深度学习的区域卷积神经网络（Region-based Convolutional Neural Network,R-CNN)进行对象检测等功能。MATLAB 为科学研究、工程设计以及有效数值计算等众多科学领域提供了一种全面的解决方案,代表了当今国际科学计算软件的先进水平。

MATLAB R2016b 版的开始界面如图 1-1 所示,运行界面如图 1-2 所示。

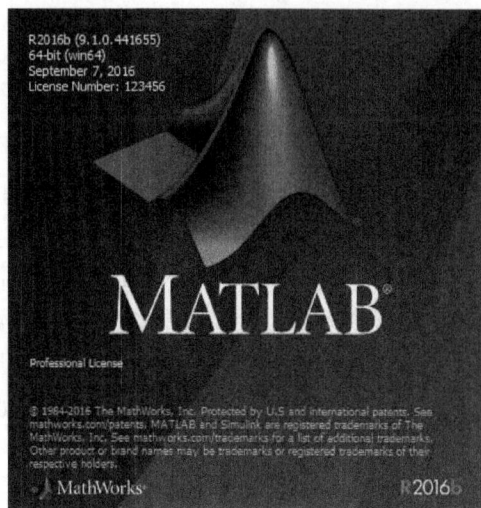

图 1-1　MATLAB R2016b 开始界面

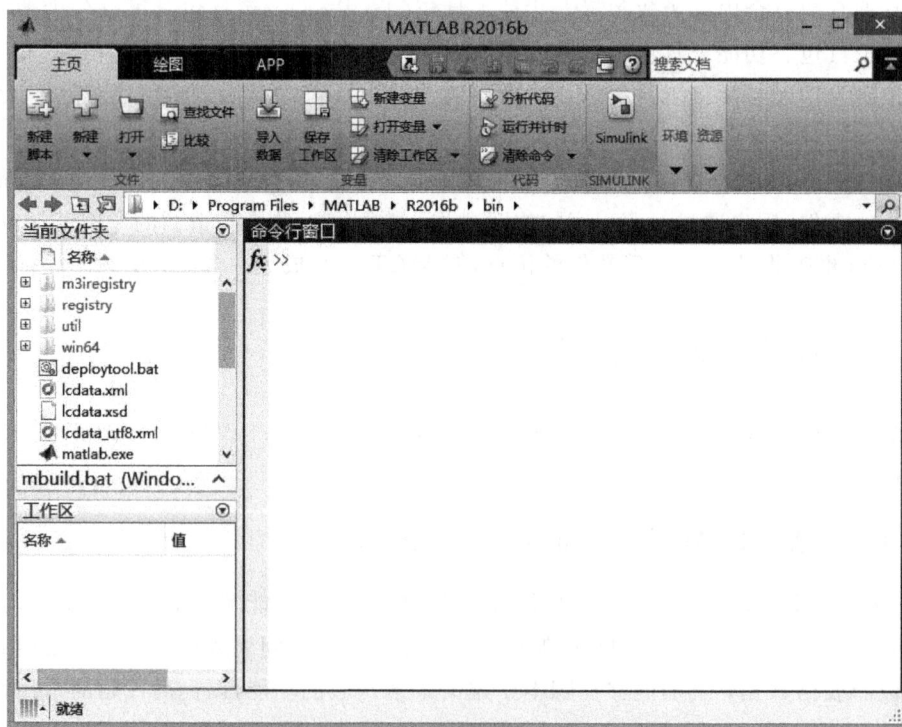

图 1-2　MATLAB R2016b 运行界面

MATLAB 的工作环境包括以下几个窗口：

1. 命令窗口（Command Window）

在命令窗口中可输入各种 MATLAB 的命令、函数和表达式，并显示除图形外的所有运算结果。

单独显示命令窗口的方法为：打开"View"菜单，选择"Undock Command Window"命令。由单独的命令窗口返回 MATLAB 界面的方法为：选择命令窗口的"View"菜单，选择"Dock Command Window"命令。如果主菜单中没有"View"菜单，则可在"Home"页面的工具栏中单击"Layout"按钮，在其下拉菜单中选择窗口显示方式。

命令窗口中的每个命令行之前会出现提示符"＞＞"。命令窗口内显示的字符和数值采用不同的颜色，在默认情况下，输入的命令、表达式以及计算结果等采用黑色字体，字符串采用红色字体，"if"、"for"等关键词采用蓝色字体。

命令窗口的常用控制命令有：

- clc：用于清空命令窗口中的显示内容；
- clear：用于清空工作空间中所有变量；
- more：在命令窗口中控制其后每页的显示内容行数。

2. 历史命令窗口（Command History）

复制单行或多行命令的方法为：选中单行或多行命令（按住键盘上的"CTRL"不放可以选中多行），然后右击出现快捷菜单，再选择"Copy"菜单，就可以把它复制。

运行单行或多行命令的方法为：选中单行或多行命令，然后右击出现快捷菜单，再选择"Evaluate Selection"菜单，就可在命令窗口中运行，并得出相应结果。或者双击选择的命令行也可运行。

把多行命令写成 M 文件方法为：选中单行或多行命令，右击出现快捷菜单，选择"Create Script"菜单，就可以打开包含这些命令的 M 文件编辑/调试器窗口。

3. 当前目录浏览器窗口（Current Folder）

当前目录浏览器窗口显示 MATLAB 默认位置的文件夹和文件，默认位置一般是 MATLAB 可执行文件 matlab.exe 所在的位置，如安装目录下的"H:\R2016b\bin"。该目录可以通过"Home"界面单击工具栏的"Set path"按钮改变。

改变当前目录的方法有以下两种：

（1）单击任务栏前面的"Browse by folder"按钮，在弹出的窗口中选择当前目录的路径；在任务栏中直接输入路径或通过单击当前目录在弹出的菜单中选择路径实现。

（2）通过命令设置当前目录，例如：

h:\R2016b\bin

4. 工作空间浏览器窗口（Workspace）

工作空间浏览器窗口用于显示所有 MATLAB 工作空间中的变量名、数据结构、类型、大小和字节数。可以对变量进行观察、编辑、提取、作图和保存，其主要功能的操作方法如表 1-1 所示。

表 1-1　工作空间浏览器主要功能的操作方法

功　能	操 作 方 法
变量的字符显示	选中变量右击,选择"Open selection"菜单；或者双击该变量也可显示
变量的图形显示	选中变量右击,选择画图函数命令,如"Plot"、"Bar"等
全部内存变量保存为 MAT 文件	右击"Workspace"标题条,选择"Save"菜单,则可把当前内存中全部变量保存为数据文件
部分内存变量保存为 MAT 文件	选中若干变量右击,选择"Save As…"菜单,则可把所选变量保存为数据文件
删除部分内存变量	选中一个或多个变量右击将出现快捷菜单,选择"Delete"菜单。将出现"Confirm Delete"对话框,单击"Yes"按钮
删除全部内存变量	右击出现快捷菜单,选择"Clear Workspace"菜单

工作空间的变量的管理也可以通过命令实现,主要命令有以下 5 个:

1) save:把工作空间中的数据存放到 MAT 数据文件

save FileName 变量 1 变量 2 … 参数

其中,FileName 为 MAT 文件的文件名,变量 1、变量 2 可以省略,省略时则保存工作空间的所有变量。参数为保存的方式,有-ASCII、-append 等。

```
>> save FileName1              % 把全部内存变量保存为 FileName1.mat 文件
>> save FileName2 a b          % 把变量 a,b 保存为 FileName2.mat 文件
>> save FileName3 a b – append  % 把变量 a,b 添加到 FileName3.mat 文件中
```

2) load:从数据文件中取出变量到工作空间

load FileName 变量 1 变量 2 …

其中,变量 1、变量 2 可以省略,省略时则装载所有变量。

例如:

```
>> load Filename1              % 把 FileName1.mat 文件中的全部变量装入内存
>> load FileName2 a b          % 把 FileName2.mat 文件中的 a,b 变量装入内存
```

3) who：查阅 MATLAB 内存变量名

```
>> who
Your variables are:
ii images imgName imgPath img_RGB2 img_list img_num img_ori j
```

4) whos：查阅 MATLAB 内存变量变量名、大小、类型和字节数

```
>> whos
  Name       Size         Bytes    Class      Attributes
  ii         1×1          8        double
  images     1×21         2142     cell
  imgName    1×38         76       char
  imgPath    1×16         32       char
  img_RGB2   240×352×3    253440   uint8
```

5）clear：删除工作空间中的变量

```
>> clear a
>> who
Your variables are:
b c
```

5. 变量编辑器窗口（Variable）

选择一个变量并右击，选择弹出菜单中的"Open selection"命令，或者双击该变量，可弹出变量编辑窗口，如图 1-3 所示。

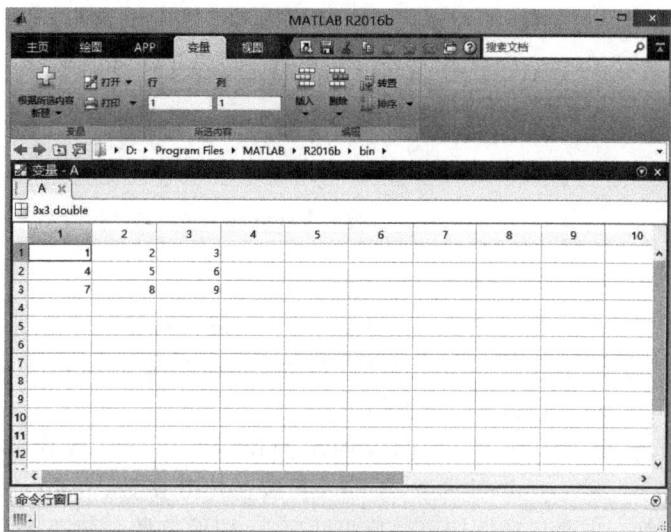

图 1-3　数组编辑器窗口

图 1-3 为变量"A＝[1 2 3；4 5 6；7 8 9]"打开后的效果。数组中的元素值也可以修改，可以在数组中插入或删除一行或一列，也可以进行转置或排序等操作，还可以对数组的行或列进行画图。

6. 帮助导航/浏览器窗口（Help Navigator/Browser）

单击"Home"页面工具栏中"Help"按钮，单击弹出菜单中的"Documentation"按钮能弹出帮助导航窗口，如图 1-4 所示。

1.1.2　图像处理工具箱

MATLAB 提供的工具箱种类很多，涉及的应用领域也很广，利用这些工具箱可以很方便地实现所需要的计算、分析、处理、可视化和算法设计等功能。MATLAB 图像处理工具箱（Image Processing Toolbox）为开发者提供了丰富的图像处理函数，可以进行图像 I/O、图像空间变换、图像配准、图像变换、线性滤波及滤波器设计、邻域与块处理、图像增强、图像模糊消除、感兴趣区域操作和图像形态学分析等，主要内容包括：

（1）图像的读写和显示：将图像数据读取到工作空间，处理后进行保存或显示，如imread 函数、imwrite 函数、save 函数、imshow 函数、image 函数等。

（2）图像空间变换：将图像进行缩放、旋转、平移、裁剪等操作，如 truesize 函数、zoom

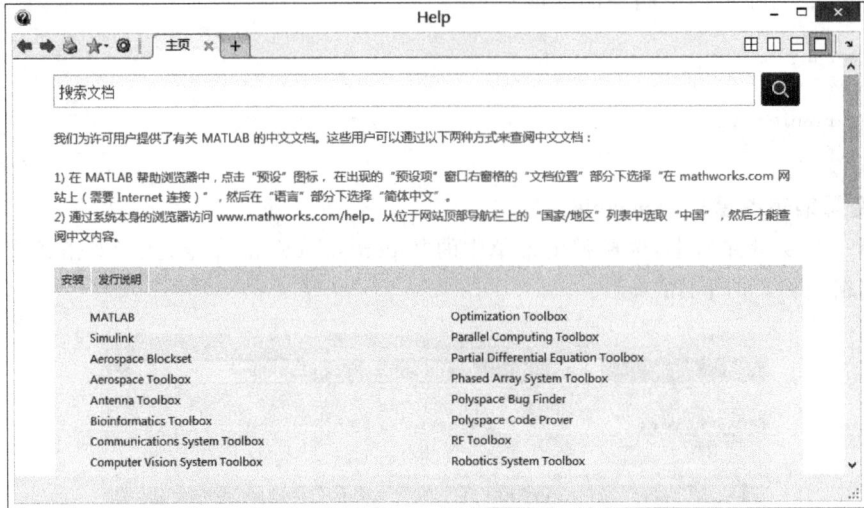

图 1-4　帮助导航窗口

函数、imcrop 函数等。

（3）图像的类型转换：根据需要，对 MATLAB 支持的 4 种图像类型（RGB 图像、索引图像、灰度图像和二值图像）进行类型的转换，如 gray2ind 函数、ind2gray 函数、rgb2gray 函数、rgb2ind 函数、ind2rgb 函数、im2bw 函数等。

（4）图像的邻域与块处理：进行图像的块操作、滤波、邻域操作和矩阵重排等，如 bestblk 函数、blkproc 函数、im2col 函数、col2im 函数、colfilt 函数、nlfilter 函数等。

（5）图像域变换：主要包括图像离散傅里叶变换、图像离散余弦变换、radon 变换等，如 fft2 函数、ifft2 函数、dct2 函数、idct2 函数、radon 函数、iradon 函数等。

（6）图像增强处理：进行直接变换增强、频域滤波增强和去噪等处理，如 imadjust 函数、histeq 函数、imnoise 函数、filter2 函数、medfilt2 函数、ordfilt2 函数、wiener2 函数等。

（7）彩色图像处理：对常用的彩色模型（RGB 模型、CMY 模型、HSI 模型等）进行颜色空间的相互转换等操作，如 rgb2hsv 函数、hsv2rgb 函数、rgb2ntsc 函数、ntsc2rgb 函数、rgb2ycbcr 函数、rgbplot 函数等。

（8）图像分析：进行图像的边缘检测、边界跟踪和四叉树分解等处理，如 edge 函数、qtdecomp 函数、qtsetblk 函数等。

（9）图像线性滤波及二维线性滤波器设计：进行线性滤波和设计 FIR 等滤波器，如 fspecial 函数、filter2 函数、fsamp2 函数、fwind1 函数、fwind2 函数等。

（10）图像形态学处理：对图像进行膨胀和腐蚀，开闭运算、计算区域面积、计算欧拉数等处理，如 imdilate 函数、imerode 函数、imopen 函数、imclose 函数、bwarea 函数、bweuler 函数等。

另外，图像处理工具箱还包括创建图形用户界面（Graphical User Interface，GUI）、图像合成、图像配准、图像 ROI 处理、图像恢复等操作。

1.1.3　计算机视觉工具箱

MATLAB 计算机视觉工具箱（Computer Vision System Toolbox）为开发者提供了丰

富的图像和视频处理函数,可以进行视频文件 I/O,视频显示,绘图以及合成,特征检测与特征提取、运动检测、目标检测、目标跟踪、立体视觉、视频处理、视频分析等。主要内容包括:

(1) 视频文件 I/O 和显示:将视频数据读取到工作空间,处理后进行保存或显示,如 vision. VideoFileReader 函数、vision. BinaryFileReader 函数、vision. VideoPlayer 函数、vision. VideoFileWriter 函数等。

(2) 特征检测和提取:包括 FAST,Harris,Shi & Tomasi,SURF,and MSER detectors 等的检测,如 detectBRISKFeatures 函数、detectFASTFeatures 函数、detectHarrisFeatures 函数、detectMSERFeatures 函数、detectSURFFeatures 函数、extractHOGFeatures 函数等。

(3) 目标检测:包括 Viola-Jones 算法进行目标的检测,如 vision. CascadeObjectDetector 函数等。

(4) 运动分析与跟踪:包括块匹配的运动估计,光流法进行物体运动速度估计、直方图特征的目标跟踪、模板匹配的目标定位等。如 vision. BlockMatcher 函数、vision. OpticalFlow 函数、vision. HistogramBasedTracker 函数、vision. TemplateMatcher 函数等。

(5) 分析和增强处理、数据统计等:进行对比度调整、中值滤波、取最值等处理。如 vision. Maximum 函数、vision. Minimum 函数、vision. Mean 函数、vision. StandardDeviation 函数、vision. Variance 函数等。

另外,计算机视觉工具箱还包括图像的转换、变换、滤波、几何变换、数学形态学操作、添加文字和绘图等操作。

1.2　MATLAB 的基础知识

本节主要介绍 MATLAB 的基础知识,包括 MATLAB 的数据种类、MATLAB 的 M 文件和MATLAB 的操作符。

1.2.1　MATLAB 的数据种类

本节介绍几种 MATLAB 的基本数据类型,包括双精度数值类型、符号型函数的定义、内联函数对象的构造、字符数组或字符串和无符号8位整数等。

1) double:双精度数值类型

把其他类型对象转换为双精度数值通过函数 double()来完成,该函数的声明如下:

```
Y = double(X)
```

【例 1-1】 把图像 Lena 表示的矩阵 A 的数据类型转换为双精度数值。

```
% example1_1.m%
clc; clear; close all;
A = imread('image01.jpg');
CA = class(A)              % 图像矩阵 A 的数据类型
B = double(A);             % 把其他类型对象转换为双精度数值
CB = class(B)              % 返回矩阵 B 的数据类型
```

程序运行结果如下:

```
CA = uint8
CB = double
```

提示：图像矩阵 A 的数据类型 uint8，函数 B＝double(A)运行后，数据类型强制变换为 double。

2) sym：符号型函数的定义

把 A 定义为符号型数据 S 通过函数 sym()来完成，该函数的声明如下：

```
S = sym(A)
```

【例 1-2】 把数字 2 定义为符号型数据 A。

```
% example1_2.m %
clc; clear; close all;
A = sym('2')
CA = class(A)
```

程序运行结果如下：

```
A = 2
CA = sym
```

提示：可以看出，A 已经被强制转换为符号型数据"2"。

3) inline：内联函数对象的构造

把 X 构造为内联函数对象通过函数 inline()来完成，该函数的声明如下：

```
G = inline(X)
G = inline(EXPR, N)
```

函数各参数含义如下：

- X：载入的数据，可为各种数据类型。
- N：参数个数。
- G：定义的内联函数对象。

【例 1-3】 构造几个内联函数对象。

```
% example1_3.m %
clc; clear all; close all;
G1 = inline('t^2')                    % 构造内联函数对象
G2 = inline('sin(2 * pi * f + theta)')
G3 = inline('x^P1', 1)
G4 = inline('x^P1', 3)
```

程序运行结果如下：

```
G1 =
    Inline function:
    G1(t) = t^2
G2 =
    Inline function:
    G2(f, theta) = sin(2 * pi * f + theta)
G3 =
```

```
        Inline function:
        G3(x, P1) = x^P1
G4 =
        Inline function:
        G4(x, P1, P2, P3) = x^P1
```

4）char：字符数组或字符串

把其他类型的数据 X 转换为字符数组或字符串通过函数 char() 来完成,该函数的声明如下：

```
char(X)
```

【例 1-4】 把数字 2 定义为字符数据类型。

```
% example1_4.m %
clc; clear all; close all;
A = char('2')
CA = class(A)
```

程序运行结果如下：

```
A =
2
CA =
Char
```

5）uint8：无符号 8 位整数

进行无符号 8 位整数的定义通过函数 uint8() 来完成,该函数的声明如下：

```
uint8(X)
```

【例 1-5】 把双精度数据类型 A 转换为无符号 8 位整数的数据类型。

```
% example1_5.m %
clc; clear all; close all;
A = [1,2,3,4;4,5,6,7;8,9,10,11];
class(A)
A = uint8(A)
CA = class(A)
```

程序运行结果如下：

```
ans =
double
CA =
uint8
```

1.2.2　MATLAB 的 M 文件

MATLAB 作为一种应用广泛的科学计算软件,不仅可以通过直接交互的指令和操作方式进行强大的数值计算、绘图等,还可以像 C、C++ 等高级程序语言一样,根据自己的语法规则来进行程序设计。编写的程序文件以 .m 作为扩展名,称为 M 文件。通过编写 M 文件,用户可以像编写批处理命令一样,将多个 MATLAB 命令集中在一个文件中,既能方便地进行调用,又便于修改;还可以根据用户自身的情况,编写用于解决特定问题的 M 文件,这样就实现了结构化程序设计,并降低代码重用率。实际上,MATLAB 自带的许多函数就是 M 函数文件。MATLAB 提供的编辑器可以使用户方便地进行 M 文件的编写。

M 文件有两种类型:M 脚本文件(M-Script)和 M 函数文件(M-Function)。它们的扩展名相同,都是".m"。M 脚本文件中包含一组由 MATLAB 语言所支持的语句,类似于DOS 下的批处理文件。执行方式也非常简单,用户只需要在 MATLAB 的提示符下输入该M 文件的文件名,MATLAB 就会自动执行该 M 文件的各条语句,并将结果直接返回到MATLAB 的工作空间。在运行过程中产生的所有变量都是全局变量。

M 脚本文件没有参数传递功能,但 M 函数文件有,所以 M 函数文件用得更为广泛。M 函数文件的格式有严格规定,它必须以"function"开头,其格式如下:

```
function 输出变量 = 函数名称(输入变量)
函数体;
end
```

因为 M 函数必须给输入参数赋值,所以编写 M 函数必须在编辑器窗口中进行,而执行M 函数要在指令窗口,并给输入参数赋值。M 函数不能像 M 脚本文件那样在编辑器窗口通过"run"命令执行。M 函数可以被其他 M 函数文件或 M 脚本文件调用。为了以后调用时方便,文件名最好与函数名相同,并且容易记忆和理解。

M 函数文件由以下四部分组成:

(1) 函数定义行:定义了函数的名称、输入输出变量的数目和顺序。

(2) 帮助信息行:代表帮助文件的第一行,即代表了帮助文件的简要信息。

(3) 帮助文件文本:当一个函数使用帮助命令时,MATLAB 将会形成帮助信息行和帮助文件文本。

(4) 函数体:函数功能的实现部分,用于实际计算、功能实现和对输出变量进行赋值。

M 文件的编辑和调试是在 MATLAB 的 M 文件编辑器(M-file Editor)中进行的,若需要对 M 文件进行调试,还需要 MATLAB 运行环境的支持,该编辑器既为基本文本文件的编辑提供了图形用户界面,又可以用于其他文本文件的编辑,同时还可以进行 M 文件的调试工作。可以在以下情况启动 M 文件编辑器:

(1) 创建一个新的 M 文件时,可以启动 M 文件编辑器,方法是:打开"New"菜单,选择"Script"命令。

(2) 使用编辑器/调试器打开一个已经存在的 M 文件。

(3) 不启动 MATLAB,使用其他编辑器打开,由于这个时候没有 MATLAB 环境的支持,不能对 M 文件进行调试。

(4) 用鼠标双击当前目录窗口中的 M 文件(扩展名为.m),可直接打开相应文件的 M文件编辑器。

图 1-5 显示打开了一个"DEMO.m"文件的 M 文件编辑/调试器窗口:

M 文件的取名应以英文字母开头,用字母和数字组成;不要起中文名称,也不要在文件名称中使用"("、")"等特殊字符;M 文件的名称不能和 MATLAB 系统函数重名。

M 文件有两种运行方式:一是在命令窗口直接输入文件名,按 Enter 键运行;二是在

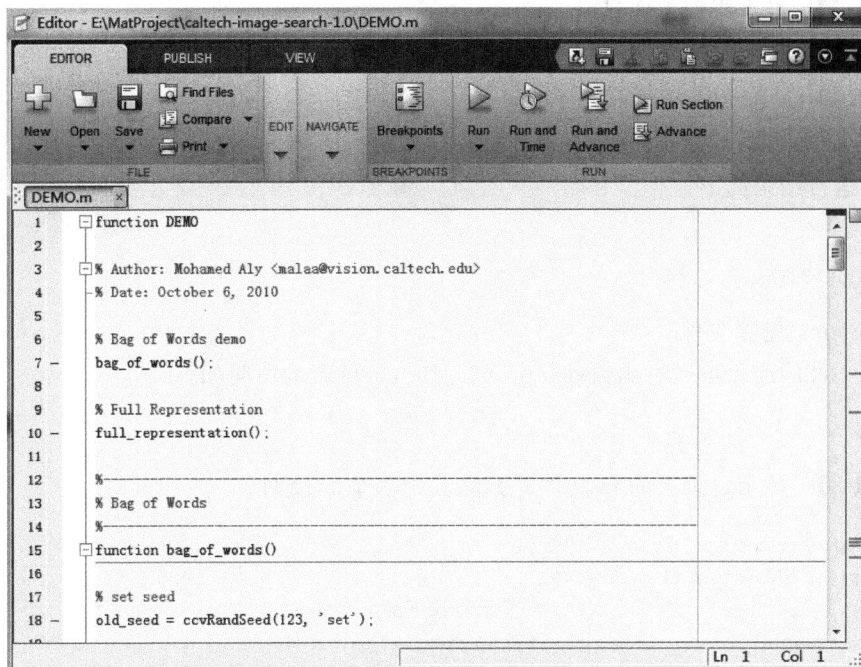

图 1-5　M 文件编辑/调试器窗口

编辑窗口单击"Run"按钮。M 文件保存的路径要在搜索路径上,否则就会无法运行。

1.2.3　MATLAB 的操作符

本节介绍一些基本的操作系统命令,如显示目录函数、删除文件、打开页面浏览器加载文件等 MATLAB 命令函数。

1) dir：显示当前或指定目录下的文件

列出当前或指定目录下的文件和子目录清单可通过函数 dir()来完成,该函数的声明如下：

```
dir                           %默认为当前目录
D = dir('directory_name')     %指定目录下的文件
```

【例 1-6】　显示指定目录下的文件。

```
% example1_6.m %
clc; clear all; close all;
dir                           %显示当前目录下的所有文件
dir *.m                       %显示当前目录下的 m 文件
dir H:\Matlab32\bin
dir H:\Matlab32\bin *.m
```

2) pwd：显示当前工作目录

显示当前的工作目录可通过函数 pwd()来完成,该函数的声明如下：

```
pwd
```

【**例 1-7**】 显示当前工作目录。

```
% example1_7.m %
clc;clear all;close all;
pwd
```

程序运行结果如下：

```
ans =
h:\matlab32\bin
```

3）delete：删除文件

进行文件的删除可通过函数 delete()来完成,该函数的声明如下：

```
delete
```

【**例 1-8**】 显示目录下的 m 文件并删除其中一个 m 文件。

```
% example1_8.m %
clc; clear all; close all;
dir;                         % 显示目录下的 m 文件
delete example1_1.m;         % 删除 example1_1.m 文件
```

提示：需注意的是,只可删除用户文件,其他文件不要轻易删除,否则系统可能会瘫痪。

4）web：打开页面浏览器加载文件的函数

打开页面浏览器加载文件可通过函数 web()来完成,该函数的声明如下：

```
web
```

【**例 1-9**】 打开页面浏览器。

```
% example1_9.m %
clc;clear all;close all;
web
```

程序运行结果见图 1-6。

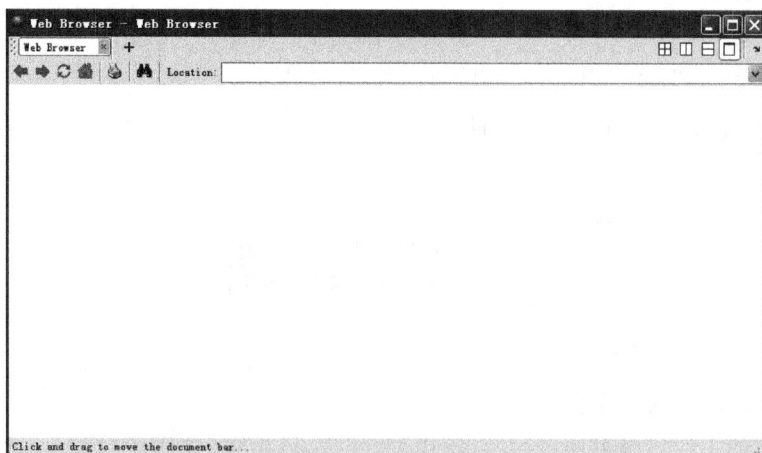

图 1-6　页面浏览器

1.3　数字图像处理基础

本节介绍数字图像处理基础,主要包括数字图像和图像的数字模型、常用的数字图像格式、数字图像类型和转换以及数字图像的读取、显示和写入。

1.3.1　数字图像和图像的数字模型

数字图像是由模拟图像数字化得到的、以像素为基本元素的、可以用数字计算机或数字电路存储和处理的图像。像素是在模拟图像数字化时对连续空间进行离散化得到的。每个像素具有整数行(高)和列(宽)位置坐标,也具有整数灰度值或颜色值。通常,像素在计算机中保存为二维整数数组的光栅图像,这些值经常用压缩格式进行传输和储存。

数字图像可由许多不同的输入设备和技术生成,如数码相机、扫描仪、坐标测量机、遥感卫星等,也可以从任意的非图像数据合成得到,如数学函数和三维几何模型等。

图像的数字模型主要是描述图像颜色的彩色模型,包括 RGB 模型、CMY 模型和 HSI 模型等。实际中最通用的面向硬件的模型是 RGB(红、绿、蓝)模型,用于视频监视器和彩色摄像机等。CMY(青、深红、黄)、CMYK(青、深红、黄、黑)模型在印刷工业和电视信号传输中经常使用。HIS(色调、饱和度、亮度)模型更符合人们描述和解释颜色的方式,适合于许多灰度处理技术。

在 RGB 模型中,图像由三个分量组成,每一个分量都是其原色图像。当送入 RGB 显示器时,这三幅图像在荧光屏上混合产生一幅合成的彩色图像。在 RGB 空间,用以表示每一像素的比特数叫像素深度。对于一幅 RGB 图像,其红、绿、蓝图像都是一幅 8 比特图像,这时,每一个 RGB 彩色像素(R、G、B 值 3 个一组)共有 24 比特深度。全彩色图像一般被定义为 24 比特的彩色图像。在 24 比特 RGB 图像中,颜色总数是 $(2^8)^3 = 167\,772\,16$。

CMY 模型中的青、深红和黄色是光的二次色,换句话说,它们是颜料的原色。例如,当青色颜料涂覆的表面用白光照射时,从该表面反射的不是红光,二是从反射的白光中减去红色,白光本身是等量的红、绿、蓝光的组合。大多数在纸上沉积彩色颜料的设备,如彩色打印机和复印机,要求输入 CMY 数据或在内部进行 RGB 到 CMY 的转换。这一转换就是执行以下操作:

$$\begin{bmatrix} C \\ M \\ Y \end{bmatrix} = \begin{bmatrix} 1 \\ 1 \\ 1 \end{bmatrix} - \begin{bmatrix} R \\ G \\ B \end{bmatrix} \tag{1-1}$$

这里假设所有的 RGB 彩色值都归一化为 $[0,1]$ 范围。上式显示了从涂覆青色颜料的表面反射的光不包含红色(即公式中 $C=1-R$)。与此相似,纯深红色不反射绿色,纯黄色不反射蓝色。

RGB、CMY 和其他类似的彩色模型不能很好地适应人们实际生活经验中的颜色。当人们观察一个彩色物体时,用色调、饱和度和亮度描述它。色调是描述纯色(纯黄色、橙色或红色)的属性。饱和度给出一种纯色被白光稀释的程度的度量。亮度是一个主观的描述,实际上它是不可能测量的。它体现了无色的强度概念,是描述彩色感觉的关键参数。强度(灰度)是单色图像最有用的描述子,这个量是可测量的,并很容易解释。HSI(色调、饱和度、强度)模型可在彩色图像中从携带的彩色信息(色调和饱和度)里消去强度分量的影响。它对于开发基于彩色描述的图像处理方法是一个理想的工具。这种描述对人来说是自然的、直观的。

1.3.2　常用的数字图像格式

目前比较流行的图像格式包括光栅图像格式 BMP、GIF、JPEG、JPEG 2000、TIFF、PSD、PNG 等，以及矢量图像格式 WMF、SVG 等。大多数浏览器都支持 GIF、JPG 以及 PNG 图像的直接显示。

1. BMP

BMP 是英文 Bitmap 的简写，它是 Windows 操作系统中的标准图像文件格式，能够被多种 Windows 应用程序所支持。随着 Windows 操作系统的流行与丰富的 Windows 应用程序的开发，BMP 位图格式理所当然地被广泛应用。这种格式的特点是包含的图像信息较丰富，几乎不进行压缩，但由此导致了它与生俱来的缺点——占用磁盘空间过大。

2. GIF

GIF 是英文 Graphics Interchange Format(图形交换格式)的缩写。20 世纪 80 年代，美国一家在线信息服务机构 CompuServe 针对当时网络传输带宽的限制，开发出了 GIF 图像格式。GIF 格式的特点是压缩比高，磁盘空间占用较少，所以这种图像格式迅速得到了广泛的应用。最初的 GIF 只是简单地用来存储单幅静止图像(称为 GIF87a)，后来随着技术发展，可以同时存储若干幅静止图像进而形成连续的动画，使其成为当时支持 2D 动画为数不多的格式之一(称为 GIF89a)。在 GIF89a 图像中可指定透明区域，使图像具有非同一般的显示效果。目前网络上大量采用的彩色动画文件多为这种格式的文件。GIF 文件的缺点是不能存储超过 256 色的图像。尽管如此，这种格式仍在网络上广泛应用，这和 GIF 图像文件小、下载速度快、可组成动画等优势是分不开的。

3. JPEG

JPEG 也是常见的一种图像格式，它由联合照片专家组(Joint Photographic Experts Group)开发。JPEG 文件的扩展名为".jpg"或".jpeg"，它用有损压缩方式去除冗余的图像和彩色数据，可以达到用最少的磁盘空间得到较好的图像质量的目的。JPEG 是一种很灵活的格式，具有调节图像质量的功能，允许用不同的压缩比例对这种文件进行压缩。例如将一幅 1.37MB 的 BMP 位图文件压缩至 20.3KB，也可以在图像质量和文件尺寸之间找到平衡点。JPEG 的应用非常广泛，特别是在网络和光盘读物上。目前各类浏览器均支持这种图像格式，因为 JPEG 格式的文件尺寸较小、下载速度快，使得网页有可能以较短的下载时间提供大量美观的图像，JPEG 也是目前网络上最受欢迎的图像格式。

JPEG 2000 同样是由 JPEG 组织负责制定的，它的正式名称叫做"ISO 15444"，与 JPEG 相比，它具备更高压缩率以及更多新功能的新一代静态影像压缩技术。JPEG 2000 作为 JPEG 的升级版，其压缩率比 JPEG 高约 30% 左右。与 JPEG 不同的是，JPEG 2000 同时支持有损和无损压缩，而 JPEG 只能支持有损压缩。无损压缩对保存一些重要图片是十分有用的。JPEG 2000 支持"感兴趣区域"的特性，即可以任意指定感兴趣区域的压缩质量，还可以选择指定的部分先解压缩。JPEG 2000 和 JPEG 相比优势明显，且向下兼容。JPEG 2000 可应用于传统的 JPEG 市场，如扫描仪、数码相机等，也可应用于新兴领域，如网络传输、无线通信等。

4. TIFF

TIFF(Tag Image File Format)是苹果电脑中广泛使用的图像格式,它由 Aldus 和微软联合开发,最初是出于跨平台存储扫描图像的需要而设计的。它的特点是图像格式复杂、存储信息多。正因为它存储的图像细微层次的信息非常多,图像的质量也得以提高,故而非常有利于原稿的复制。该格式有压缩和非压缩两种形式,其中压缩形式采用 LZW 无损压缩方案存储。

5. PNG

PNG(Portable Network Graphics)格式是一种新兴的网络图像格式。1994 年年底,由于 Unysis 公司宣布对 GIF 的压缩方法拥有专利,要求开发 GIF 软件的作者须缴交一定费用,由此促使免费的 PNG 图像格式的诞生。PNG 一开始便结合 GIF 及 JPG 两家之长,打算一举取代这两种格式。1996 年 10 月 1 日由 PNG 向国际网络联盟提出并得到推荐认可标准,并且大部分绘图软件和浏览器开始支持 PNG 图像浏览。PNG 图像存储形式丰富,兼有 GIF 和 JPEG 的色彩模式;它还能把图像文件压缩到极限以利于网络传输,同时又能保留所有与图像品质有关的信息;PNG 是采用无损压缩方式来减少文件的大小,这一点与牺牲图像品质以换取高压缩率的 JPEG 有所不同;它的第三个特点是显示速度很快,只需下载1/64 的图像信息就可以显示出低分辨率的预览图像;第四,PNG 同样支持透明图像的制作,可让图像和背景很和谐地融合在一起。

6. SVG

SVG(Scalable Vector Graphics,可缩放的矢量图形)是基于 XML(Extensible Markup Language,可扩展标记语言),由 World Wide Web Consortium(W3C)开发的一种开放标准的矢量图形语言,可设计高分辨率的 Web 图形页面。用户可以直接用代码来描绘图像,可以用任何文字处理工具打开 SVG 图像,通过改变部分代码使图像具有互交功能,并可以随时插入 HTML 中通过浏览器来观看。它提供了目前网络流行格式 GIF 和 JPEG 无法具备的优势:可以任意放大图形显示,但绝不会以牺牲图像质量为代价;在 SVG 图像中保留可编辑和可搜索的状态;SVG 文件一般比 JPEG 和 GIF 格式的文件要小很多,因而可以快速下载。

7. 其他格式

PCX(PC Paintbrush Exchange)格式是 ZSOFT 公司在开发图像处理软件 Paintbrush 时开发的一种格式,这是一种经过压缩的格式,占用磁盘空间较少。由于该格式出现的时间较长,并且具有压缩及全彩色的能力,所以现在仍比较流行。

DXF(Autodesk Drawing Exchange Format)格式是 AutoCAD 中的矢量文件格式,它以 ASCII 码方式存储文件,在表现图形的大小方面十分精确。许多软件都支持 DXF 格式的输入与输出。

WMF(Windows Metafile Format)格式是 Windows 中常见的一种图元文件格式,属于矢量文件格式。它具有文件短小、图案造型化的特点,整个图形常由各个独立的组成部分拼接而成,其图形往往较粗糙。

EPS(Encapsulated PostScript)格式是 PC 用户较少见的一种格式,而苹果 Mac 机的用户则用得较多。它是用 PostScript 语言描述的一种 ASCII 码文件格式,主要用于排版、打印等输出工作。

　　TGA(Tagged Graphics)格式是由美国 Truevision 公司为其显示卡开发的一种图像文件格式,已被国际上的图形、图像工业所接受。TGA 的结构比较简单,属于一种图形、图像数据的通用格式,在多媒体领域有着很大影响,是计算机生成图像向电视转换的一种首选格式。

　　PSD 格式是的 Adobe 公司所开发的图像处理软件 Photoshop 的专用格式 Photoshop Document。PSD 其实是 Photoshop 进行平面设计的一张"草稿图",它里面包含有各种图层、通道、遮罩等多种设计的样稿,以便于下次打开文件时可以修改上一次的设计。在 Photoshop 所支持的各种图像格式中,PSD 的存取速度比其他格式快很多,功能也很强大。

1.3.3　数字图像类型和转换

　　每个图像的像素通常对应于二维空间中一个特定的"位置",并且有一个或者多个与该点相关的采样值组成数值。根据这些采样数目及特性的不同,数字图像可以划分为:

- 二值图像(Binary Image),图像中每个像素的亮度值(Intensity)仅可以取自 0 或 1 的图像。
- 灰度图像(Gray Scale Image),也称为灰阶图像,图像中每个像素可以由 0(黑)到 255(白)的亮度值表示,0～255 之间的数值表示不同的灰度级。
- 彩色图像(Color Image),每幅彩色图像是由三幅红、绿、蓝图像组合而成。
- 立体图像,指一个物体由不同角度拍摄的图像,通常情况下可以用立体像计算出图像的深度信息。
- 三维图像,由一组二维图像组成,每一幅图像表示该物体的一个横截面。

　　在某些图像操作中,需要对图像类型进行转换。如要对一幅索引图像进行滤波,首先要将其转换为真彩色图像或灰度图像,再利用 MATLAB 软件对图像的灰度进行滤波,如果不对索引图像进行转换,MATLAB 软件将对图像调色板的序号进行滤波,这是没有任何意义的。为此,下面对 MATLAB 数字图像处理工具箱中常用的类型转换函数进行介绍。

1. gray2ind:将灰度图像或二值图像转换为索引图像

　　将灰度图像 I 或二值图 BW 转换为索引图像 X 可通过函数 gray2ind() 来完成,该函数的声明如下:

```
[X,map] = gray2ind(I,n)
[X,map] = gray2ind(BW,n)
```

函数各参数含义如下:
- I:转换前图像数据。
- BW:存储二值图像的数据。
- X:索引图像数据。
- n:图像颜色映射的个数,也表示图像的灰度级数。
- map:索引图像的颜色映射矩阵。

提示:I 可以是 double 类型、uint8 类型和 uint16 类型,map 的行不大于 256。

【例 1-10】　将图像转换为 128 个灰度级及 16 个灰度级的索引图像。

```
% example1_10.m %
clc;clear all;close all;
I = imread(image01.jpg');
I = rgb2gray(I);
figure;
imshow(I)
title('original');
[X1,map1] = gray2ind(I,128);          % 将图像转换为 128 个灰度层次的索引图像
figure;
imshow(X1,map1);
title('gray(128)');
[X2,map2] = gray2ind(I,16);           % 将图像转换为 16 个灰度层次的索引图像
figure;
imshow(X2,map2);
title('gray(16)');
```

程序运行结果如图 1-7 所示。

图 1-7　一幅灰度图像及其 128 个灰度级的索引图像和 16 个灰度级的索引图像

提示：可以明显看出 16 个灰度级的索引图像已经有些失真。

2. ind2gray：将索引图像转换为灰度图像

将具有颜色图 map 的索引图像 X 转换为灰度图像 I 可通过函数 ind2gray()来完成，该函数的声明如下：

```
I = ind2gray(X,map)
```

【例 1-11】　将索引图像 trees 转换为灰度图像并进行显示。

```
% example1_11.m %
clc;clear all;close all;
load trees
I = ind2gray(X,map);                  % 将索引图像转换为灰度图像
figure,imshow(X,map);
title('indexed image');
figure,imshow(I);
```

```
title('gray image');
```

程序运行结果如图 1-8 所示。

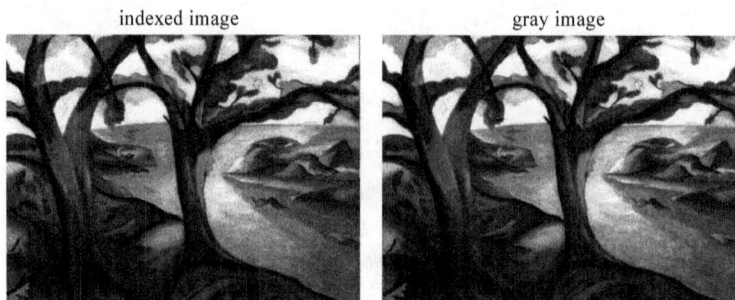

图 1-8　索引图像和对应的灰度图像

3. rgb2gray 函数：将 RGB 图像转换为灰度图像

将输入的 RGB 图像转换为灰度图像 I 或将输入的颜色图 map 返回一个等价的灰度图可通过函数 rgb2gray()来完成,该函数的声明如下:

```
I = rgb2gray(RGB)              % 将输入的 RGB 图像转换为灰度图像 I
newmap = rgb2gray(map)        % 将输入的颜色图 map 返回一个等价的灰度图
```

【例 1-12】　将彩色图像转换为灰度图像,并进行显示。

```
% example1_12.m %
clc;clear all;close all;
I = imread('image01.jpg');
J = rgb2gray(I);               % 将彩色图像 I 转换为灰度图像 J
figure, imshow(I);
title('orignal image');
figure, imshow(J);
title('gray image');
```

程序运行结果如图 1-9 所示。

图 1-9　彩色图像及其对应的灰度图像

4. rgb2ind：将 RGB 图像转换为索引图像

将 RGB 图像转换为具有颜色图 map 的索引图像 X 可通过函数 rgb2ind() 来完成，该函数的声明如下：

```
[X,map] = rgb2ind(RGB,n)          % 用最小方差量化抖动方法将 RGB 图像转换为索引图像 X,
                                  % map 中包含至多 n 个颜色
[X,map] = rgb2ind(RGB,tol)        % 用均匀量化抖动方法将 RGB 图像转换为索引图像 X,tol
                                  % 的范围为 0.0~1.0
X = rgb2ind(RGB,map)              % 用逆颜色映射方法将 RGB 图像转换为索引图像
[…] = rgb2ind(…,dither_option)   % 转换图像时是否激活抖动方法
```

函数各参数含义如下：

- RGB：真彩色图像数据。
- X：索引图像数据。
- n：索引图像颜色数。
- map：索引图像的颜色映射矩阵。

【例 1-13】 将 RGB 图像 greens.jpg 转换为索引图像，并显示出来。

```
% example1_13.m %
clc;clear all;close all;
RGB = imread('image01.jpg');
figure,imshow(RGB);
title('original image');
[X1,map1] = rgb2ind(RGB,64);      % 用最小方差量化抖动方法将 RGB 图像转换为索引图像 X
title('indexed image,64');
figure,imshow(X1,map1);
[X2,map2] = rgb2ind(RGB,0.7);     % 用均匀量化抖动方法将 RGB 图像转换为索引图像 X
figure,imshow(X2,map2);
title('indexed image,0.7');
```

程序运行结果如图 1-10 所示。

图 1-10　RGB 图像及转换后的索引图像

5. ind2rgb 函数：将索引图像转换为 RGB 图像

将具有颜色映射 map 的索引色图像 X 转换成真彩色图像 RGB 可通过函数 ind2rgb()
来完成,该函数的声明如下：

```
RGB = ind2rgb(X,map)
```

【例 1-14】　将索引图像转换成真彩色图像。

```
% example1_14.m %
clc;clear all;close all;
load trees                           %读入图像 trees
RGB = ind2rgb(X,map);
figure,imshow(X,map);
title('original image');
figure,imshow(RGB);
title('RGB image')
```

程序运行结果如图 1-11 所示。

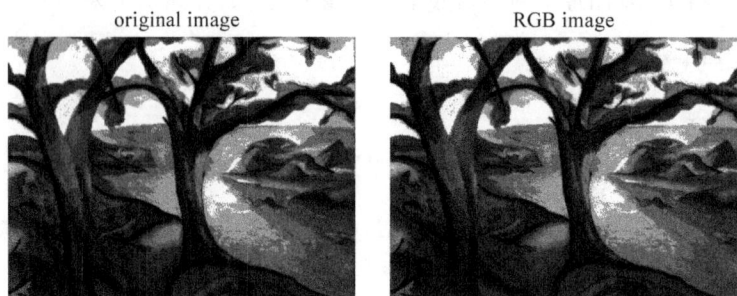

图 1-11　索引图 trees 和 RGB 图像 trees

6. im2bw：通过阈值化方法将图像转换为二值图像

通过设置亮度阈值将真彩图像、索引图像及灰度图像转化成二值图像可通过函数
im2bw()来完成,该函数的声明如下：

```
BW = im2bw(I,level)                  %将灰度图像 I 转化为二值图像
BW = im2bw(X,map,level)              %将颜色映射图为图 map 的索引图像 X 转化为二值图像
BW = im2bw(RGB,level)                %将 RGB 图像转化为二值图像
```

函数各参数含义如下：

- I：灰度图像数据。
- level：阈值,取值在 0～1 之间,当输入图像的亮度小于 level 时,对应的输出图像的
  像素值为 0,其他地方为 1。
- X：索引图像。
- BW：二值图像数据。
- map：索引图像的颜色映射矩阵。
- RGB：真彩色图像数据。

【例 1-15】　通过阈值化方法将索引图像转换为二值图像。

```
% example1_15.m %
clc;clear all;close all;
load trees
imshow(X,map);
title('original image');
BW = im2bw(X,map,0.4);              % 索引图像 X 转换为二值图像 BW
figure, imshow(BW);
title('binary image');
```

程序运行结果如图 1-12 所示。

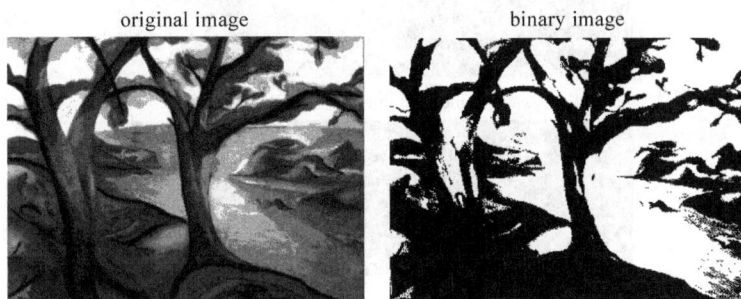

图 1-12　索引图像及对应的二值图像

提示：RGB 可以是 double 或 uint8 类型，BW 为 uint8 型。

7. grayslice：通过多级阈值化方法将灰度图像转换为索引图像

通过阈值化方法将灰度图像 I 转换为索引图像 X 可通过函数 im2bw() 来完成，该函数的声明如下：

```
X = grayslice(I,n)          % 将图像 I 的亮度均匀量化为 n 个等级，并返回索引图像 X，n 的
                            % 默认值为 64
X = grayslice(I,v)          % 按指定的阈值向量 v(每一个元素都在 0 和 1 之间)对图像 I
                            % 的亮度进行划分，并返回索引图像 X
```

【例 1-16】　将灰度图像 snowflakes.png 转换为索引图像。

```
% example1_16.m %
clc;clear all;close all;
I = imread('snowflakes.png');
figure, imshow(I);
title('original image');
X1 = grayslice(I,16);           % 将灰度图像 I 转换为索引图像 X
figure, imshow(X1,jet(16));
title('indexed image,n = 16');
X2 = grayslice(I,128);
figure, imshow(X2,jet(128));
title('indexed image,n = 128');
```

程序运行结果如图 1-13 所示。

提示：输入图像 I 可以是双精度类型或 8 位无符号类型。如果阈值数量小于 256，则返回图像 X 的数据类型是 8 位无符号类型，X 的值域为 [0,n] 或 [0,length(v)]；否则，返回图

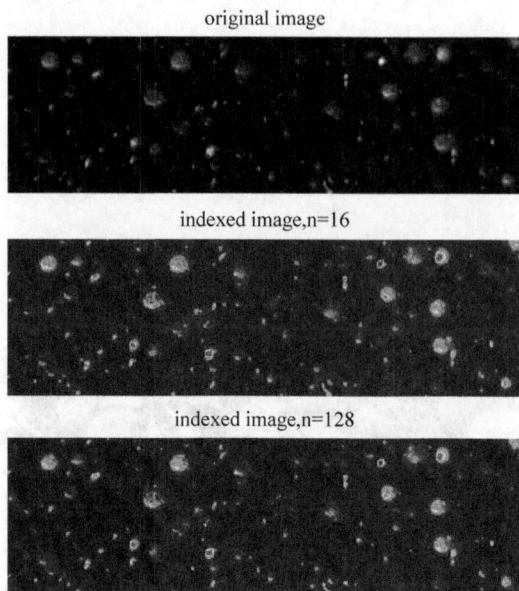

original image

indexed image,n=16

indexed image,n=128

图 1-13　灰度图像及对应的索引图像

像 X 为双精度类型,值域为$[1,n+1]$或$[1,length(v)+1]$。jet(M)生成默认的 M ∗ 3 颜色映射矩阵。

1.3.4　数字图像的读写和显示

MATLAB 支持 BMP、JPG、PCX、PNG、TIF 等多种图像文件格式,其图像处理工具箱为图像文件的读写和显示提供了专门的函数。

1. imread：读入图像文件

载入各种类型的图像文件可以通过函数 imread()来完成,该函数的声明如下：

```
I = imread(filename,fmt)      % 读取格式为 fmt 的图像 filename 并存入图像矩阵 I
[I,map] = imread(filename,fmt) % 读取索引图像,返回图像矩阵 I 和颜色映射矩阵 map
[ … ] = imread(filename)      % 读取图像文件 filename,文件格式由文件内容决定
[ … ] = imread( … ,idx)       % 从图标或光标文件读入一幅图像,或从 GIF 文件中读入一幅图像
[ … ] = imread( … ,ref)       % 从 HDF4 文件中读入一幅参考数为 ref 的图像
[ … ] = imread( … ,'BackgroundColor',BG)
[A,map,alpha] = imread( … ) (ICO,CUR and PNG only)
```

函数各参数含义如下：
- filename：图像文件名。
- fmt：图像文件格式。
- I：图像数据矩阵。
- map：索引图像颜色映射矩阵。
- idx：图像序号。
- ref：整数值。
- alpha：透明度。

- load：将以 mat 为扩展名的文件载入内存。

将以 mat 为扩展名的文件调入内存可以通过函数 load() 来完成，该函数的声明如下：

```
load filename
load filename X Y Z …
load filename – regexp expr1 expr2 …
S = load('arg1', 'arg2', 'arg3', …)
```

2. imwrite：将内存中的图像数据存为文件

将各种类型的图像矩阵写入文件 filename 中可以通过函数 imwrite() 来完成，该函数的声明如下：

```
imwrite(A,filename,fmt)          % 将图像矩阵以 fmt 格式写入文件 filename 中
imwrite(X,map,filename,fmt)      % 根据颜色索引表 map 将索引图像 X 以 fmt 格式写入文
                                 % 件 filename 中
imwrite( … ,filename)
imwrite( … ,Param1,Val1,Param2,Val2 … )
```

函数各参数含义如下：
- filename：保存的图像文件名。
- fmt：存储格式。
- A,X：存储图像数据的矩阵。
- map：索引图像的颜色图。
- Param1,Param2,Val1,Val2：用户控制的 JDF、JPEG、TIFF 等一些图像文件格式的输出特性。

【例 1-17】 把一幅索引图像存入文件。

```
% example1_17.m %
clc;clear all;close all;
[X,map] = imread('trees.tif');
imwrite(X,map,'trees1.tif','Compression','none','WriteMode','append');
```

程序运行结果见图 1-14，可以当前目录有图像 trees1.tif。

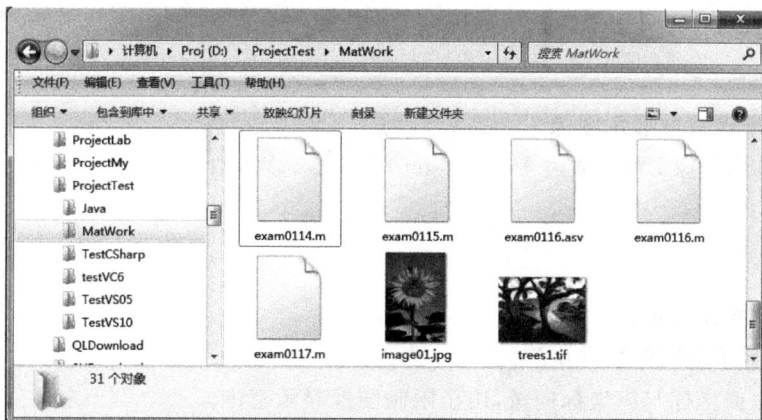

图 1-14　保存的索引图像 trees1.tif

3. save：将内存中的图像数据存为文件

将内存中的变量保持到以 filename.mat 为扩展名的文件中可以通过函数 save()来完成,该函数的声明如下:

```
save filename
save filename content
save filename options
save filename content options
save('filename', 'var1', 'var2', …)
```

【例 1-18】 将内存中的矩阵 p 和 q 保持到以 mat 为扩展名的文件中。

```
% example1_18.m %
clc;clear all;close all;
I = imread('image01.jpg');
J = rgb2gray(I);
save('image01gray','J'); %将图像数据 J 存为 mat 文件 image01gray.mat
```

程序运行结果见图 1-15,查看当前工作目录可以看到 image01gray.mat 文件。

图 1-15　当前工作目录下的 image01gray.mat 文件

4. image：建立并显示图像

建立并显示图像 I 可以通过函数 image()来完成,该函数的声明如下:

```
image(I)
image(X,Y,I)
```

函数各参数含义如下:

- I：待显示的图像数据矩阵。
- X,Y：横坐标与纵坐标向量,用于限制图像显示范围。

提示：不管图像 I 的类型是双精度浮点型还是 uint8 或 uint16 无符号整数型,image 函数都能将其正确地显示出来。

【例 1-19】 用 image 函数显示矩阵。

```
% example1_19.m %
clc;clear all;close all;
A = [1,2,3,4;4,5,6,7;8,9,10,11];
image(A);
```

程序运行结果如图 1-16 所示。

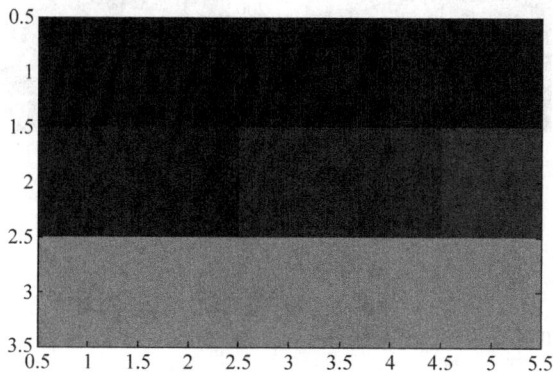

图 1-16 图像显示结果

提示：image 函数自动设置图像窗口、坐标值和图像属性，即 MATLAB 自动对图像进行缩放以适合显示区域。

5. subimage：在一个图形窗口中显示多个图像

在一个图形窗口中显示多个图像可以通过函数 subimage()来完成，该函数的声明如下：

```
subimage(X,map)
subimage(I)
subimage(BW)
subimage(RGB)
subimage(x,y,…)
h = subimage(…)
```

【例 1-20】 在一个图形窗口中同时显示两幅图像。

```
% example1_20.m %
clc;clear all;close all;
subplot(1,2,1);
I = imread('image01.jpg');
subimage(I);
subplot(1,2,2);
load('image01gray.mat');
subimage(J);
```

程序运行结果如图 1-17 所示。

6. imagesc：调整数据并显示为图像

调整数据 C 并显示成图像可以通过函数 imagesc()来完成，该函数的声明如下：

图 1-17   一个图形窗口显示两幅图像

```
imagesc(C)
imagesc(x,y,C)
```

函数各参数含义如下：

- C：待显示的数据。

- x，y：显示图像是坐标轴 x 和 y 的边界。

【例 1-21】   载入数据并显示。

```
% example1_21.m %
clc;clear all;close all;
I = imread('eight.tif');
figure; subplot(1,2,1);
imagesc(I);
title('original data');subplot(1,2,2);
imagesc(100,100, I);              % 设置图像从 x 轴和 y 轴的 100 开始显示
title('bounded data');axis([0 400 0 400]);
colormap(gray);
```

程序运行结果如图 1-18 所示。

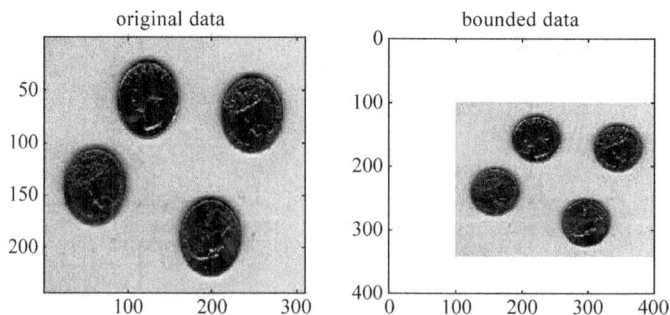

图 1-18   原始图像及设置边界显示的图像

7. imshow：图像显示

对各种类型如灰度图像、索引图像、RGB 的图像进行显示可以通过函数 imshow()来完

成,该函数的声明如下:

```
imshow(I,n)                  % 显示灰度、真彩色和二进制图像
imshow(I,[low high])         % 给出显示图像的灰度范围
imshow(X,map)                % 使用颜色映射矩阵 map 显示索引图像 X
imshow(filename)             % 如果图像是多帧的,那么仅显示第一帧
H = imshow(…)
```

函数各参数含义如下:

- I,X:待显示的图像数据。
- filename:待显示的图像文件名。
- [low,high]:灰度范围。
- H:imshow 函数创建的图像对象句柄。
- map:索引图像的颜色映射矩阵。

【例 1-22】　显示一幅灰度图像和一幅 RGB 图像。

```
% example1_22.m %
clc;clear all;close all;
I = imread('image02.jpg');
figure;imshow(I);title('RGB image');
J = rgb2gray(I);
figure;imshow(J);title('gray image');
```

程序运行结果如图 1-19 所示。

图 1-19　RGB 图像及其对应的灰度图像

1.4　习题

(1) 用 MATLAB 操作系统命令显示当前工作目录并显示当前目录下的文件。

(2) 读取图 1-9 的彩色图像并进行显示。

(3) 将图 1-9 的彩色图像转换为灰度图像和索引图像。

(4) 将图 1-9 的彩色图像转换为二值图像。

(5) 将图 1-9 的彩色图像和转换后的灰度图像、索引图像、二值图像共 4 幅图像在一个
图形窗口显示。

第 2 章

数字图像变换技术

为了有效和快速地对图像进行处理,常常需要将原定义在图像空间的图像以某种形式转换到另外一些空间,并利用在这些空间的特有性质方便地进行一定的加工,最后再转换回原图像空间以得到所需的效果,这些转换方法就是图像变换。一般称原始图像为**空间域图像**,称变换后的图像为**转换域图像**,转换域图像可反变换为空间域图像。常用的图像变换方法有:Hough 变换、图像余弦变换、图像傅里叶变换等。

2.1 图像的算术运算

图像的算术运算是两幅输入图像之间进行点对点的加、减、乘、除运算后得到输出图像的过程。

设输入图像为 $A(x,y)$、$B(x,y)$,输出图像为 $C(x,y)$,则图像的代数运算有如下 4 种形式:

$$C(x,y) = A(x,y) + B(x,y)$$
$$C(x,y) = A(x,y) - B(x,y)$$
$$C(x,y) = A(x,y) \times B(x,y) \qquad (2\text{-}1)$$
$$C(x,y) = A(x,y) \div B(x,y)$$

图像的算术运算在图像处理中有着广泛的应用,它除了可以实现自身所需的算术操作,还能为许多复杂的图像处理提供准备。例如,图像减法就可以用来检测同一场景或物体生成的两幅或多幅图像的误差。

我们可以使用 MATLAB 基本算术符(+、−、×、÷ 等)来执行图像的算术操作,但是在此之前必须将图像转换为适合进行基本操作的双精度类型。

图像处理工具箱包含了一个能实现所有数值数据的算术操作的函数集合,如表 2-1 所示。

表 2-1 MATLAB 提供算术操作函数集合

函 数 名	功 能 描 述	函 数 名	功 能 描 述
imabsdiif	两幅图像的绝对差值	imlincomb	计算两幅图像的线形组合
imadd	两个图像的加法	immultiply	两个图像的乘法
imcomplment	补足一幅图像	imsubtract	两个图像的减法
imdivide	两个图像的除法		

使用图像工具箱中的图像代数运算函数无须再进行数据类型间的转换,这些函数能够接受 uint8 和 uint16 数据,并返回相同格式的图像结果。

图像的算术运算函数使用以下截取规则使运算结果符合数据范围的要求:**超出数据范围的整型数据将被截取为数据范围的极值,分数结果将被四舍五入**。例如,如果数据类型是 uint8,那么大于 255 的结果(包括无穷大 inf)将被设置为 255。

无论进行哪一种代数运算都要保证两幅输入图像的大小相等,且类型相同。

图像相加一般用于对同一场景的多幅图像求平均效果,以便有效地降低具有叠加性质的随机噪声。一般来说,直接采集的图像品质都比较好,不需要进行加法运算处理,但是对于那些经过长距离模拟通信方式传送的图像(如卫星图像),这种处理是必不可少的。

在 MATLAB 中,如果要进行两幅图像的加法,或者给一幅图像加上一个常数,可以调用 imadd 函数来实现。imadd 函数将某一幅输入图像的每一个像素值与另一幅图像相应的像素值相加,返回相应的像素值之和作为输出图像。imadd 函数的调用格式如下:

```
Z = imadd(X,Y)
```

其中,X 和 Y 表示需要相加的两幅图像,返回值 Z 表示得到的加法操作结果。

图像减法也称为差分方法,是一种常用于检测图像变化及运动物体的图像处理方法。图像减法可以作为许多图像处理工作的准备步骤。例如,可以使用图像减法来检测一系列相同场景图像的差异。图像减法与阈值化处理的综合使用往往是建立机器视觉系统最有效的方法之一。在利用图像减法处理图像时往往需要考虑背景的更新机制,尽量补偿由于天气、光照等因素对图像显示效果造成的影响。

在 MATLAB 中,使用 imsubtract 函数可以将一幅图像从另一幅图像中减去,或者从一幅图像中减去一个常数。imsubtract 函数将一幅输入图像的像素值从另一幅输入图像相应的像素值中减去,再将这个结果作为输出图像相应的像素值。imsubtract 函数的调用格式如下:

```
Z = imsubtract(X,Y)
```

其中,Z 是 X-Y 操作的结果。

两幅图像进行乘法运算可以实现掩膜操作,即屏蔽掉图像的某些部分。一幅图像乘以一个常数通常被称为**缩放**,这是一种常见的图像处理操作。如果使用的缩放因子大于 1,那么将增强图像的亮度,如果因子小于 1 则会使图像变暗。缩放通常将产生比简单添加像素偏移量自然得多的明暗效果,这是因为这种操作能够更好地维持图像的相关对比度。此外,由于时域的卷积或相关运算与频域的乘积运算对应,因此乘法运算有时也作为一种技巧来实现卷积或相关处理。

在 MATLAB 中,使用 immultiply 函数实现两幅图像的乘法。immultiply 函数将两幅图像相应的像素值进行元素对元素的乘法操作(MATLAB 点乘),并将乘法的运算结果作为输出图形相应的像素值。immulitply 函数的调用格式如下:

```
Z = immultiply(X,Y)
```

其中,Z=X * Y。

除法运算可用于校正成像设备的非线性影响,这在特殊形态的图像处理(如断层扫描等医学图像)中常常用到。图像除法也可以用来检测两幅图像间的区别,但是除法操作给出的是相应像素值的变化比率,而不是每个像素的绝对差异,因而图像除法也称为比率变换。

在 MATLAB 中使用 imdivide 函数进行两幅图像的除法。imdivide 函数对两幅输入图像的所有相应像素执行元素对元素的除法操作(点除),并将得到的结果作为输出图像的相应像素值。imdivide 函数的调用格式如下:

```
Z = imdivide(X,Y)
```

其中,Z=X/Y。

因对 uint8、uint16 数据,每步运算都要进行数据截取,将会减少输出图像的信息量。图像四则运算较好的办法是使用函数 imlincomb。该函数按双精度执行所有代数运算操作,仅对最后的输出结果进行截取,该函数的调用格式如下:

```
Z = imlincomb(A,X,B,Y,C)
```

其中,Z=A×X+B×Y+C;

```
Z = imlincomb(A,X,C)
```

其中,Z=A×X+C;

```
Z = imlincomb(A,X,B,Y)
```

其中,Z=A×X+B×Y。

2.2 图像的几何变换

数字图像的几何变换也称为图像的**空间变换**,即图像中点与点之间的空间映射关系。如调整图像大小、旋转、剪切等。图像的几何变换是图像变形的基础,被广泛应用于遥感图像的几何校正、医学成像、计算机视觉等领域。

2.2.1 图像的缩放运算

图像的缩放操作将会改变图像的大小,产生的图像中的像素可能在原图中找不到相应的像素点,这样就必须进行近似处理。一般的方法是直接赋值为和它最相近的像素值,也可以通过一些插值算法来计算。

假设图像 x 轴方向缩放比率为 f_x,y 轴方向缩放比率为 f_y,那么原图中点(x_0,y_0)对应与新图中的点(x_1,y_1)的转换矩阵为:

$$\begin{bmatrix} x_1 \\ y_1 \\ 1 \end{bmatrix} = \begin{bmatrix} f_x & 0 & 0 \\ 0 & f_y & 0 \\ 0 & 0 & 1 \end{bmatrix} \begin{bmatrix} x_0 \\ y_0 \\ 1 \end{bmatrix} \tag{2-2}$$

其逆运算如下:

$$\begin{bmatrix} x_0 \\ y_0 \\ 1 \end{bmatrix} = \begin{bmatrix} 1/f_x & 0 & 0 \\ 0 & 1/f_y & 0 \\ 0 & 0 & 1 \end{bmatrix} \begin{bmatrix} x_1 \\ y_1 \\ 1 \end{bmatrix} \tag{2-3}$$

MATLAB 提供了 imresize 函数实现图像大小调整，其常用调用语法格式如下：

```
B = imresize(A,scale)              % 将图像 A 以 scale 为倍数缩放为 B
B = imresize(A,[numrows numcols])  % 将图像 A 缩放为 B,B 的行和列分别为 numrows 和 numcols
[Y newmap] = imresize(X,map,scale) % 将索引图像 X 缩放为 Y
[…] = imresuze(…,method)           % 对索引图像进行缩放,method 指定插值方法或插值使用的核
```

【例 2-1】 将真彩色图像的行变为 128,再将该图像缩小到原来的一半。

```
% example2_1.m %
clc;clear all;close all;
I = imread('image02.jpg');
figure, imshow(I);
title('original image');
I1 = imresize(I, [128 NaN]);       % 把图像的行变为 128,列按比例调整
figure, imshow(I1);
title('row = 128 ');
I2 = imresize(I, 0.5);             % 把图像缩小到一半
figure, imshow(I2);
title('scale = 0.5 ');
```

程序运行结果如图 2-1 所示。

图 2-1 原图和调整后的缩小图像

2.2.2 图像的平移运算

图像平移就是将图像中所有的点都按照指定的平移量水平、垂直移动。设 (x_0,y_0) 为原图像上的一点,图像水平平移量为 t_x,垂直平移量为 t_y,则平移后点 (x_0,y_0) 坐标将变为 (x_1,y_1)。(x_0,y_0) 和 (x_1,y_1) 的关系如下：

$$\begin{cases} x_1 = x_0 + t_x \\ y_1 = y_0 + t_y \end{cases} \tag{2-4}$$

用矩阵表示如下：

$$\begin{bmatrix} x_1 \\ y_1 \\ 1 \end{bmatrix} = \begin{bmatrix} 1 & 0 & t_x \\ 0 & 1 & t_y \\ 0 & 0 & 1 \end{bmatrix} \begin{bmatrix} x_0 \\ y_0 \\ 1 \end{bmatrix} \tag{2-5}$$

对该矩阵求逆,可以得到逆变换：

$$\begin{bmatrix} x_0 \\ y_0 \\ 1 \end{bmatrix} = \begin{bmatrix} 1 & 0 & -t_x \\ 0 & 1 & -t_y \\ 0 & 0 & 1 \end{bmatrix} \begin{bmatrix} x_1 \\ y_1 \\ 1 \end{bmatrix} \tag{2-6}$$

这样,平移后的图像上的每一点都可以在原图像中找到对应的点。例如,对于新图中的 $(0,0)$ 像素,对应原图中的像素 $(-t_x,-t_y)$。如果 t_x 或 t_y 大于 0,则 (t_x,t_y) 不在原图中。对于不在原图中的点,可以将它的像素值设置为 0 或则 255(对于灰度图就是黑色或白色)。若有点不在新图中,说明原图中有点被移出显示区域。如果不想丢失被移出的部分图像,可以将新生成的图像宽度扩大 $|t_x|$,高度扩大 $|t_y|$。

MATLAB 提供了 translate 函数实现图像平移,其常用调用语法格式如下:

```
SE2 = translate(SE,V)
```

其中,SE 是一个用 strel 函数创建的 N 维数组;V 是一个 N 维向量,它说明了每一维需要平移的量;SE2 是与 SE 大小相同的结构元素数组。

【**例 2-2**】 读取图像 cameraman. tif,平移图像并显示结果。

```
% example2_2.m %
clc;clearall;close all;
I = imread('cameraman.tif');
% 参数[25 25]可以修改,修改后平移距离对应改变
se = translate(strel(1), [25 25]);
J = imdilate(I,se);
imshow(I), title('Original')
figure, imshow(J), title('Translated');
```

原图及平移后的图像对比见图 2-2。

图 2-2 原图和平移后的图像

2.2.3 图像的旋转运算

一般图像的旋转是以图像的中心为原点,旋转一定的角度。旋转后,图像的大小一般会改变。和图像平移一样,既可以把转出显示区域的图像截去,也可以扩大图像范围以显示所有的图像。

可以推导一下旋转运算的变换公式。如下所示,点 (x_0,y_0) 经过旋转 θ 度后,坐标变成

(x_1, y_1)。

在旋转前：

$$
\begin{cases}
x_0 = r\cos(\theta) \\
y_0 = r\sin(\theta)
\end{cases}
\tag{2-7}
$$

旋转后：

$$
\begin{cases}
x_1 = r\cos(\alpha - \theta) = r\cos(\alpha)\cos(\theta) + r\sin(\alpha)\sin(\theta) = x_0\cos(\theta) + y_0\sin(\theta) \\
y_1 = r\sin(\alpha - \theta) = r\sin(\alpha)\cos(\theta) - r\cos(\alpha)\sin(\theta) = -x_0\sin(\theta) + y_0\cos(\theta)
\end{cases}
\tag{2-8}
$$

$$
x_1 = r\cos(\alpha - \theta)
$$
$$
y_1 = r\sin(\alpha - \theta)
\tag{2-9}
$$

写成矩阵表达式为：

$$
\begin{bmatrix} x_1 \\ y_1 \\ 1 \end{bmatrix} =
\begin{bmatrix} \cos(\theta) & \sin(\theta) & 0 \\ -\sin(\theta) & \cos(\theta) & 0 \\ 0 & 0 & 1 \end{bmatrix}
\begin{bmatrix} x_0 \\ y_0 \\ 1 \end{bmatrix}
\tag{2-10}
$$

其逆运算如下：

$$
\begin{bmatrix} x_0 \\ y_0 \\ 1 \end{bmatrix} =
\begin{bmatrix} \cos(\theta) & -\sin(\theta) & 0 \\ \sin(\theta) & \cos(\theta) & 0 \\ 0 & 0 & 1 \end{bmatrix}
\begin{bmatrix} x_1 \\ y_1 \\ 1 \end{bmatrix}
\tag{2-11}
$$

MATLAB 提供了 imrotate 函数实现图像旋转,其常用调用语法格式如下：

```
B = imrotate(A,angle,method)
B = imrotate(A,angle,method,'crop')
```

其中,angle 表示图像旋转的角度；method 用于指定在旋转图像时所使用的算法,可以为以下几种：'nearest'这个参数是默认的,为改变图像尺寸时采用最近邻插值算法；'bilinear'采用双线性插值算法；'bicubic'为采用双三次插值算法；'crop'指定旋转后的图像是否与输入图像保持相同尺寸。

【例 2-3】　读取图像 solarspectra.fts,旋转图像并显示结果。

```
% example2_3.m %
clc;clearall;close all;
I = fitsread('solarspectra.fts');        % 从 FITS 文件中读取数据
I = mat2gray(I);                         % 对矩阵 I 进行归一化,即使 I 的每个元素的值都在 0
                                         % 和 1 之间
J = imrotate(I, -15,'bilinear','crop');  % 把图像顺时针旋转 15 度
figure, imshow(I),                       % 显示原图
figure, imshow(J)                        % 显示顺时针旋转 15 度后的图像
```

程序运行结果如图 2-3 所示。

提示：从程序运行结果可以看到,图像大小没有变,实现了图像旋转,旋转后未覆盖的区域用黑色像素填充。

2.2.4　图像的插值运算

在数字图像处理中,图像插值是图像超分辨处理的重要环节。插值是一种最基本、最常

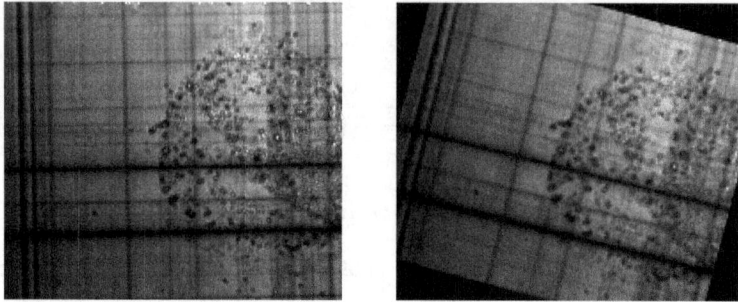

图 2-3 原图和旋转后的图像

用的几何运算,它应用广泛,插值的精度直接影响最终的图像处理结果,在图像处理软件中对图像进行缩放时,插值算法的好坏直接关系到图像的失真程序。插值函数的设计是插值算法的核心问题。常采用三种插值算法:最近邻点插值、双线性插值和双三次插值。其中双三次插值的效果最好,这一结论得到了普遍的认可。

数字图像的插值算法有许多应用领域,其中图像缩放是最典型的应用实例。由于图像像素的灰度值是离散的,因此一般的处理方法是对原来在整数点坐标上的像素值进行插值生成连续的曲线(面)。然后在插值曲线(面)上重新采样以获得放大或缩小图像像素的灰度值。下面简要介绍目前常用的三种插值采样方法。

1. 最近邻点插值

最近邻点插值(Nearest Neighbor Interpolation)又称零阶插值。它输出的像素值等于距离它映射到的位置最近的输入像素值。对于二维图像,该算法是"取待采样点周围四个相邻像素点中距离最近的一个邻点的灰度值作为该点的灰度值"。最近邻点插值算法是最简单的一种算法,这种算法是当图片放大时,缺少的像素通过直接使用与之最接近的原有像素的颜色生成,也就是说照搬旁边的像素。虽然这种方法简单,因此处理的速度很快,但结果通常会产生明显可见的锯齿,效果往往不佳。

2. 双线性插值

双线性插值(Bilinear Interpolation)又称一阶插值。它先对水平方向上进行一阶线性插值,然后再对垂直方向上进行一阶线性插值,而不是同时在两个方向上呈线性,或者反过来,最后将两者合并起来。这种算法是利用周围四个相邻点的灰度值在两个方向上作线性内插以得到待采样点的灰度值,即根据待采样点与相邻点的距离确定相应的权值计算出待采样点的灰度值。由于它是从原图四个像素中运算的,因此这种算法很大程度上消除了锯齿现象。双线性插值计算量大,但缩放后图像质量高,不会出现像素值不连续的情况。由于双线性插值具有低通滤波器的性质,使高频分量受损,所以可能使图像轮廓在一定程度上变得模糊。

3. 双三次插值

双三次插值(Bicubic Interpolation)又称三次卷积插值。它是一种更加复杂的插值方式,不仅考虑到四个直接邻点灰度值的影响,还考虑到各邻点间灰度值变化率的影响。利用待采样点周围更大邻域内像素的灰度值作三次插值。双三次插值能够克服以上两种算法的不足,计算精度高,但计算量大。

在图像处理工具箱中的函数 imrotate 可用来对图像进行插值旋转,默认的插值方法也是最近邻插值法。imrotate 的语法格式如下:

```
B = imrotate(A,angle,method )
```

该函数对图像进行旋转,参数 method 用于指定插值的方法,可选的值为 nearest(最近邻法)、bilinear(双线形冲值)及 bicubic(双三次插值),默认值为 nearest。该函数可把原图像以其几何中心为轴旋转任意 A 角后显示,并得到相应矩阵。旋转后的图像相当于用一矩形把旋转后的图像内接起来,四个角填充以黑色。

图像缩放的函数 imresize 也能实现图像的插值。imresize 的语法格式如下:

```
B = imresize(A,m)
```

该函数返回的图像 B 的长宽是图像 A 的长宽的 m 倍。m>1,放大图像;m<1,缩小图像。

```
B = imresize(A,[numrows,numcols])
```

其中 numrows 和 numcols 分别指定目标图像的高度和宽度,这种缩放产生的图像可能会发生畸变。

```
[Y newmap] = imresize[X,map,scale]
[ … ] = imresize( …,method)
```

其中 method 参数用于指定改变图像尺寸时所使用的算法,有以下几种:'nearest'、'bilinear'、'bicubic',在 R2013a 版本里默认为'bicubic'。

2.3　图像的 Hough 变换

霍夫变换(Hough Transform)是图像处理中的一种特征提取技术,它通过一种投票算法检测具有特定形状的物体。该过程在一个参数空间中通过计算累计结果的局部最大值得到一个符合该特定形状的集合作为霍夫变换结果。经典霍夫变换用来检测图像中的直线,后来霍夫变换扩展到任意形状物体的识别,多为圆和椭圆。霍夫变换运用两个坐标空间之间的变换将在一个空间中具有相同形状的曲线或直线映射到另一个坐标空间的一个点上形成峰值,从而把检测任意形状的问题转化为统计峰值问题。

2.3.1　Hough 变换基本原理

Hough 变换是一种利用表决原理的参数估计技术。其基本原理在于利用图像空间和 Hough 参数空间的点与线的对偶性,把图像空间中的检测问题转换到参数空间。通过在参数空间里进行简单的累加统计,然后在 Hough 参数空间寻找累加器峰值的方法检测直线。Hough 变换的实质是将图像空间内具有一定关系的像元进行聚类,寻找能把这些像元用某一解析形势联系起来的参数空间累计对应点。在参数空间不超过二维的情况下,这种变换效果理想。将原始图像空间的给定的曲线表达形式变为参数空间的一个点,这样就把原始图像中给定曲线的检测问题转化为寻找参数空间的峰值问题,也就是把检测整体特性转化为检测局部特性,例如直线、椭圆、圆、弧线等。简而言之,Hough 变换思想是:在原始图像坐标系下的一个点对应了参数坐标系中的一条直线,同样参数坐标系的一条直线对应了原始坐标系下的一个点,然后,原始坐标系下呈现直线的所有点,它们的斜率和截距是相同的,所以它们在参数坐标系下对应于同一个点。这样在原始坐标系下的各个点的投影到参数坐标系下之后,看参数坐标系下没有聚集点,这样的聚集点就对应了原始坐标系下的直线。

　　在图像处理中,从图像中识别几何形状的基本方法之一是霍夫变换,它有很多改进算法。最基本的霍夫变换是从黑白图像中检测直线。广义的 Hough 变换已经不仅仅局限于提取直线,二值任意可以用表达式表达的曲线都可以提取,例如圆、椭圆、正弦余弦曲线等。曲线越是复杂,所需参数越多,运算的时间也就越多。Hough 变换的精髓在于投票算法,将图像空间转换到参数空间进行求解。假如已知一黑白图像上画了一条直线,要求出这条直线所在的位置。直线的方程用 $y=kx+b$ 来表示,其中 k 和 b 是参数,分别是斜率和截距。过某一点(x_0,y_0)的所有直线的参数都会满足方程 $y_0=kx_0+b$,即点(x_0,y_0)确定了一族直线。方程 $y_0=kx_0+b$ 在参数 $k-b$ 平面上是一条直线$(b=-kx_0+y_0)$。这样,图像 $x-y$ 平面上的一个像素点就对应到参数 $k-b$ 平面上的一条直线。霍夫变换的基本思想就是把图像平面上的点对应到参数平面上的线。在实际应用中,$y=kx+b$ 形式的直线方程没有办法表示 $x=c$ 形式的直线(这时直线的斜率为无穷大)。

　　如果参数空间中使用直线方程,当图像空间直线斜率为无穷大时,会使累加器尺寸变得很大,从而使计算复杂程度过大,为解决这一问题,采用极坐标方程,变换方程为:

$$\rho = x\cos\theta + y\sin\theta \tag{2-12}$$

　　根据这个方程,原图像空间中的点对应新参数空间中的一条正弦曲线,即点-正弦曲线对偶。检测直线的具体过程就是让 θ 取遍可能的值,然后计算 ρ 的值,再根据 θ 和 ρ 的值对累加数组累加,从而得到共线点的个数。下面介绍一下关于 θ 和 ρ 取值范围的确定。

　　设被检测的直线在第一象限,右上角坐标为(m,n),则第一象限中直线的位置情况如图 2-4 所示。

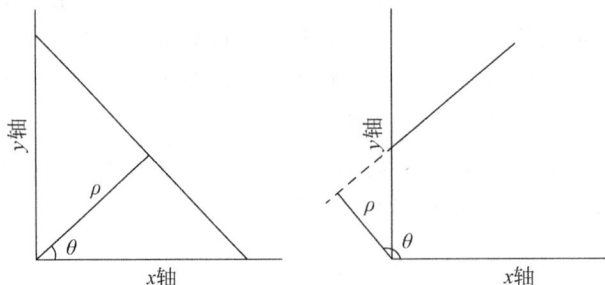

图 2-4　检测位置图

　　由图 2-4 可见,当直线从与 x 轴重合处逆时针旋转时,θ 的值开始由 $0°$ 增大,直到 $180°$,所以 θ 的取值范围为$(0°,180°)$。由直线极坐标方程可知 $\rho=\sqrt{x^2+y^2}\sin(\theta+\phi)$,其中 $\phi=\sin^{-1}(x/\sqrt{x^2+y^2})$,所以当且仅当 x 和 y 都达到最大,且 $\theta+\phi=\pm90°$ 时(根据 ϕ 来调整 θ 的值),$|\rho|=|\rho|_{max}=\sqrt{m^2+n^2}$,即 ρ 的取值范围是$(-\sqrt{m^2+n^2},\sqrt{m^2+n^2})$。由 θ 和 ρ 的取值范围和它们的分辨率可以确定累加器的大小,从而检测直线。

　　利用 Hough 变换,不仅可以检测直线,也可以检测曲线,实际上,只要是能够写得出方

程的图像,都可以用 Hough 变换检测,以圆周的检测为例,圆的一般方程为

$$(x-a)^2 + (y-b)^2 = r^2 \qquad (2\text{-}13)$$

该式中有 3 个参数 a、b 和 r,所以需要在参数空间建立一个三维累加数组 A,其元素可以写为 $A(a,b,r)$。让 a 和 b 依次变化,根据圆的一般方程计算 r,并对 $A(a,b,r)$ 累加,可见这个过程与检测直线上的点相同,只是空间多了一维,复杂性也随之增加。

2.3.2　基于 MATLAB 的图像 Hough 变换

【例 2-4】　利用 Hough 变换提取边界直线。

这里先对边缘图像进行二值化处理,然后用 Hough 变换提取直线,最后用红色标记出来。因为处理过程中需要使用灰度图像,但最后无法给灰度图像赋颜色,所以最初输入要求为彩色图像。

```matlab
% example2_4.m %
clc;clearall;close all;
f = imread('house.jpg');              % 读入彩色图像,注意不能使用灰度图像
o = f;                                % 保留彩色原图
f = rgb2gray(f);                      % 将彩色图像转换为灰度图像
f = im2double(f);
figure();
subplot(231);imshow(o);title('原图');
[m,n] = size(f);                      % 得到图像矩阵行数 m,列数 n
for i = 3:m - 2
    for j = 3:n - 2                   % 处理领域较大,所以从图像(3,3)开始,在(m - 2,n - 2)结束
        % LoG算子
        l(i,j) = - f(i - 2,j) - f(i - 1,j - 1) - 2 * f(i - 1,j) - f(i - 1,j + 1) - f(i,j - 2) - 2 *
        f(i,j - 1) + 16 * f(i,j) - 2 * f(i,j + 1) …
         - f(i,j + 2) - f(i + 1,j - 1) - 2 * f(i + 1,j) - f(i + 1,j + 1) - f(i + 2,j);
    end
end
subplot(232);
imshow(l);
title('LoG 算子提取图像边缘');

% 均值化滤波处理
[m,n] = size(l);
for i = 2:m - 1
    for j = 2:n - 1
        % LoG算子提取边缘后,对结果进行均值滤波以去除噪声,为下一步 hough 变换提取直线作准备
        y(i,j) = l(i - 1,j - 1) + l(i - 1,j) + l(i - 1,j + 1) + l(i,j - 1) + l(i,j) + l(i,j + 1) + l
        (i + 1,j - 1) + l(i + 1,j) + l(i + 1,j + 1);
        y(i,j) = y(i,j)/9;
    end
end
subplot(233);imshow(y);title('均值滤波器处理后')

% 二值化处理
q = im2uint8(y);
[m,n] = size(q);
```

```matlab
for i = 1:m
    for j = 1:n
        if q(i,j)>80;                  % 设置二值化的阈值为80
            q(i,j) = 255;              % 对图像进行二值化处理,使图像边缘更加突出清晰
        else
            q(i,j) = 0;
        end
    end
end
subplot(234);imshow(q);title('二值化处理后');

% Hough 变换检测直线,使用(a,p)参数空间,a∈[0,180],p∈[0,2d])
a = 180;                               % 角度的值为0~180度
d = round(sqrt(m^2 + n^2));            % 图像对角线长度为p的最大值
s = zeros(a,2 * d);                    % 存储每个(a,p)个数
z = cell(a,2 * d);                     % 用元胞存储每个被检测的点的坐标
for i = 1:m
    for j = 1:n                        % 遍历图像每个点
        if(q(i,j) == 255)              % 只检测图像边缘的白点,其余点不检测
            for k = 1:a
                % 对每个点从1~180度遍历,取得经过该点的所有直线的p值
                p = round(i * cos(pi * k/180) + j * sin(pi * k/180));
                % 若p大于0,则将点存储在(d,2d)空间
                if(p > 0)
                    s(k,d + p) = s(k,d + p) + 1;   % (a,p)相应的累加器单元加1
                    z{k,d + p} = [z{k,d + p},[i,j]'];  % 存储点坐标
                else
                    ap = abs(p) + 1;               % 若p小于0,则将点存储在(0,d)空间
                    s(k,ap) = s(k,ap) + 1;         % (a,p)相应的累加器单元加一
                    z{k,ap} = [z{k,ap},[i,j]'];    % 存储点坐标
                end
            end
        end
    end
end
for i = 1:a
    for j = 1:d * 2                                % 检查每个累加器单元中存储数量
        if(s(i,j) > 35)                            % 将提取直线的阈值设为35
            lp = z{i,j};                           % 提取对应点坐标
            % 对满足阈值条件的累加器单元中(a,p)对应的所有点进行操作
            for k = 1:s(i,j)
                o(lp(1,k),lp(2,k),1) = 255;        % 每个点R分量 = 255,G分量 = 0,B分量 = 0
                o(lp(1,k),lp(2,k),2) = 0;
                o(lp(1,k),lp(2,k),3) = 0;          % 为满足阈值要求的直线上的点赋红色
            end
        end
    end
end
subplot(235)
imshow(o);title('hough 变换提取边界直线');
```

程序运行结果如图 2-5 所示。

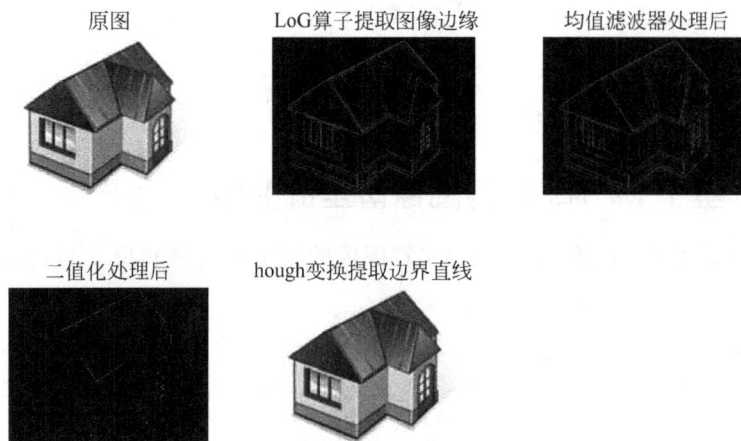

原图　　　　　LoG算子提取图像边缘　　　　均值滤波器处理后

二值化处理后　　　hough变换提取边界直线

图 2-5　原图及二维傅里叶变换后的图像

2.4　图像的傅里叶变换

傅里叶变换在信号处理和图像处理中有着广泛的应用,图像傅里叶变换是将图像从图形的空间变换到频率空间,从而可利用傅里叶频谱特性进行图像处理。

2.4.1　傅里叶变换基本原理

傅里叶变换是将一个函数转换为一系列周期函数来处理的。从物理效果看,傅里叶变换是将图像从空间域转换到频率域,其逆变换是将图像从频率域转换到空间域。换句话说,傅里叶变换的物理意义是将图像的灰度分布函数变换为图像的频率分布函数,傅里叶逆变换是将图像的频率分布函数变换为灰度分布函数。图像中的每个点通过傅里叶变换都成了谐波函数的组合,也就有了频率,这个频率则是在这一点上所有产生这个灰度的频率之和,也就是说傅里叶变换可以将这些频率分开来。

傅里叶变换的功能很多,它能够定量地分析诸如数字化系统、采样点、电子放大器、卷积滤波器、噪音和显示点等作用。通过实验培养这项技能,将有助于解决大多数图像处理问题。对任何想在工作中有效应用数字图像处理技术的人来说,把时间用在学习和掌握傅里叶变换上是很有必要的。

对于二维信号,其二维 Fourier 变换定义为:

$$F(u,v) = \int_{-\infty}^{\infty}\int_{-\infty}^{\infty} f(x,y)e^{-j2\pi(ux+uy)}\,\mathrm{d}x\mathrm{d}y \tag{2-14}$$

逆变换为:

$$f(x,y) = \int_{-\infty}^{\infty}\int_{-\infty}^{\infty} F(u,v)e^{j2\pi(ux+uy)}\,\mathrm{d}u\mathrm{d}v \tag{2-15}$$

二维离散傅里叶变换为:

$$F(m,n) = \frac{1}{N} \sum_{i=0}^{N-1} \sum_{k=0}^{N-1} f(i,k) \mathrm{e}^{-\mathrm{j}2\pi\left(m\frac{i}{N}+n\frac{k}{N}\right)} \tag{2-16}$$

逆变换为:

$$f(i,k) = \frac{1}{N} \sum_{m=0}^{N-1} \sum_{n=0}^{N-1} F(m,n) \mathrm{e}^{\mathrm{j}2\pi\left(m\frac{i}{N}+n\frac{k}{N}\right)} \tag{2-17}$$

2.4.2 基于 MATLAB 的图像傅里叶变换

MATLAB 提供了 fft2 和 ifft2 函数实现图像的傅里叶变换和反变换,其常用调用语法格式为:

```
Y = fft2(X)            % 返回 X 的二维傅里叶变换 Y
Y = fft2(X,m,n)        % 通过对 X 补 0 或剪裁,使 X 的大小为 m×n,变换后 Y 的大小也是 m×n
X = ifft2(Y)           % 返回 Y 的二维傅里叶逆变换 X
X = ifft2(Y,m,n)       % 通过对 Y 补 0 或剪裁,使 Y 的大小为 m×n
```

其中,X 为待进行二维离散傅里叶变换的数据矩阵或载入的图像数据;Y 为变换后的数据矩阵;m 和 n 指定二维离散傅里叶变换后矩阵 Y 的行数和列数。

【例 2-5】 对图像进行二维快速傅里叶变换。

```
% example2_5.m %
clc;clear all;close all;
load imdemos saturn2
figure,imshow(saturn2);
title('original image');
B = fft2(saturn2);        % 对图像进行二维快速傅里叶变换
figure,imshow(log(abs(B)),[]);
title('2 - d fft image');
colormap(jet(64)),colorbar;
```

程序运行结果如图 2-6 所示。

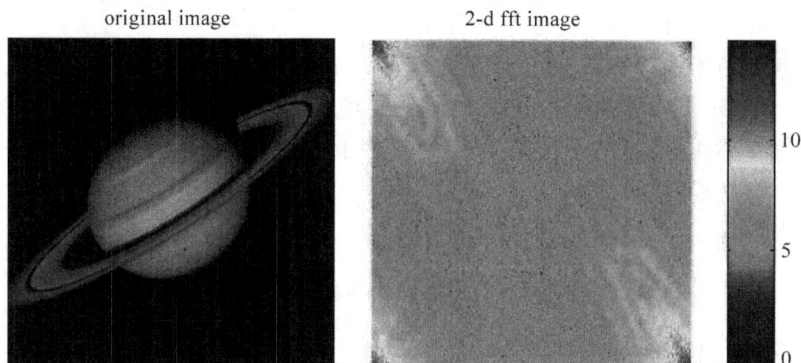

图 2-6 原图及二维傅里叶变换后的图像

提示:从程序运行结果可以看到二维快速傅里叶变换后的频谱图,而且能量集中在四个角。

【例 2-6】 对图像 autumn.tif 进行二维 FFT 变换并取阈值后再进行二维快速逆 FFT。

```
% example2_6.m %
clc;clear all;close all;
load imdemos saturn2
figure,imshow(saturn2);
title('original image');
J = fft2(saturn2);          % 进行二维快速 FFT 变换
J(abs(J) < 10) = 0;         % 把二维变换后小数小于 10 的值置 0
K = real(ifft2(J)/255);     % 进行二维快速逆 FFT 变换
figure,imshow(K,[])
title('2 - d inverse fft image');
```

程序运行结果如图 2-7 所示。

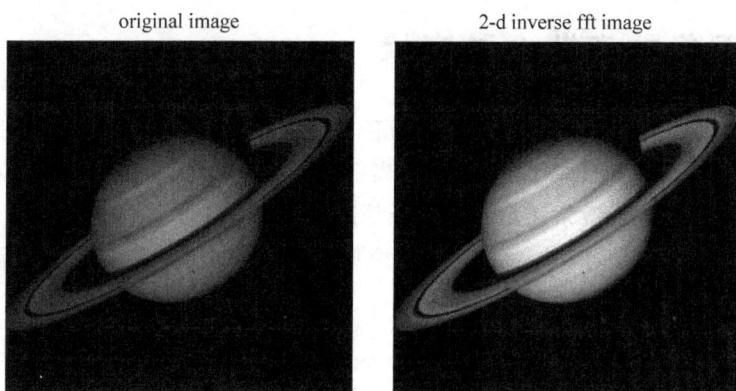

original image   2-d inverse fft image

图 2-7　原图及二维快速傅里叶逆变换图像

提示： 从程序运行结果可以看到，虽然把二维 FFT 变换后系数小于 10 的值省略了，但进行二维逆 FFT 变换后的图像依然比较清晰。可以用这种方法进行图像压缩且较少地影响图像效果。

【例 2-7】 对图像 saturn2 进行二维快速傅里叶变换，并将变换后图像的直流分量移到频谱中心。

```
% example2_7.m %
clc;clear all;close all;
load imdemos saturn2
figure,imshow(saturn2)
title('original image');
D = fftshift(fft2(saturn2));          % 将直流分量移到频谱中心.
figure,imshow(log(abs(D)),[]);
colormap(jet(64)), colorbar;
title('zero - frequency shift image');
```

程序运行结果如图 2-8 所示。

提示： 可以看到，fftshift 函数将直流分量移到了频谱中心。

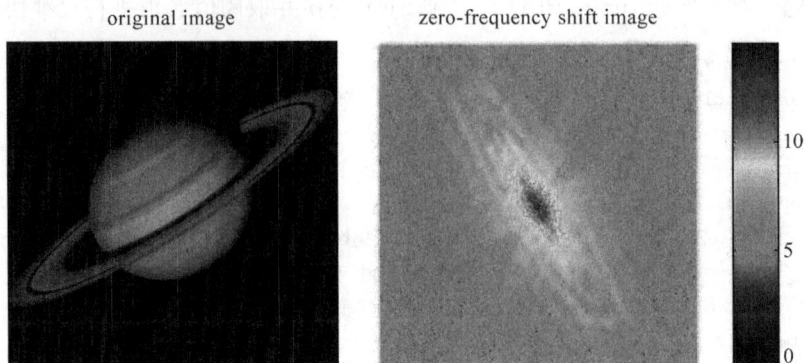

图 2-8　原图及将直流分量移到频谱中心的傅里叶变换图像

2.5　图像的离散余弦变换

离散余弦变换与傅里叶变换有着密切的联系,近年来在信号处理和图像处理中得到广泛应用,特别是在图像压缩领域。这是由于离散余弦变换具有很强的能量集中特性:**大多数的图像能量都集中在离散余弦变换后的低频部分。**

离散余弦变换基本原理如下:设有二维空域数据序列阵列 $f(x,y)$,二维离散余弦变换对由下面两式定义:

$$C(u,v) = a(u)a(v)\sum_{x=0}^{N-1}\sum_{y=0}^{N-1}f(x,y)\cos\left[\frac{(2x+1)u\pi}{2N}\right]\cos\left[\frac{(2y+1)v\pi}{2N}\right] \quad (2\text{-}18)$$

$$u,v = 0,1,\cdots,N-1$$

$$f(x,y) = \sum_{u=0}^{N-1}\sum_{v=0}^{N-1}a(u)a(v)C(u,v)\cos\left[\frac{(2x+1)u\pi}{2N}\right]\cos\left[\frac{(2y+1)v\pi}{2N}\right] \quad (2\text{-}19)$$

$$x,y = 0,1,\cdots,N-1$$

其中,

$$a(u) = \begin{cases} \dfrac{1}{\sqrt{2}} & u = 0 \\ 1 & u = 1,2,\cdots,N-1 \end{cases} \quad (2\text{-}20)$$

下面用两个实例对基于 MATLAB 的图像离散余弦变换进行讲解。

MATLAB 提供了 dct2 和 idct2 函数实现图像的离散余弦变换和反变换,其常用调用语法格式为:

```
B = dct2(A)          % 对矩阵A进行2D离散余弦变换得到矩阵B
B = dct2(A,m,n)      % 通过对A补0或剪裁,使B的大小为m×n
A = idct2(B)         % 对矩阵B进行2D离散反余弦变换得到矩阵A
A = idct2(B,m,n)     % 通过对B补0或剪裁,使A的大小为m×n
```

其中,A 为图像数据矩阵;B 为余弦变换数据矩阵;m 和 n 为二维离散余弦变换后矩阵的行数和列数。

【例 2-8】 对图像进行 2D 离散余弦变换,并显示变换后的图像。

```
% example2_8.m %
clc;clear all;close all;
RGB = imread('autumn.tif');
I = rgb2gray(RGB);
figure,imshow(I);
title('gray image');
J = dct2(I);                    % 2D 离散余弦变换
figure,imshow(log(abs(J)),[]);
colormap(jet(64)),colorbar % ;
title('2 - d dct image');
```

程序运行结果如图 2-9 所示。

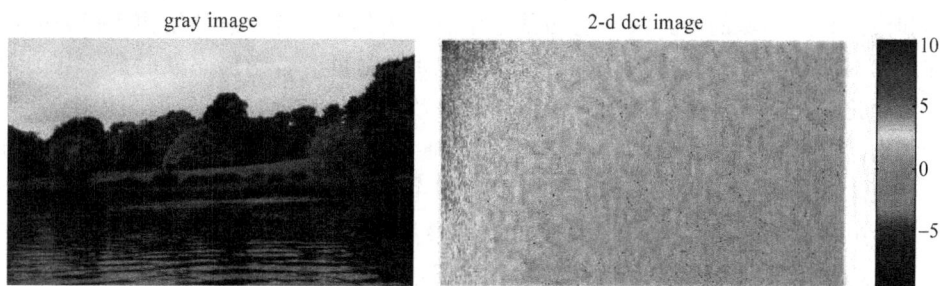

图 2-9　灰度图及 2D 离散余弦变换变换图像

提示：进行 2D 离散余弦变换变换后，左上角的亮度更高，即图像的能量集中在了左上角。

【例 2-9】 对图像进行 2D 离散反余弦变换。

```
% example2_9.m %
clc;clear all;close all;
RGB = imread('autumn.tif');
I = rgb2gray(RGB);
figure,imshow(I);
title('gray image');
J = dct2(I);                    % 进行 2D 离散余弦变换
J(abs(J) < 10) = 0;             % 把离散余弦变换后系数小于 10 的值置 0
K = idct2(J)/255;               % 进行 2D 离散反余弦变换
figure,imshow(K)
title('2 - d inverse dct image');
```

程序运行结果如图 2-10 所示。

图 2-10　灰度图及 2D 离散余弦反变换图像

提示：从程序运行结果可以看到，虽然把 2D 离散余弦后系数小于 10 的值省略了，但进行 2D 离散反余弦变换后的图像依然比较清晰，可以用这种方法进行数据压缩且较少地影响图像效果。另外，因为 2D 离散余弦变换是实数运算，相比较于二维 FFT 变换的复数运算，其速度更快。

2.6　基于数学形态学的图像变换

数学形态学可以看作是一种特殊的数字图像处理方法和理论，以图像的形态特征为研究对象，它通过设计一整套变换（运算）、概念和算法，用以描述图像的基本特征，是应用于图像处理和模式识别领域的新方法。它的基本思想是用具有一定形态的结构元素去度量和提取图像中的对应形状以达到对图像进行分析和识别的目的。数学形态学的数学基础和所用语言是集合论。数学形态学的应用可以简化图像数据，保持它们基本的形状特性，并除去不相干的结构。它可以获取物体拓扑和结构信息，通过物体和结构元素相互作用的某些运算，得到物体更本质的形态。它在图像处理中的应用主要是：

（1）利用形态学的基本运算，对图像进行观察和处理，从而达到改善图像质量的目的；

（2）描述和定义图像的各种几何参数和特征，如面积、周长、连通度、颗粒度、骨架和方向性。

2.6.1　数学形态学的基本概念

数学形态学的应用几乎覆盖了图像处理的所有领域，它给出利用数学形态学对二值图像处理的一些运算。数学形态学的基本运算有四个：膨胀、腐蚀、开和关。

腐蚀和膨胀是数学形态学最基本的变换。膨胀就是把连接成分的边界扩大一层的处理，而收缩则是把连接成分的边界点去掉从而缩小一层的处理。对于二值图像来说，简单的腐蚀是消除物体的所有边界点的一种过程，其结果是使剩下的物体沿其周边比原物体小一个像素的面积。如果物体是圆的，它的直径在每次腐蚀后将减少两个像素，如果物体在某一点处任意方向上连通的像素小于 3 个，那么该物体经过一次腐蚀后将在该点处分裂为两个物体。简单的膨胀运算是将与某物体接触的所有背景点合并到该物体中的过程。膨胀的结果是使物体的面积增大相应数量的点，如果物体是圆的，它的直径在每次膨胀后将增大两个像素。如果两个物体在某一点的任意方向相隔少于 3 个像素，它们将在该点连通起来。

开运算是先对目标图像进行腐蚀操作，后进行膨胀操作，用来消除小物体、平滑较大物体边界的同时不明显改变其面积。开运算通常是在需要去除小颗粒噪声，以及断开目标物之间粘连时使用，其主要作用与腐蚀相似。与腐蚀操作相比，具有可以基本保持目标原有大小不变的优点。闭运算则是先对目标图像进行膨胀操作，后进行腐蚀操作，常用来填充物体内细小空洞、连接邻近物体、平滑其边界，同时不明显改变其面积。

1. 二值腐蚀运算

腐蚀是表示用某种"探针"（即某种形状的基元或结构元素）对一个图像进行探测，以便找出图像内部可以放下该基元的区域。它是一种消除边界点，使边界向内部收缩，可以用来消除小且无意义的物体。腐蚀的实现是在填充结构元素的基础上进行的，利用结构元素进行填充与平移有关。用 A_x 表示一个集合 A 沿矢量 x 平移了一段距离：

$$A_x = \{a + x : a : A\} \tag{2-21}$$

集合 A 被 B 腐蚀（A 和 B 是整数集合 Z 的子集），表示为

$$A \ominus B = \{z \mid (B)_z \subseteq A\} \tag{2-22}$$

其中，A 称为输入图像；B 称为结构元素。将 B 平移 z 仍包含在 A 内的所有点 z 组成。如果将 B 看作模板，那么，在将模板平移的过程中，所有可以填入 A 内部的模板的原点组成了 B。根据原点与结构元素的位置关系，腐蚀后的图像大概可以分为两类：

（1）如果原图的点在结构元素的内部，则腐蚀后的图像为输入图像的子集，如图 2-11 所示。

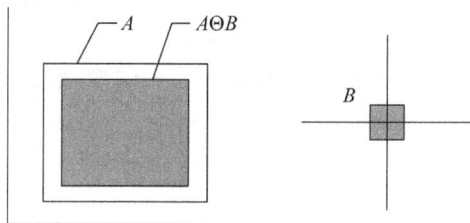

图 2-11　腐蚀类似于收缩

（2）如果原图的点在结构元素的外部，则腐蚀后的图像可能不在输入图像的内部，如图 2-12 所示。

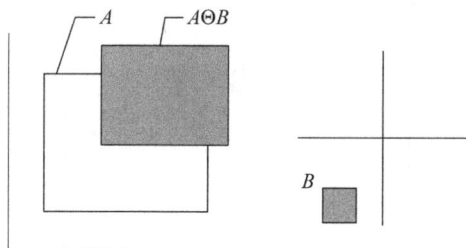

图 2-12　腐蚀不是输入图像的子集

腐蚀除了用填充形式表示外，还可以表示为：

$$A\Theta B = \{A - b : b \subseteq B\} \tag{2-23}$$

这里腐蚀可以通过将输入图像平移 b，并计算所有平移的交集而得到。

2. 二值膨胀运算

由于 A 和 B 是 Z 中的集合，A 被 B 膨胀定义为：

$$A \oplus B = \{z \mid (\hat{B})_z \bigcap A \neq \varnothing\} \tag{2-24}$$

该公式是以得到 B 的相对于它自身原点的映像并由 z 对映像进行位移为基础的。A 被 B 膨胀是所有位移 z 的集合，这样 $\hat{B}$ 和 A 至少有一个元素是重叠的。

在图 2-13 中，B 为一个包含原点的圆盘，利用 B 对 A 进行膨胀的结果是使 A 扩大了。因为膨胀是利用结构元素对图像补集进行填充，因而它表示对图像外部滤波处理。而腐蚀则表示对图像内部做滤波处理。

如果结构元素为一个圆盘，那么，膨胀可填充图像中的小孔及在图像边缘处的小凹陷部分。而腐蚀可以消除图像中小的成分，并将图像缩小，从而使其补集扩大。

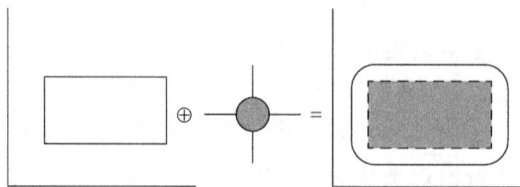

图 2-13　利用圆盘进行膨胀

膨胀是腐蚀运算的对偶运算，可以通过对补集的腐蚀来定义。用 X^c 表示集合 X 的补集，B^V 表示 B 关于坐标原点的反射。那么，集合 A 被 B 膨胀，表示为 $A \oplus B$，其定义为：

$$A \oplus B = (A^c \Theta B^V)^c \tag{2-25}$$

膨胀还可以通过相对结构元素的所有点平移输入图像，然后计算并集得到。可如下表达式描述：

$$A \oplus B = \bigcup \{A + b : b \in B\} \tag{2-26}$$

3. 二值开运算

记 A 为输入图像，B 为结构元素，利用 B 对 A 作开运算，用符号 $A \circ B$ 表示，其定义为：

$$A \circ B = (A \Theta B) \oplus B \tag{2-27}$$

所以，开运算实际上是 A 先被 B 腐蚀，然后再被 B 膨胀的结果。开运算还可以用其他符号表示，如 $O(A,B)$、$OPEN(A,B)$，这里采用 $O(A,B)$ 来表示。

开运算的结果如图 2-14 所示。

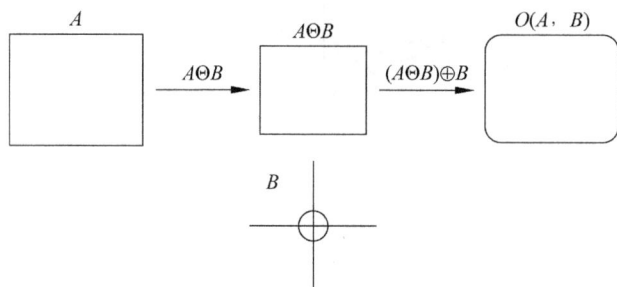

图 2-14　利用圆盘进行开运算

从图 2-14 看到，开运算具有两个显著的作用：一是利用圆盘可以磨光矩形内边缘；二是用 $A - O(A,B))$ 可以得到图像的尖角，因此圆盘的圆化作用可以起到低通滤波的作用。

4. 二值闭运算

闭运算是开运算的对偶运算，定义为先作膨胀然后再作腐蚀。利用 B 对 A 进行闭运算表示为 $A \cdot B$，其定义为：

$$A \cdot B = (A \oplus B) \Theta B \tag{2-28}$$

图 2-15 描述了闭运算的过程及结果。

可见，用闭运算对图形的外部做滤波，可以磨光凸向图像内部的边角。

2.6.2　基于 MATLAB 的图像形态学处理

MATLAB 提供了一系列的形态学函数，包括 imdilate、imerode 等基本形态学运算，还

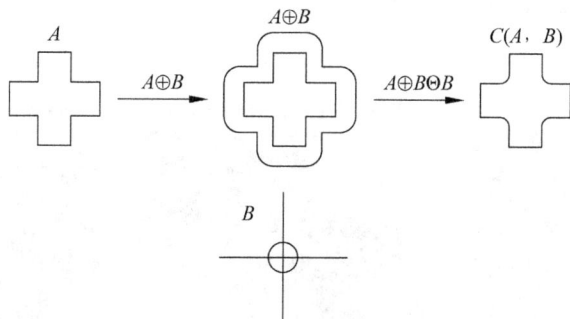

图 2-15   利用圆盘进行闭运算

提供了形态学结构元素创建函数 STREL 等。

1. 膨胀和腐蚀运算

膨胀函数 imdilate 的基本语法格式如下：

```
IM2 = imdilate(IM,SE)                    % 对灰度、二值和压缩二值图像进行膨胀
IM2 = imdilate(IM,NHOOD)                 % 用 NHOOD 指定的结构元素邻居进行膨胀
IM2 = imdilate(…,PACKOPT,M)              % 对行维数为 M 的原始未压缩图像进行膨胀
IM2 = imdilate(…,SHAPE)                  % 指定膨胀输出图像的大小
gpuarrayIM2 = imdilate(gpuarrayIM, … )   % 利用 GPU 进行膨胀
```

腐蚀函数 imerode 的基本语法格式如下：

```
IM2 = imerode (IM,SE)                    % 对灰度、二值和压缩二值图像进行腐蚀
IM2 = imerode(IM,NHOOD)                  % 用 NHOOD 指定的结构元素邻居进行腐蚀
IM2 = imerode(…,PACKOPT,M)               % 对行维数为 M 的原始未压缩图像进行腐蚀
IM2 = imerode(…,SHAPE)                   % 指定腐蚀输出图像的大小
gpuarrayIM2 = imerode(gpuarrayIM, … )    % 利用 GPU 进行腐蚀
```

其中，shape 为创建的结构元素形状，常用的形状包括'ball'、'disk'、'diamod'、'line'等。

结构创建函数 strel 的基本语法格式如下：

```
SE = strel(shape,parameters)
```

其中 parameters 指定结构元素的尺寸。

【例 2-10】   利用一个结构元素膨胀灰度图像。

```
% example2_10.m %
clc;clear all;close all;
I = imread('cameraman.tif');
figure,imshow(I);
title('original image');
se = strel('ball',3,1);
I1 = imdilate(I,se);                     % 利用半径为 3 高度为 1 的球进行膨胀
figure,imshow(I1);
title('dilate image,radius = 3,height = 1');
se1 = strel('ball',10,3);
I2 = imdilate(I,se1);                    % 利用半径为 10 高度为 3 的球进行膨胀
figure,imshow(I2);
```

```
title('dilate image,radius = 10,height = 3');
```

运行结果如图 2-16 所示。

图 2-16 利用圆盘进行腐蚀的效果图

【例 2-11】 使用一个盘状结构元素腐蚀一幅二进制图像。

```
% example2_11.m %
clc;clear all;close all;
originalBW = imread('circles.png');
se = strel('disk',11);
erodedBW = imerode(originalBW,se);        % 用半径为 11 的圆盘进行腐蚀
figure,imshow(originalBW);
title('original image');
figure, imshow(erodedBW);title('erode image,radius = 11');
se1 = strel('disk',3);
erodedBW1 = imerode(originalBW,se1);      % 用半径为 3 的圆盘进行腐蚀
figure,imshow(erodedBW1);title('erode image,radius = 3');
```

运行结果如图 2-17 所示。

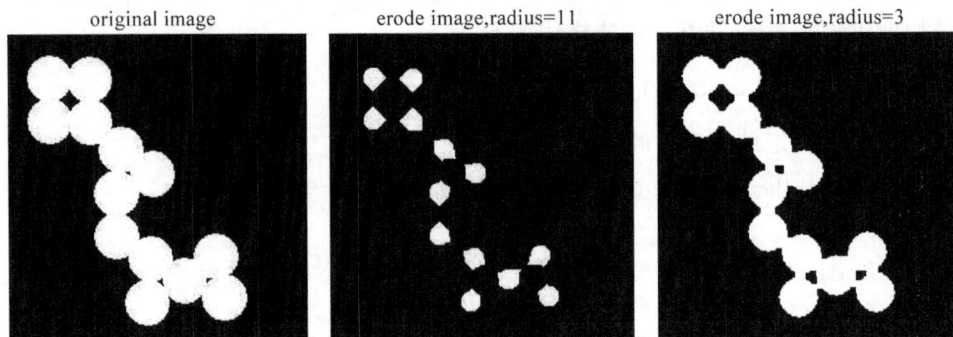

图 2-17 利用圆盘进行腐蚀的效果图

2. 开运算和闭运算

开运闭 imopen 和闭运算 imclose 的基本语法格式如下：

```
IM2 = imopen(IM,SE)
IM2 = imclose(IM,SE)
```

其中，变量 SE 是一个结构元素或者一个结构元素的数组，可以通过 strel 函数创建。

【例 2-12】　二值图像的开闭运算。

```
% example2_12.m %
clc;clear all;close all;
I = imread('rice.png');
se = strel('disk',5);
imshow(I); title('original image');
fo = imopen(I,se);                      % 开运算
figure,subplot(221),imshow(fo);
title('open');
fc = imclose(I,se);                     % 闭运算
subplot(222),imshow(fc);
title('close');
foc = imclose(fo,se);                   % 先开后闭
subplot(223),imshow(foc);
title('open - close');
fco = imopen(fc,se);                    % 先闭后开
subplot(224),imshow(fco);
title('close - open');

fse = imdilate(I,se);                   % 膨胀
figure;
subplot(221),imshow(fse);
title('dilate');
fes = imerode(fse,se);                  % 先膨胀后腐蚀
subplot(222),imshow(fes);
title('dilate - erode');
fse = imerode(I,se);                    % 腐蚀
subplot(223),imshow(fse);
title('erode');
fes = imdilate(fse,se)                  % 先腐蚀后膨胀
subplot(224),imshow(fes);
title('erode - dilate');
```

原图如图 2-18 所示，运行结果如图 2-19 和图 2-20 所示。

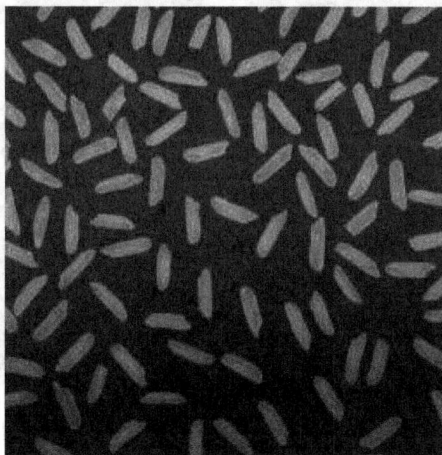

图 2-18　原图

open

close

open-close

close-open

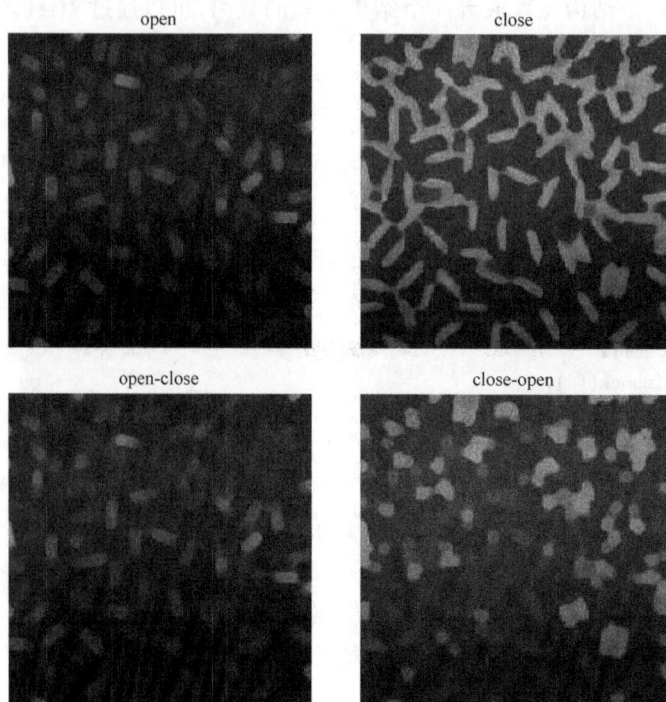

图 2-19　对原图进行开、闭运算及两者组合运算结果

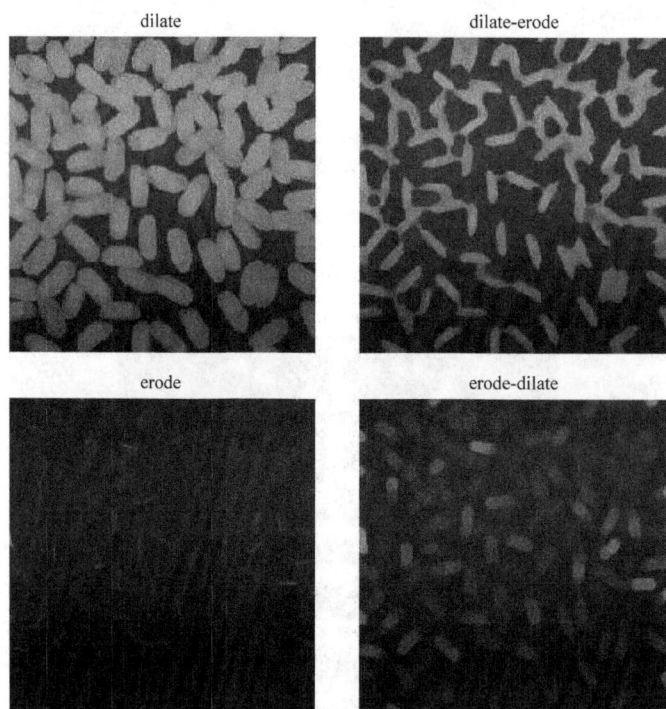

dilate

dilate-erode

erode

erode-dilate

图 2-20　对原图进行膨胀、腐蚀算及两者组合运算结果

2.7　综合实例：指纹图像的形态学处理

本节以指纹图像的预处理为例，介绍如何利用形态学函数实现指纹图像的处理。

【例 2-13】　指纹图像的形态学处理。

```
% example2_13.m %
clc;clear all;close all;
f = imread('fingerprint.jpg');
se = strel('square',3);
figure,imshow(f);
title('original image');
A = imerode(f,se);
figure,subplot(221),imshow(A);
title('erode');
A = imdilate(f,se);
subplot(222),imshow(A);
title('dilate');

fo = imopen(f,se);
fc = imclose(f,se);
foc = imclose(fo,se);
subplot(223),imshow(foc);
title('open - close');
fco = imopen(fc,se);
subplot(224),imshow(fco);
title('close - open');
```

指纹原始图像和腐蚀后的图像结果如图 2-21 所示，进行形态学操作结果如图 2-22 所示。

图 2-21　指纹图像　　　　图 2-22　对指纹图像进行形态学操作结果

2.8　习题

(1) 对图 2-19 的指纹图像进行缩放、旋转和插值运算。

(2) 对图 2-19 的指纹图像进行傅里叶变换和离散余弦变换。

(3) 对图 2-2 摄像者图像进行 Hough 变换。

(4) 根据傅里叶变换基本原理,自己编程实现基于 MATLAB 的图像傅里叶变换。

(5) 根据离散余弦变换基本原理,自己编程实现基于 MATLAB 的图像离散余弦变换。

第 3 章

数字图像增强

图像在生成、获取、传输等过程中往往会发生质量的退化或损伤。造成图像质量损坏的主要因素有：图像中的噪声干扰；由于信道带宽的限制所造成的图像模糊；图像对比度局部或全部偏低等。这些问题造成了图像质量的降低和退化,因此需要进行图像增强来改善图像的视觉效果。

图像增强,就是采用某种技术手段来改善图像的视觉效果,或将图像转换成更适合于人眼观察和机器分析识别的形式,以便从图像中获取更"有用"的信息。

依据颜色,图像增强包括灰度图像增强和彩色图像增强。按作用域分为两类,基于空间域的方法和基于变换域的方法,即空域处理和频域处理。空域处理是直接对图像进行处理;频域处理则是在图像的某个变换域内,对图像的变换系数进行运算,然后通过逆变换获得图像增强效果。

3.1 图像空域增强

图像空域增强主要有图像直接灰度变换、图像直方图均衡、图像平滑和图像锐化等。

3.1.1 图像直接灰度变换

图像直接灰度变换是将原图像的灰度经过一个变换函数转换成一个新的灰度,即 $g(x,y)=T[f(x,y)]$。根据变换函数的形式,直接灰度变换又可分为线性变换和非线性变换。

1. 线性变换

1) 截取式线性变换

$$g(x,y)=\begin{cases} a' & f(x,y)<a \\ a'+\dfrac{b'-a'}{b-a}\times(f(x,y)-a) & a\leqslant f(x,y)<b \\ b' & b\leqslant f(x,y) \end{cases} \tag{3-1}$$

截取式变换如图 3-1 所示。

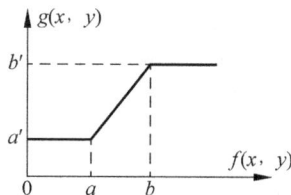

图 3-1 截取式变换图

2）分段式线性变换

$$g(x,y) = \begin{cases} a' + \dfrac{c'-a'}{c-a} \times (f(x,y)-a) & a \leqslant f(x,y) < c \\ c' + \dfrac{d'-c'}{d-c} \times (f(x,y)-c) & c \leqslant f(x,y) < d \\ d' + \dfrac{b'-d'}{b-d} \times (f(x,y)-d) & d \leqslant f(x,y) < b \end{cases} \qquad (3\text{-}2)$$

分段式变换如图 3-2 所示。

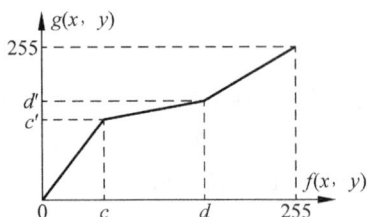

图 3-2　截取式变换图

图 3-3 就是用如图 3-2 所示截取式变换图进行线性变换处理前后的花粉图像。

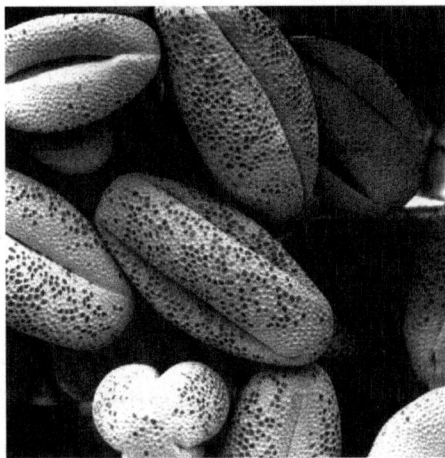

(a) 原低对比度图像　　　　　　　　　(b) 对比度拉伸后的图像

图 3-3　截取式变换图

在 MATLAB 中，通过函数 imadjust() 可以对图像 I 进行灰度调整，调整后结果为 J，其常用格式如下：

```
J = imadjust(I)
J = imadjust(I,[low high],[bottom top])
J = imadjust(I,[low high],[bottom top],gamma)
```

函数各参数含义如下：
- I：该参数表示待转换的图像。
- J：该参数表示转换后的图像。
- [low high]：该参数表示图像指定的输入灰度范围。

- [bottom top]：该参数表示图像指定的输出灰度范围。
- gamma：描述图像 I 和 J 之间变换函数的性质，gamma＝1 表示线性变换，gamma＜1 或者 gamma＞1 则表示非线性转换。

【例 3-1】 读入图像 pout.tif 并对图像利用 imadjust() 函数进行灰度调整。

```
% example3_1.m %
clc;clear all;close all;
I = imread('pout.tif');              % 读入图像 pout.tif
% 对图像指定输入灰度范围为[0.3 0.6]，也可以用 stretchlim() 函数获取最佳的输入区间
% 其中第三个参数[0 1]可以省略，即默认为映射到 0～255
J = imadjust(I,[0.3 0.6],[0 1]);
imshow(I)                            % 显示原图像 pout.tif
figure, imshow(J)                    % 显示调整灰度范围后的图像
```

程序运行结果如图 3-4 所示。

(a) 原图　　　　　　　　(b) 调整后的图像

图 3-4　通过函数 imadjust() 进行图像直接灰度变换

提示：用 imhist() 函数可以看出，图像 pout.tif 的灰度值主要集中在 75～150 之间，因此该图像比较模糊，如果将位于 75～150 之间的灰度值均匀地分布在 0～255 之间，图像将更加清晰。同时，将小于 75 的灰度值赋值为 0，将大于 150 的灰度值赋值为 255。可以看出，调整后的图像对原图像灰度范围为 [75/255,150/255] 即 [0.3,0.6] 的灰度进行了拉伸，所以更加清晰。另外，还可以加入参数 gamma，如果 gamma 大于 1，将加强暗色值的输出，如果 gamma 小于 1，将加强亮色值的输出。

3）图像反转

图像反转是典型的灰度线性变换，就是使黑变白，使白变黑，将原始图像的灰度值进行翻转，使输出图像的灰度随输入图像的灰度增加而减少。这种处理对增强嵌入在暗背景中的白色或灰色细节特别有效，尤其当图像中黑色为主要部分时效果明显。

函数 $g(x,y)=(L-1)-f(x,y)$ 能够进行图像的反转，在 MATLAB 中，可以通过函数 imcomplement() 实现，它将灰度值为 0 的像素值转换为 255，将灰度值为 255 的像素值转换为 0，将灰度值为 x 的像素值转换为 $255-x$。此函数能够增强暗色背景下的白色或灰色细节信息。

MATLAB 提供了函数 incomplement 实现图像的反转，其语法格式如下：

```
J = imcomplement(I)
```

【例 3-2】 读入图像 Lena. bmp 并利用函数 imcomplement()对图像实现反转。

```
% example3_2.m %
clc;clear all;close all;
I = imread('Lena.bmp');
J = imcomplement(I);                    % 利用函数 imcomplement()对图像实现反转
figure;
subplot(1,2,1);
imshow(uint8(I));                       % 显示原图像
subplot(1,2,2);
imshow(uint8(J));                       % 显示反转后的图像
```

程序运行结果如图 3-5 所示。

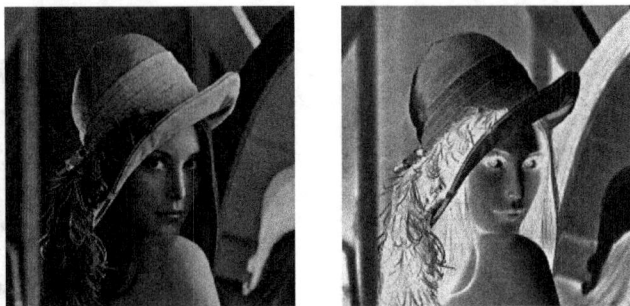

图 3-5 将 Lena 图像实现反转的效果图

提示： 用函数 J=255-I 代替函数 J=imcomplement(I)也可以实现图像的反转。

2. 非线性变换

常见的非线性变换有：对数(log)、反对数(Inverse log)、n 次幂(nth power)、n 次方根(nth root)函数等，如图 3-6 所示。

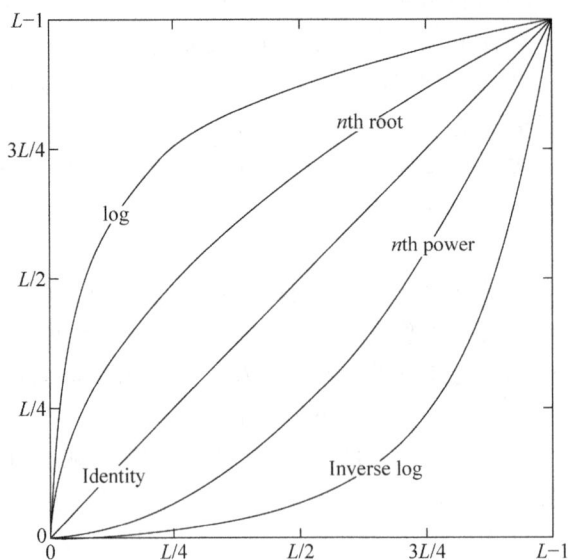

图 3-6 常用的非线性变换函数

其中,对数形式为 $g(x,y) = C * \log(1 + |f(x,y)|)$,可以实现动态范围压缩,即实现低灰度范围得到扩展,高灰度范围得到压缩,如图 3-7 所示。

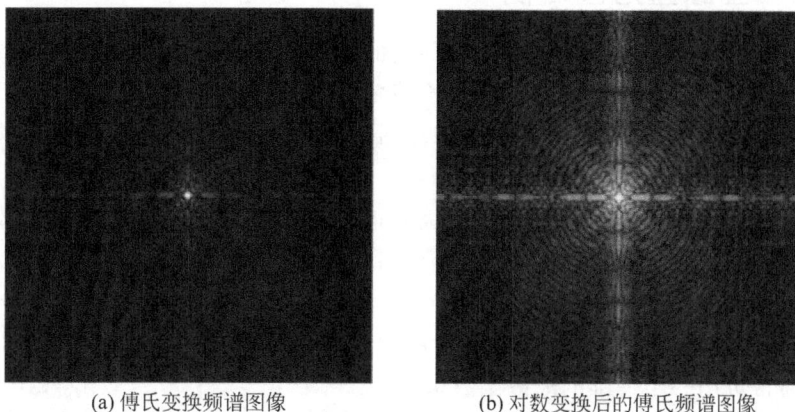

(a) 傅氏变换频谱图像 (b) 对数变换后的傅氏频谱图像

图 3-7 对数变换前后的傅氏变换频谱图

【例 3-3】 利用对数变换映射关系编写对数非线性变换程序。

```
% 对图像进行对数变换的程序清单
% example3_3.m %
clc;clear all;close all;
I = imread('cameraman.tif');              % 读入原始图像
J = double(I);                            % 将图形矩阵转化为 double 类型
J = 40 * (log(J + 1));                    % 把图像进行对数变换
H = uint8(J);                             % double 数据类型转化为 unit8 数据类型
subplot(1,2,1), imshow(I);
title('原始图像');                         % 显示对数变换前的图像
subplot(1,2,2), imshow(H);
title('对数变换后图像');                    % 显示对数变换后的图像
```

程序运行结果如图 3-8 所示。

原始图像 对数变换后图像

(a) 变换前 (b) 变换后

图 3-8 对数变换前、后图像效果图

提示：可以看出，经过对数变换后，摄像者衣服上的细节信息更加清晰。

3.1.2 图像直方图均衡

直方图增强是调整图像直方图到一个预定的形状。例如，一些图像由于其灰度分布集中在较窄的区间，对比度很弱，图像细节看不清楚。此时，可采用图像灰度直方图均衡化处理，使得图像的对比度增大。加大图像动态范围，扩展图像对比度，使图像清晰，特征明显。

1. 直方图的基本概念

图像直方图是用来表达一幅图像灰度级分布情况的统计表。它反映图像整体灰度值的分布情况，即图像的明暗情况和图像灰度级动态范围。

(1) 直方图

直方图的全称为灰度统计直方图，是对图像每一灰度间隔内像素个数的统计，一般的间隔取为1。通常可用一个一维的离散函数来表示：

$$h(k) = n_k, \quad k = 0, 1, \cdots, L-1 \tag{3-3}$$

其中，k 表示图像中第 k 级灰度值；n_k 表示图像中第 k 级灰度值的像素个数。

如图 3-9 所示为原始 Lena 灰度图像及其直方图。

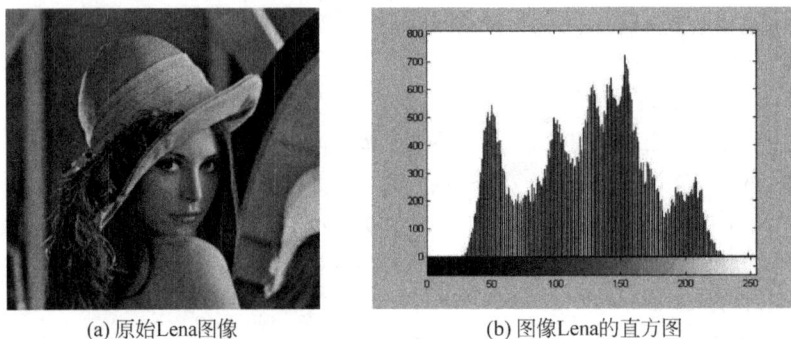

(a) 原始Lena图像　　　　　　　(b) 图像Lena的直方图

图 3-9　Lena 图像及其直方图

(2) 归一化直方图

用图像中像素的总个数 N 去除 $h(k)$ 的每一个值，得到归一化直方图：

$$p(k) = n_k/N \quad k = 0, 1, \cdots, L-1 \tag{3-4}$$

其中，$p(k)$ 表示一幅图像中灰度级 k 出现的频率。注意，$\sum p(k) = 1$。

图像的灰度直方图 $p(k)$ 是一个一维离散函数，它给出了灰度取值 k 发生概率的一个估计，反映图像的灰度分布情况，是从总体上描述图像的一种方法。

2. 直方图均衡的原理

直方图均衡可以将任意分布规律直方图的原始图像变换为具有均匀分布直方图的图像。显然，直方图均衡化可以增加像素灰度值的动态范围，使每一灰度层次所占的像素个数尽量均等，可以改善图像的整体对比度。

下面，在灰度值为模拟量的情况下讨论直方图均衡的算法原理。

1) 基本思想

把原始图的直方图变换为均匀分布的形式，增加像素灰度值的动态范围以增强图像整体对比度。

2) 均衡定义

将图像转换为具有均匀分布直方图的图像,这一过程叫做直方图均衡。一般认为直方图 $p(k)$ 为常数的图像具有高对比度和多变的灰度层次。

对于每一个像素点 (x,y),若原始图像灰度值为 $f(x,y)=k$,经过增强处理后成为 $g(x,y)=k'$,则增强变换函数为 $k'=T(k)$,其中,$k=0,1,\cdots,L-1$。

这样直方图均衡的问题就转化为:寻找一个变换函数 $T(r)$,使变换后图像灰度的概率密度函数 $p_s(s)=1$,即期望输出图像中每一灰度级有相同的概率。

3) 算法原理

设 s 可由变换 $T(r)$ 得到,即

$$s = T(r) \quad 0 \leqslant r \leqslant 1 \tag{3-5}$$

变换 $T(r)$ 需要满足两个条件:

(1) $T(r)$ 在区间 $0 \leqslant r \leqslant 1$ 上为单值且单调递增;

(2) 当 $0 \leqslant r \leqslant 1$ 时,$0 \leqslant s \leqslant 1$。

相应的反变换为:

$$r = T^{-1}(s) \quad 0 \leqslant s \leqslant 1 \tag{3-6}$$

反变换 $T^{-1}(s)$ 也满足上述两个条件。

以连续图像为例,分析变换 $T(r)$ 推导的过程:

要求 $\mathrm{d}r$ 和 $\mathrm{d}s$ 区间内像素点个数是不变的,有:

$$\int_{r_j}^{r_j+\mathrm{d}r} p_r(r)\mathrm{d}r = \int_{s_j}^{s_j+\mathrm{d}s} p_s(s)\mathrm{d}s \tag{3-7}$$

当 $\mathrm{d}r \to 0, \mathrm{d}s \to 0$,略去下标 j,由于 $s=T(r)$,$p(s)=1$,则最终得到直方图均衡化的灰度变换函数为:

$$S = T(r) = \int_0^r p_r(r)\mathrm{d}r \tag{3-8}$$

S 称做原始图像灰度级 r 的累积分布函数,可以验证 S 满足前述两个条件。图 3-10 显示了连续图像的直方图均衡原理。

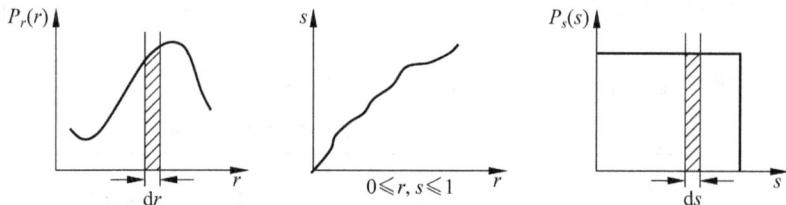

图 3-10 连续图像的直方图均衡原理

3. 直方图均衡的方法

1) 均衡过程

对于数字图像,其直方图均衡化处理的计算步骤如下:

(1) 统计原始图像的归一化直方图。

$$p_r(r_k) = \frac{n_k}{n} \tag{3-9}$$

其中，r_k 是归一化的输入图像灰度级。

（2）用累积分布函数作变换函数进行图像灰度变换。

$$s_k = T(r_k) = \sum_{j=0}^{k} p_r(r_j) = \sum_{j=0}^{k} \frac{n_j}{N} \tag{3-10}$$

（3）建立输入图像与输出图像灰度级之间的对应关系，将变换后灰度级恢复成原先的灰度级范围。

$$s_k = \text{int}[(L-1)s_k + 0.5] \tag{3-11}$$

与连续形式不同，一般不能证明离散变换能够产生均匀概率密度函数的离散值（均匀直方图）。但是可以很容易看出，式(3-11)的应用有展开输入图像直方图的一般趋势，因此均衡后的图像灰度级能够跨越更大的动态范围。

2）均衡示例

下面给出一个例子说明数字图像直方图均衡的处理过程。

设一幅图像的尺寸为 64 * 64，像素的灰度层次 $L=8$（8 个灰度等级）。则该图像共有 $N = 64 * 64 = 4096$ 个像素，图 3-11 为该图像的直方图。

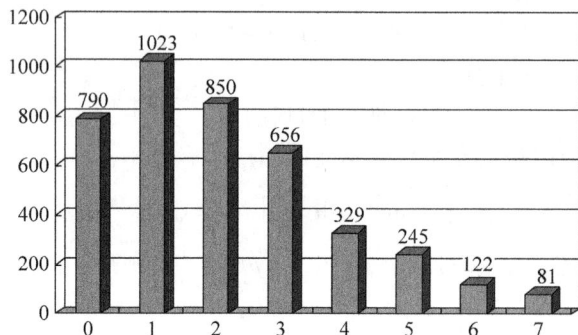

图 3-11　图像统计直方图

该图像共有 4096 个像素点，每个像素用 3 个比特表示，有 0～7 共 8 个灰度。原始图像的灰度分布情况从表 3-1 中可以看出，灰度的频率最小为 0.02，最大为 0.25。显然，直方图呈非均匀分布。

直方图均衡化处理的计算过程和结果如表 3-1 所示。

表 3-1　直方图均衡化处理的计算过程和结果

	运 算 过 程	结　　果							
1	原始灰度级 k	0	1	2	3	4	5	6	7
2	统计 n_k	790	1023	850	656	329	245	122	81
3	计算 n_k/N	0.19	0.25	0.21	0.16	0.08	0.06	0.03	0.02
4	累积直方图 s_k	0.19	0.44	0.65	0.81	0.89	0.95	0.98	1
5	$k' = \text{int}[(L-1)s_k + 0.5]$	1	3	5	6	6	7	7	7
6	映射关系 $k \rightarrow k'$	0→1	1→3	2→5	3、4→6		5、6、7→7		
7	均衡后图像的 $n_{k'}$		790		1023		850	985	448
8	均衡后的 $n_{k'}/N$		0.19		0.25		0.21	0.24	0.11

结果如图 3-12 所示。

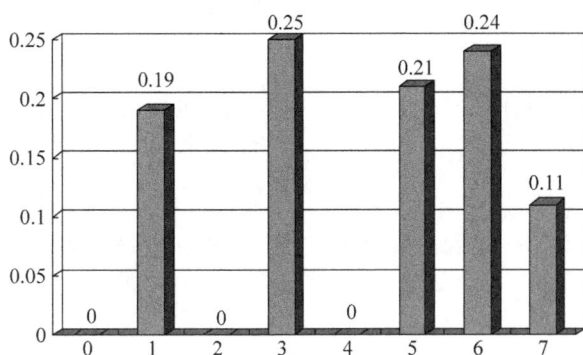

图 3-12　均衡后归一化直方图

3）图像直方图均衡后分析

（1）变换后直方图趋向平坦，灰度级减少，灰度进行了合并。

（2）变换后含有像素数多的几个灰级间隔被拉大了，压缩的只是像素数少的几个灰度级，实际视觉能够接收的信息量大大地增强了。

可见，直方图均衡处理可以使像素灰度的动态范围增加，有时能够明显改善图像的视觉效果。

图 3-13 给出四幅实际图像的直方图均衡结果。

图 3-13　均衡前后图像对比效果图

可以看出，应用直方图均衡，明显改善了原始灰度级动态范围较窄的图像的视觉效果。

【例 3-4】　依据前面介绍直方图均衡原理自己编程实现图像的直方图均衡。

```
% example3_4.m %
function example3_4()
I = imread('Lena01.bmp');
figure(1)
subplot(2,2,1)
imshow(I)
title('原始图像')
subplot(2,2,2)
```

```
imhist(I)
title('原始图像直方图')                          % 显示原始图像

% 进行像素灰度统计；
[height,width] = size(I);                      % 确定矩阵 I 的大小,即原图像的行和列
nk = zeros(1,256);                             % 统计各灰度数目,共 256
for i = 1:height
    for j = 1: width
        nk(I(i,j) + 1) = nk(I(i,j) + 1) + 1;   % 对应灰度值像素点数量增加 1
    end
end

% 计算灰度分布密度
pk = zeros(1,256);
pk = nk./(height * width);

% 计算累计直方图分布
sk = zeros(1,256);
sk(1) = pk(1);
for i = 2:256
        sk(i) = sk(i - 1) + pk(i);
end

% 累计分布取整,将其数值归一化为 0～255
kt = zeros(1,256);
% kt = uint8(floor(255 . * sk + 0.5);
kt = uint8(255 . * sk);

% 对图像进行均衡化
F = zeros(size(I));
for i = 1:height
    for j = 1: width
        % I(i,j) = c(I(i,j) + 1);
          F(i,j) = kt(I(i,j) + 1);
    end
end

F = uint8(F);
subplot(2,2,3)
imshow(F)
title('均衡后的图像')
subplot(2,2,4)
imhist(F)
title('均衡后图像直方图')                        % 显示均衡后的图像及其均衡后图像直方图
```

程序运行结果如图 3-14 所示。

提示：也可以直接用函数 J＝histeq() 实现图像的直方图均衡。

原始图像

原始图像直方图

均衡后的图像

均衡后图像直方图

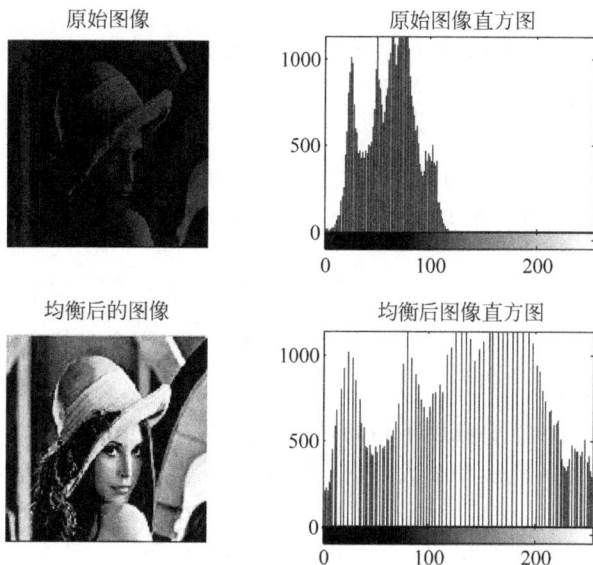

图 3-14 直方图均衡示例

3.1.3 图像平滑

首先介绍一下模板滤波过程：

(1) 将模板在图中漫游，并将模板中心与图中的像素位置依次重合；

(2) 将模板系数与模板对应像素相乘；

(3) 将所有乘积相加；

(4) 将和(模板的输出响应)赋给图中对应模板中心位置的像素。

模板滤波过程示意图如图 3-15 所示。

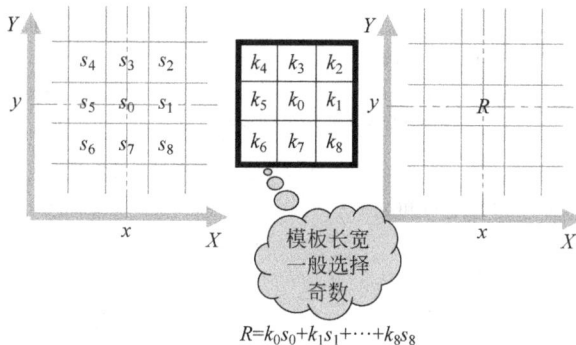

模板长宽
一般选择
奇数

$R=k_0 s_0 + k_1 s_1 + \cdots + k_8 s_8$

图 3-15 模板滤波过程示意图

平滑滤波方法就是选择一定的平滑模板，通过模板与图像的卷积处理在图像的空间域计算完成。需要注意的是：

(1) 平滑处理必须有明确的针对性，不可乱用。

(2) 平滑可以消除噪声、去掉小的细节，但是也会使图像变得模糊不清，降低图像的视觉质量。

平滑模板是具有低通滤波形式的数据阵列,可以分为线性和非线性两种。

1. 图像线性平滑滤波

1) 均值滤波器

有一种常见的平滑算法是将原图中的一个像素的灰度值和它周围邻近 8 个像素的灰度值相加,然后将求得的平均值作为新图像中该像素的灰度值。可用如下方法来表示该操作:

$$\frac{1}{9}\begin{bmatrix} 1 & 1 & 1 \\ 1 & 1 & 1 \\ 1 & 1 & 1 \end{bmatrix}$$

2) 加权均值滤波器

因为中心点或邻域的重要程度不相同,因此可以将均值滤波器加以修正,得到其他加重当前像元灰度值的权重的模板和加大当前点和四邻域点权重的模板等加权平均滤波器。

$$\frac{1}{10}\begin{bmatrix} 1 & 1 & 1 \\ 1 & 2 & 1 \\ 1 & 1 & 1 \end{bmatrix} \qquad \frac{1}{16}\begin{bmatrix} 1 & 2 & 1 \\ 2 & 4 & 2 \\ 1 & 2 & 1 \end{bmatrix}$$

3) 滤波器的分析与比较

平滑处理减小了图像灰度的尖锐变化(随机噪声的常见表现形式),因此可以减噪。但是由于图像边缘也是由灰度尖锐变化带来的特性,因而平滑滤波存在着边缘模糊的负面效应。

邻域均值滤波的边缘模糊更明显。加权滤波效果比邻域均值效果要好。从权值上看,一些像素比另一些更加重要。通过把中心点加强为最高,随着邻域内距中心点距离的增加而减小系数值,可以减小平滑处理带来的过度模糊。

【例 3-5】 用邻域平均法去除图像中的噪声。

```matlab
% example3_5.m %
function example3_5()
input_image = imread('Lena.bmp','bmp');
% 加入椒盐噪声
F = imnoise(input_image,'salt & pepper',0.02);
% 设置加权矩阵模板 w
w = 1/9 * [1 1 1;1 1 1;1 1 1];
% 确定矩阵 F 的大小即原图像的行和列
[m,n] = size(F);
G = zeros(size(F));
for x = 1:m
    for y = 1:n
        if(x == 1|y == 1|x == m|y == n)
            blurf(x,y) = F(x,y);
        else
blurf(x,y) = w(1,1) * F(x-1,y-1) + w(1,2) * F(x-1,y) + w(1,3) * F(x-1,y+1) + w(2,1) * F(x,y-1) + w(2,2) * F(x,y) + w(2,3) * F(x,y+1) + w(3,1) * F(x+1,y-1) + w(3,2) * F(x+1,y) + w(3,3) * F(x+1,y+1);
        end
        G(x,y) = blurf(x,y);
    end
end
```

```
end
figure(1);                                   %设置图像显示框标号
imshow(input_image);                         %显示图像
title('original image');                      %添加标题
figure(1); imshow(uint8(F)); title('noisy image');
figure(2);imshow(uint8(G));title('average filtered image');
```

程序运行结果如图 3-16 所示。

图 3-16 加噪声的 Lena 图像和均值滤波后的图像

提示：可以更换滤波器的模板 w，如用加权均值滤波器对图像进行处理观察不同模板的滤波效果。

2. 图像非线性平滑滤波

线性的平滑滤波可以有效地消除噪声，但同时将使图像中的细节产生模糊，清晰度下降，低通滤波效应明显。非线性平滑滤波可以在消除图像孤立噪声的同时，较好地保持图像的细节信息。常用的非线性滤波是中值滤波。

1) 中值滤波设计思想

使拥有不同灰度的点看起来更接近它的邻域值。

因为噪声的出现，使该点像素比周围的像素亮（暗）许多，中值滤波是给出滤波用的模板，对模板中的像素值由小到大排列，最终待处理像素的灰度取这个模板中的灰度的中值。在一定条件下，中值滤波可以克服线性滤波器所带来的图像细节模糊，而且对滤除脉冲干扰及颗粒噪声最为有效。但是对一些细节多，特别是点、线、尖顶细节多的图像则不宜采用中值滤波的方法。

2) 中值滤波的步骤

(1) 模板在图中漫游，模板中心与图中某个像素位置重合。

(2) 读取模板中各个对应像素的灰度值。

(3) 将这些灰度值从小到大排成一列。

(4) 找出这些值里排在中间的一个。

(5) 将这个中间值赋给当前对应模板中心位置的像素。

下面以一维中值滤波举例：

例：取 $N=5$ 的一维中值滤波窗口，其中当前象元为位于窗口正中。

若已知窗口内的数据为：

$$90,95,202,93,98$$

按照中值滤波算法,首先将它们由小到大排列,即得到灰度数据序列:

$$90,93,95,98,202$$

然后将当前象元的取值用位于中间的数据(95)取代。

滤波处理结果为:

$$90,95,95,93,98$$

3) 中值滤波的特点

(1) 对某些输入信号中值滤波的不变性。

- 窗口内单调增加或者单调减少的序列;
- 阶跃信号;
- 周期性的二值序列。

(2) 中值滤波器去噪声性能。

对脉冲干扰来讲,特别是脉冲宽度小于 $m/2$,相距较远的窄脉冲干扰,中值滤波是很有效的。图 3-17 给出了几种典型信号的中值滤波。

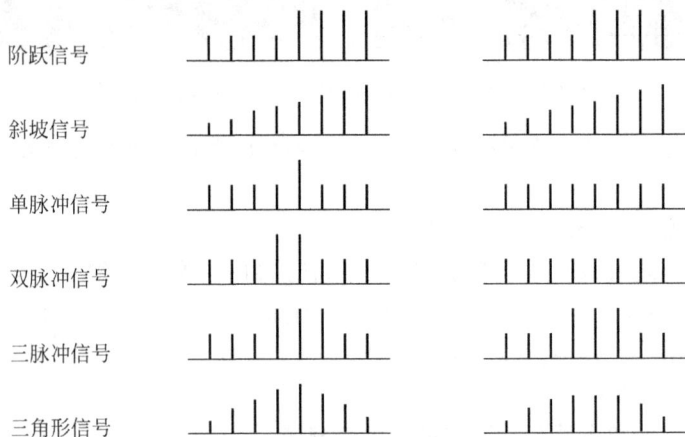

图 3-17　几种典型信号的中值滤波($L=5$)

【例 3-6】　用中值滤波法去除图像中的噪声。

```
% example3_6.m %
function example3_6()
input_image = imread('Lena.bmp','bmp');
F = imnoise(input_image,'salt & pepper',0.02);
[m,n] = size(F);
filtered_image = zeros(size(F));
for x = 1:m
    for y = 1:n
        if(x == 1|y == 1|x == m|y == n);
            filtered_image(x,y) = F(x,y);
        else
            % 排序
            z = sort([F(x-1,y-1),F(x-1,y),F(x-1,y+1),F(x,y-1),F(x,y),F(x,y+1),
            F(x+1,y-1),F(x+1,y),F(x+1,y+1)]);
            % 取中值
```

```
                filtered_image(x,y) = median(z);
            end
        end
end
figure(3);imshow(uint8(F));title('noisy image');
figure(4);imshow(uint8(filtered_image));title('median value filtered image');
```

程序运行结果如图 3-18 所示。

noisy image   median value filtered image

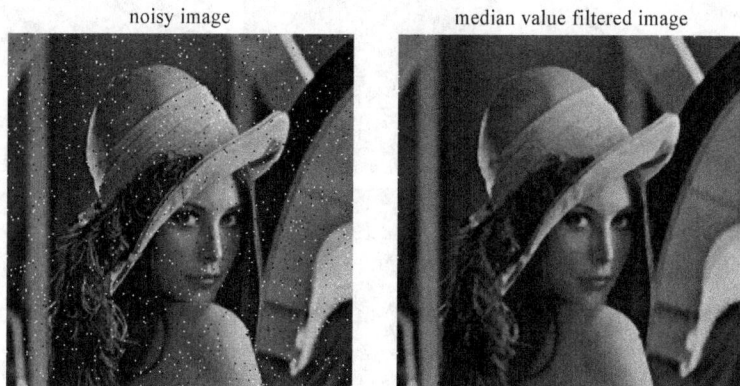

图 3-18 加噪声的 Lena 图像和中值滤波后的图像

提示：比较邻域平均法和中值滤波法在去除椒盐噪声方面的效果，可以看出用中值滤波的方法去除椒盐噪声效果很好。

3.1.4 图像锐化

边缘是指图像中灰度发生急剧变化的区域。图像锐化的目的是为了突出图像的边缘信息，加强其图像的轮廓特征。

物体边缘的特征：

（1）视觉上表现为灰度明暗的阶跃或比较剧烈的变化；

（2）统计关系为空间域数据的相关性较小；

（3）在变换域中为高频分量。

1. 拉普拉斯(Laplacian)算子

最常用的无方向性的二阶差分算子，其模板有 $3*3$、$5*5$ 和 $7*7$ 等多种形式。

例如，$3*3$ 边缘提取模板为：

$$\begin{bmatrix} 0 & -1 & 0 \\ -1 & 4 & -1 \\ 0 & -1 & 0 \end{bmatrix} \quad \begin{bmatrix} -1 & -1 & -1 \\ -1 & 8 & -1 \\ -1 & -1 & -1 \end{bmatrix}$$

边缘提取模板输出的平均灰度值为 0。输出图像仅包含原图像中的边缘信息，原图像中的细节被丢掉了。如果在突出边缘信息的同时希望能够保持原图像的细节，可以在该模板中增加当前像元数据的权重，得到图像边缘增强的效果。

例如，$3*3$ 图像边缘增强模板为

$$\begin{bmatrix} -1 & -1 & -1 \\ -1 & 9 & -1 \\ -1 & -1 & -1 \end{bmatrix} \quad \frac{1}{2}\begin{bmatrix} -1 & -1 & -1 \\ -1 & 10 & -1 \\ -1 & -1 & -1 \end{bmatrix} \quad \frac{1}{3}\begin{bmatrix} -1 & -1 & -1 \\ -1 & 11 & -1 \\ -1 & -1 & -1 \end{bmatrix}$$

对于这些模板,当前点为模板中心,处理效果为勾边。图 3-19 为图像边缘增强效果图。

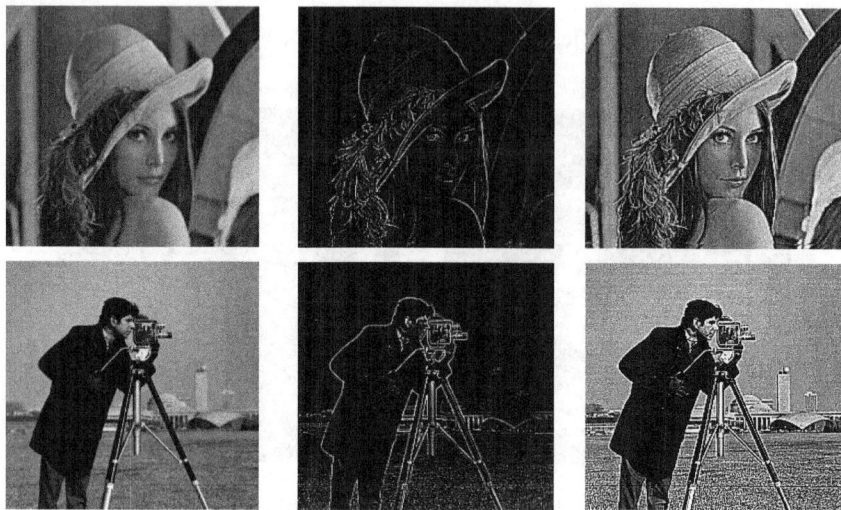

图 3-19　图像边缘增强效果图

2. 普瑞维特(Prewitt)算子

$$\begin{bmatrix} -1 & 0 & 1 \\ -1 & 0 & 1 \\ -1 & 0 & 1 \end{bmatrix} \quad \begin{bmatrix} 1 & 1 & 1 \\ 0 & 0 & 0 \\ -1 & -1 & -1 \end{bmatrix}$$

普瑞维特水平和垂直算子滤波如图 3-20 所示。

原图　　　　　　　　　普瑞维特水平算子　　　　　　普瑞维特垂直算子

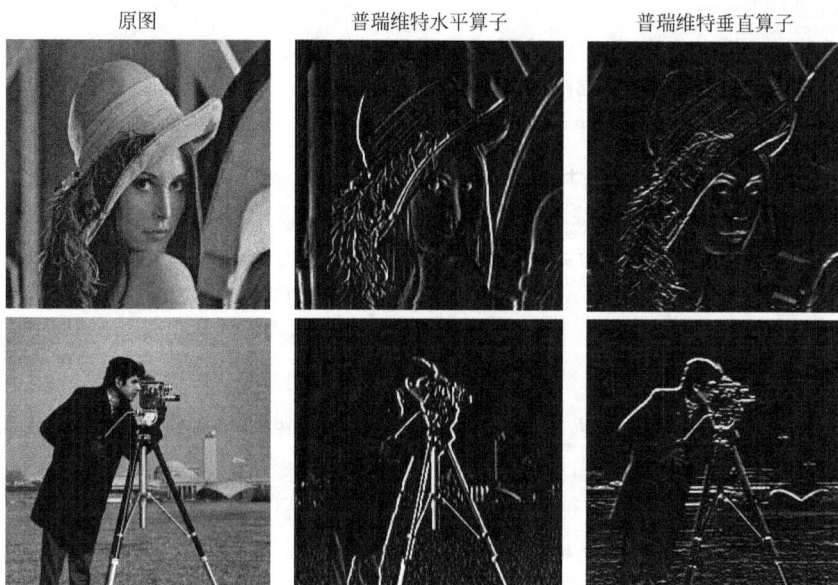

图 3-20　普瑞维特水平和垂直算子滤波效果图

3. 索贝尔(Sobel)算子

$$\begin{bmatrix} -1 & 0 & 1 \\ -2 & 0 & 2 \\ -1 & 0 & 1 \end{bmatrix} \qquad \begin{bmatrix} 1 & 2 & 1 \\ 0 & 0 & 0 \\ -1 & -2 & -1 \end{bmatrix}$$

Sobel 算子的优点在于：**由于引入了加权平均的因素，因而对图像中的随机噪声具有一定的平滑作用。**

由于 Sobel 算子采用间隔两行或者两列的差分，所以图像中边缘两侧的像素得到增强。Sobel 算子得到的锐化图像的边缘显得粗而亮。图 3-21 为索贝尔水平和垂直算子滤波效果图。

图 3-21 索贝尔水平和垂直算子滤波效果图

【例 3-7】 依据介绍的拉普拉斯算子自己编程实现图像的边缘提取。

```
% example3_7.m %
function example3_7()
input_image = imread('house.bmp','bmp');
F = double(input_image);
w = [0, -1,0; -1,4, -1;0, -1,0];
[m,n] = size(F);
lapalace_edge = zeros(size(F));
for x = 1:m
    for y = 1:n
        if(x == 1|y == 1|x == m|y == n)
            lapalace_edge(x,y) = F(x,y);
        else
temp = w(1,1) * F(x - 1,y - 1) + w(1,2) * F(x - 1,y) + w(1,3) * F(x - 1,y + 1) + w(2,1) * F(x,y - 1)
    + w(2,2) * F(x,y) + w(2,3) * F(x,y + 1) + w(3,1) * F(x + 1,y - 1) + w(3,2) * F(x + 1,y) +
```

```
                w(3,3) * F(x + 1, y + 1);
            lapalace_edge(x, y) = temp;
            end
        end
    end
end
figure(1); imshow(uint8(input_image)); title('orginal image');
figure(2); imshow(uint8(lapalace_edge)); title('lapalace edge');
```

程序运行结果如图 3-22 所示。

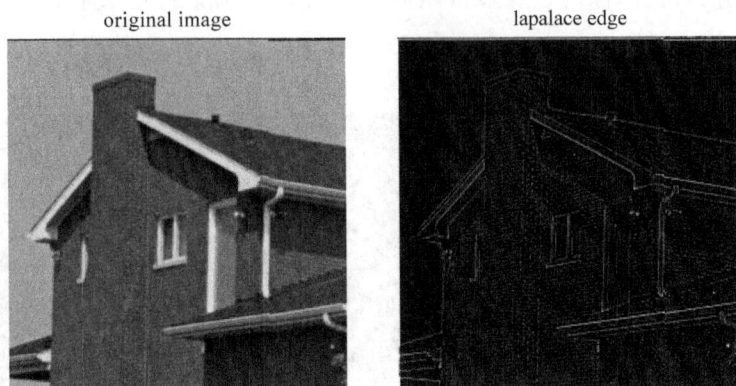

图 3-22   house. bmp 图像和 lapalace 边缘提取图

提示：可以看出此 lapalace 算子得到的锐化图像的边缘比较细且暗。

【**例 3-8**】 依据前面介绍索贝尔算子自己编程实现图像的边缘提取。

```
% example3_8.m %
function example3_8()
input_image = imread('house.bmp', 'bmp');
F = double(input_image);
wx = [-1 0 1; -2 0 2; -1 0 1];
wy = [-1 -2 -1; 0 0 0; 1 2 1];
[m, n] = size(F);
Sobel_edge = zeros(size(F));
tempx = 0;
tempy = 0;
for x = 1:m
    for y = 1:n
        if(x == 1 | y == 1 | x == m | y == n)
            Sobel_edge(x, y) = F(x, y);
        else
        tempx = wx(1,1) * F(x-1, y-1) + wx(1,2) * F(x-1, y) + wx(1,3) * F(x-1, y+1)
            + wx(2,1) * F(x, y-1) + wx(2,2) * F(x, y) + wx(2,3) * F(x, y+1)
            + wx(3,1) * F(x+1, y-1) + wx(3,2) * F(x+1, y) + wx(3,3) * F(x+1, y+1);
        tempy = wy(1,1) * F(x-1, y-1) + wy(1,2) * F(x-1, y) + wy(1,3) * F(x-1, y+1)
            + wy(2,1) * F(x, y-1) + wy(2,2) * F(x, y) + wy(2,3) * F(x, y+1)
            + wy(3,1) * F(x+1, y-1) + wy(3,2) * F(x+1, y) + wy(3,3) * F(x+1, y+1);
```

```
            end
        Sobel_edge(x,y) = sqrt(tempx^2 + tempy^2);
    end
end
figure(1);imshow(uint8(input_image));title('orginal image');
figure(2);imshow(uint8(Sobel_edge));title('Sobel edge');
```

程序运行结果如图 3-23 所示。

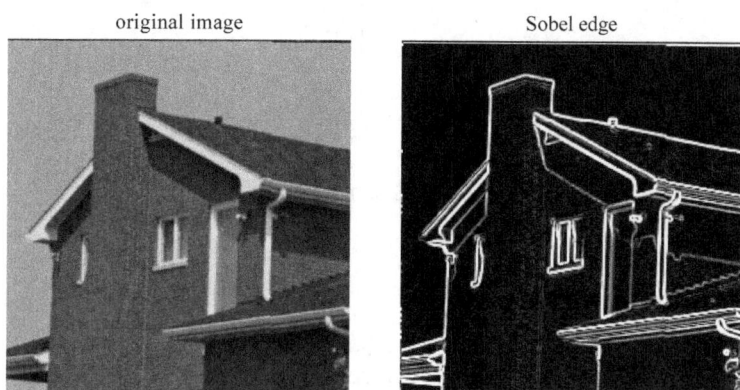

图 3-23 house.bmp 图像和 Sobel 边缘提取图

提示：参考索贝尔算子的设计方法，令 wx＝[－1 0 1; －1 0 1; －1 0 1]; wy＝[－1 －1 －1; 0 0 0; 1 1 1]，可以很容易用普瑞维特算子实现实现图像边缘提取，只是 Sobel 算子得到的锐化图像的边缘会比普瑞维特算子提取的边缘显得粗而亮。

3.2 图像频域增强

通过图像的正交变换（通常是 DFT 变换），在图像的频率域对图像进行增强的方法称为**频域增强**，主要有低通滤波增强和高通滤波增强。

3.2.1 图像频域低通滤波

图像中的边缘和噪声在变换域中表现为高频分量，消除噪声和平滑图像可以在变换域通过低通滤波来实现。

设 $F(u,v)$ 是需要平滑图像的傅里叶变换形式，$H(u,v)$ 是选取的一个滤波器变换函数，则结果图像的频域 $G(u,v)$ 为 $G(u,v)=F(u,v)H(u,v)$。

$G(u,v)$ 是通过 $H(u,v)$ 减少 $F(u,v)$ 的高频部分来得到的结果。运用傅里叶逆变换得到平滑后的图像。

1. 理想低通滤波

1）定义

$$H(u,v) = \begin{cases} 1 & D(u,v) \leqslant D_0 \\ 0 & D(u,v) > D_0 \end{cases} \tag{3-12}$$

其中，D_0 为截止频率，是一个非负整数；$D(u,v)$ 是变换域平面中点 (u,v) 到原点的距离，

$D(u,v)=(u^2+v^2)^{1/2}$。

理想低通滤波器的截面图如图 3-24 所示。

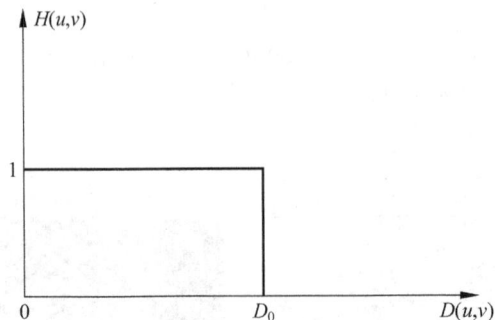

图 3-24 理想低通滤波器的截面图

2）截止频率的设计

（1）先求出总的信号能量 P_T：

$$P_T = \sum_{u=0}^{N-1} \sum_{v=0}^{N-1} P(u,v) \tag{3-13}$$

其中，$p(u,v) = |F(u,v)|^2 = R^2(u,v) + I^2(u,v)$ 是能量模。

（2）如果将变换作中心平移，则一个以频域中心为原点，R 为半径的圆就包含了百分之 β 的能量。

$$\beta = 100\Big[\sum_{u\in R} \sum_{v\in R} P(u,v) / P_T\Big] \tag{3-14}$$

（3）求出相应的 D_0：

$$R = D_0 = (u^2 + v^2)^{1/2}$$

图 3-25 中取 $D_0=5,11,45,68$，则 $\beta=90,95,99,99.5$。整个能量的 90% 被一个半径为 5 的小圆周包含。

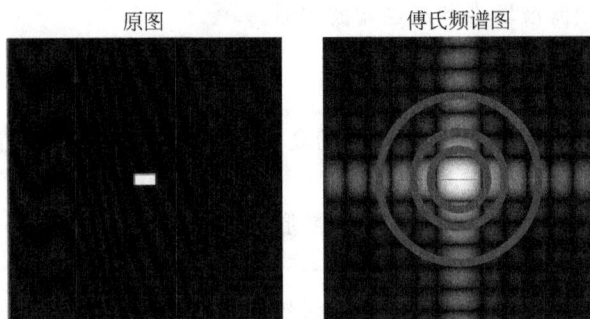

图 3-25 原图与其傅氏频谱图

3）理想低通滤波器的分析

- 整个能量的 90% 被一个半径为 5 的小圆周包含。大部分尖锐的细节信息都存在于被去掉的 10% 的能量中。
- 小的边界和其他尖锐细节信息被包含在频谱的最多 0.5% 的能量中。

- 被平滑的图像呈现一种非常严重的振铃效果。

2. 巴特沃思低通滤波

1）定义

一个截止频率在与原点距离为 D_0 的 n 阶 Butterworth 低通滤波器（BLPF）的变换函数如下：

$$H(u,v) = \frac{1}{1 + [D(u,v)/D_0]^{2n}} \tag{3-15}$$

其中，D_0 为截止频率，是一个非负整数；$D(u,v)$ 是变换域平面中点 (u,v) 到原点的距离，$D(u,v) = (u^2 + v^2)^{1/2}$。

巴特沃思低通滤波器的截面图如图 3-26 所示。

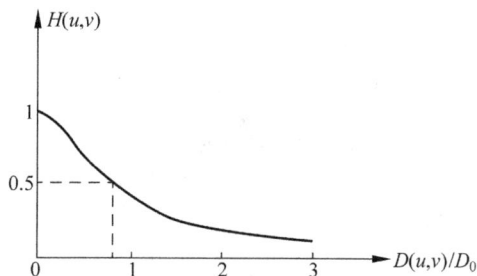

图 3-26 巴特沃思低通滤波器的截面图

2）截止频率的设计

变换函数中不存在一个不连续点作为一个通过的和被滤波掉的截止频率的明显划分，通常把 $H(u,v)$ 开始小于其最大值的一定比例的点当作其截止频率点。

有两种选择：

选择 1：$H(u,v) = 0.5$。当 $D_0 = D(u,v)$ 时：

$$H(u,v) = \frac{1}{1 + [D(u,v)/D_0]^{2n}} \tag{3-16}$$

选择 2：$H(u,v) = 1/\sqrt{2}$。当 $D_0 = D(u,v)$ 时：

$$H(u,v) = \frac{1}{1 + (\sqrt{2} - 1)[D(u,v)/D_0]^{2n}} = \frac{1}{1 + 0.414[D(u,v)/D_0]^{2n}} \tag{3-17}$$

3）巴特沃思低通滤波器的分析

- 经 BLPF 处理过的图像中没有明显的振铃效果，这是滤波器在低频和高频之间的平滑过渡的结果。
- 低通滤波是一个以牺牲图像清晰度为代价来减少干扰效果的修饰过程。
- 与理想圆形低通滤波器相比，巴特沃斯低通滤波器没有明显的跳跃，模糊程度减少。

【例 3-9】 用巴特沃斯低通滤波器对图像 liftingbody.png 进行低通滤波。

```
% example3_9.m %
function example3_9()
clc;
I = imread('liftingbody.png');
noisy = imnoise(I, 'gaussian',0.01);         % 对原图像添加高斯噪声
```

```
[M N] = size(I);
F = fft2(noisy);                                    %进行二维快速傅里叶变换

fftshift(F);                                        %把快速傅里叶变换的DC组件移到光谱中心
Dcut = 100;
for u = 1:M
    for v = 1:N
        D(u,v) = sqrt(u^2 + v^2);                   %巴特沃斯低通传递函数
    BUTTERH(u,v) = 1/(1 + ((D(u,v)/Dcut)^2));
    end
end
BUTTERG = BUTTERH. * F;

BUTTERfiltered = ifft2(BUTTERG);
subplot(1,3,1),imshow(I);title('原图');

subplot(1,3,2),imshow(noisy);title('高斯噪声图像');
subplot(1,3,3),imshow(uint8(BUTTERfiltered));title('巴特沃斯滤波图像');
```

程序运行结果如图 3-27 所示。

图 3-27　利用巴特沃思低通滤波器进行滤波

提示：可以看出，图像的低通滤波相当于对图像进行平滑。

3.2.2　图像频域高通滤波

通过高通滤波可以实现图像锐化的变换域处理：

$$G(u,v) = F(u,v) * H(u,v) \tag{3-18}$$

$F(u,v)$ 是需要锐化图像的傅里叶变换形式。目标是选取一个滤波器变换函数 $H(u,v)$，通过它减少 $F(u,v)$ 的低频部分来得到 $G(u,v)$。运用傅里叶逆变换得到锐化后的图像。

1. 理想高通滤波

一个二维的理想高通滤波器（ILPF）的转换函数（是一个分段函数）满足：

$$H(u,v) = \begin{cases} 0 & D(u,v) \leqslant D_0 \\ 1 & D(u,v) > D_0 \end{cases} \tag{3-19}$$

其中，D_0 为截止频率，是一个非负整数；$D(u,v)$ 是变换域平面中点 (u,v) 到原点的距离，$D(u,v) = (u^2 + v^2)^{1/2}$。

理想高通滤波器的截面图如图 3-28 所示。

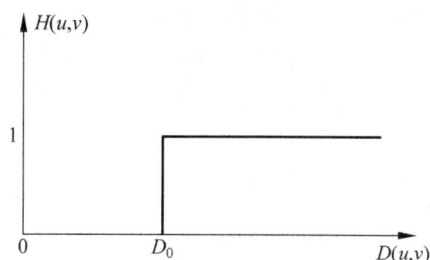

图 3-28 理想高通滤波器的截面图

2. 巴特沃思高通滤波

1) 定义

一个截止频率在与原点距离为 D_0 的 n 阶 Butterworth 高通滤波器(BHPF)的变换函数如下：

$$H(u,v) = \frac{1}{1 + [D_0/D(u,v)]^{2n}} \qquad (3\text{-}20)$$

其中，D_0 为截止频率，是一个非负整数；$D(u,v)$ 是变换域平面中点 (u,v) 到原点的距离，$D(u,v) = (u^2 + v^2)^{1/2}$。

巴特沃思高通滤波器的截面图如图 3-29 所示。

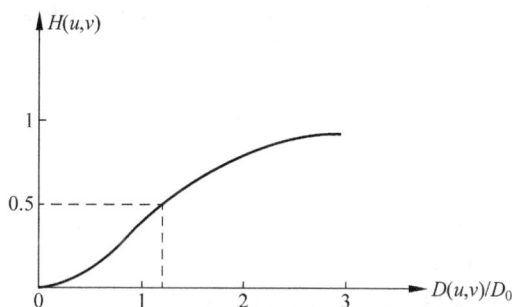

图 3-29 巴特沃思高通滤波器的截面图

2) 截止频率的设计

变换函数中不存在一个不连续点作为一个通过的和被滤波掉的截止频率的明显划分，通常把 $H(u,v)$ 开始小于其最大值的一定比例的点当作其截止频率点。

有两种选择：

(1) 选择 1：$H(u,v) = 0.5$。当 $D_0 = D(u,v)$ 时：

$$H(u,v) = \frac{1}{1 + [D_0/D(u,v)]^{2n}} \qquad (3\text{-}21)$$

(2) 选择 2：$H(u,v) = 1/\sqrt{2}$。当 $D_0 = D(u,v)$ 时：

$$H(u,v) = \frac{1}{1 + (\sqrt{2} - 1)[D_0/D(u,v)]^{2n}} = \frac{1}{1 + 0.414[D_0/D(u,v)]^{2n}} \qquad (3\text{-}22)$$

3）巴特沃思高通滤波器的分析

问题：低频成分被严重地削弱了，使图像失去层次。

改进措施：（1）加一个常数到变换函数 $H(u,v)+A$，这种方法被称为**高频强调**。

（2）为了解决变暗的趋势，在变换结果图像上再进行一次直方图均衡化。这种方法被称为**后滤波处理**。

【例 3-10】 用巴特沃斯高通滤波器对图像 liftingbody.png 进行高通滤波。

```matlab
% example3_10.m %
function example3_10()
clc;
I = imread('liftingbody.png');
% 对原图像添加高斯噪声
noisy = imnoise(I, 'gaussian',0.01);

[M N] = size(I);
F = fft2(noisy);                         % 进行二维快速傅里叶变换

fftshift(F);                             % 把快速傅里叶变换的DC组件移到光谱中心
Dcut = 100;
for u = 1:M
    for v = 1:N
        D(u,v) = sqrt(u^2 + v^2);        % 巴特沃斯高通传递函数
    BUTTERH(u, v) = 1/(1 + (Dcut/D(u,v))^2);
    end
end
BUTTERG = BUTTERH. * F;

BUTTERfiltered = ifft2(BUTTERG);
subplot(1,3,1),imshow(I);title('原图');
subplot(1,3,2),imshow(noisy);title('高斯噪声图像');
subplot(1,3,3),imshow(uint8(BUTTERfiltered));title('巴特沃斯滤波图像');
```

程序运行结果如图 3-30 所示。

原图　　　　　　高斯噪声图像　　　　　　巴特沃斯滤波图像

图 3-30 利用巴特沃斯高通滤波器进行滤波

提示：可以看出，图像的高通滤波相当于对图像进行锐化。

3.3　综合实例：基于遗传算法的图像自适应模糊增强

传统的增强方法主要是频域法和空域法。针对不同的应用要求，通常需要人为地确定方法和选择参数，现在提出的图像增强方法中，多数方法的自适应性较差，需要较多的人为介入，从而大大限制了其应用范围，因此建立一种能根据图像性质自动调节的图像自适应增强算法是非常有意义的。现有的方法大都是对灰度图像的处理，而在现实世界中，人们面对的多是彩色图像，所以人们越来越重视彩色图像的处理技术。实际图像信息本身的复杂性和相关性，使得在图像处理的过程中出现不确定性和不精确性，这些不确定性和不精确性主要体现在灰度的模糊性、几何模糊性等。模糊集理论对于图像的不确定性有很好的描述能力，并且对于噪声具有很好的鲁棒性，因此可以将模糊理论应用到图像增强中。

所以，本节给出了一种基于遗传算法的图像自适应模糊增强方法，且同时把这种方法用到灰度图像和彩色图像中。对于灰度图像，实验结果证明了其在性能上优于传统的图像增强技术和现有的一些同类增强技术；对于彩色图像，应用 HSI(Hue Saturation Intensity，色调饱和度亮度)的颜色模式，增强其亮度信息的方法，既得到了清晰的彩色图像，又保护了原有的彩色信息，而且图像质量还优于使用 Photoshop 软件处理的效果[1]。

3.3.1　基于模糊理论的图像质量的测量函数

近年来，已有不少学者致力于将模糊理论引入图像处理，已取得了显著的成效，这表明基于模糊理论的处理在一些场合具有比传统方法更好的效果。本章参考文献[2]提出了一种较好的图像质量的测量函数，但是它的系数选择并不适合所有的图像。文献[1]给出了一种新的基于模糊理论的评价图像质量的测量函数：

$$\text{fitness}(T_i(f)) = \lg\left[N(T_i(f)) H(T_i(f)) \frac{\delta(T_i(f))}{C(T_i(f))} \right] \tag{3-23}$$

其中，$N(T_i(f))$ 为图像经第 i 个个体增强后灰度为 l 的像素个数大于一给定阈值 Th 的灰度级的数量；$H(T_i(f))$ 表示图像经第 i 个个体增强后的信息熵；$\delta(T_i(f))$ 表示图像经第 i 个个体增强后的均方差；$C(T_i(f))$ 为增强图像经模糊变换后的模糊紧支度，它是反映图像空间模糊性的一个模糊几何量。部分分量的计算公式如下：

$$N(T_i(f)) = \sum_{\text{hist}(l)>Th} 1; \quad l = 0,1,2,\cdots,L-1 \tag{3-24}$$

$$C(T_i(f)) = \frac{A(T_i(f))}{P(T_i(f))} \tag{3-25}$$

其中，

$$A(T_i(f)) = \sum_{m=1}^{M} \sum_{n=1}^{N} \mu_{m,n}(T_i(f)) \tag{3-26}$$

$$P(T_i(f)) = \sum_{m=1}^{M} \sum_{n=1}^{N-1} | \mu_{m,n}(T_i(f)) - \mu_{m,n+1}(T_i(f)) |$$
$$\tag{3-27}$$
$$+ \sum_{n=1}^{N} \sum_{m=1}^{M-1} | \mu_{m,n}(T_i(f)) - \mu_{m+1,n}(T_i(f)) |$$

式中，$\mu_{m,n}(T_i(f)) = g_{m,n}(T_i(f))/(L-1)$ 为模糊变换函数。以上各式中，$g_{m,n}(T_i(f))$ 为原

始图像经第 i 个个体增强后位于图像幅面内 (m,n) 处的像素灰度 $(m=1,2,\cdots,M;n=1,2,\cdots,N;M、N$ 分别为图像的最大行、列数）；L 为图像的最大灰度级；$A(T_i(f))$ 和 $P(T_i(f))$ 是两个模糊几何量，分别为原始图像经第 i 个个体增强后的图像再经模糊变换后求得的模糊集面积与模糊集周长，在此处它们仅作为紧支度计算的过渡变量。

3.3.2 基于遗传算法的灰度图像的自适应模糊增强

1. 遗传算法的算子选择

遗传算法有三种基本算子：选择、交叉和变异。在遗传算法的编码问题上，本节采用浮点实数编码，种群数设定为 $M=30$，进化代数为 30 代。其设定值主要是考虑到图像本身已经包含大量数据，而每一代群体的 M 个个体又关系到 M 幅图像，大大增加的数据量会造成运算速度缓慢，因此选取较小的 M 取值，此时的遗传算法种群是小种群，试验发现一般情况下进化几代遗传算法能找到最优解。对于小种群，一般采用较大的交叉率和变异率，典型值有：交叉率为 0.95，变异率为 0.08。本节采用此变异率和交叉率进行运算。

2. 图像增强变换函数的选择

从视觉效果来看，一般的图像有偏暗、灰度集中在某一区域或偏亮三种基本情况，本着对不同质量的图像采用不同的变换函数的原则，与此相对应的变换函数有三类。

文献[2]曾用三段线性映射曲线作为变换函数，但是 6 个待控参数且每个参数都有 256 种可能的取值，使总的配置达到 $256^6=2^{48}$ 种，即使使用遗传算法，但遗传编码太复杂太长就会影响运算速度和精度，而且分三段不能特别准确地模拟各种曲线。本节利用 Tubbs 提出的归一化的非完全 Beta 函数来实现几种典型的灰度变换曲线的自动拟合[3]，虽然此函数中含有积分运算，但利用数值算法可以快速计算非完全 Beta 函数，而且此函数的拟合准确度很高。

归一化的非完全 Beta 函数 $F(u)$ 定义为：

$$F(u)=B^{-1}(\alpha,\beta)\times\int_0^u t^{\alpha-1}(1-t)^{\beta-1}\mathrm{d}t \tag{3-28}$$

其中，$0<\alpha,\beta<10,B(\alpha,\beta)=\int_0^1 t^{\alpha-1}(1-t)^{\beta-1}\mathrm{d}t$ 为 Beta 函数。不同的 α 和 β 能够拟合各类灰度变换曲线。α 和 β 的取值控制变换曲线的形状，当 $\alpha<\beta$ 时，经过变换后对较暗的区域进行拉伸；当 $\alpha=\beta$ 时，变换曲线是对称的，对中间区域进行拉伸，对两端进行压缩；当 $\alpha>\beta$ 时，经过变换后对较亮的区域进行拉伸。

3. 适应度函数的选择

文献[2]分析了仅用方差作为遗传算法的适应度函数来驱动遗传操作存在以下两方面的缺陷：

（1）在没有其他约束条件的情况下，单独使用方差作为适应度函数将使图像过度增强为一半像素灰度级为最小而另一半为最大的极度二值图像。因为只有当图像幅面内的像素灰度分布具有这一极限分布特征时，图像的方差才为最大。而遗传算法恰恰寻找的就是那些使适应度值能达到最大的参数组合。

（2）方差本身不能区分多种增强结果的相对质量，它反映的是图像的整体统计特征而并不能区分图像的局部细节差异，图像方差相同时可能存在多种不同的效果，如质量好的高方差图像与质量劣的多噪声干扰图像,或局部小区域内的高反差变化和大区域内的低反差波动等。上述分析表明:**单独的方差并不适合用做遗传算法的适应度函数。**

因此本节选择式(3-23)作为遗传算法的适应度函数。它是基于模糊理论的评价图像质量的测量函数,使增强后图片的视觉效果在整体和细节上都有明显的改善。

3.3.3　灰度图像增强算法拓展到彩色图像增强

目前图像对比度增强技术的对象主要是灰度图像,修整给定图像的灰度是一种简单而有效的算法。直接将灰度图像增强算法推广到彩色图像增强中去,如对彩色图像的 R、G、B 三个分量分别采用直方图类算法是不恰当的,因为彩色图像的三个分量信息之间彼此有很强的相关性,改变像素的任一分量都会导致颜色的偏移,使得到的增强图像中的色调有可能完全没有意义。这是因为在增强图像中对应同一个像素的 R、G、B 这三个分量都发生了变化,它们的相对值与原来不同了,从而导致原图像颜色的较大改变,并且这种改变很难控制。因此需要进行色度空间转换,将密切相关的三个分量(RGB)的空间转变到基本不相关的色度空间。HSI 颜色模式正好符合这一需要。它是基于人对颜色的心理感受的一种颜色模式。其中 H 是色调(Hue),又称色相,S 是饱和度(Saturation),I 是亮度值(Intensity)。该模型将亮度分量与一幅彩色图像中携带的彩色信息分开。基于这一原理,灰度图像的增强方法就可以应用到彩色图像的亮度分量上,而色度和饱和度不变,从而在保证没有颜色的偏移的情况下得到细节更清晰的彩色图像。

本节的彩色增强方法的基本步骤如下:

(1) 将原始彩色图像的 R、G、B 分量图像转化为 H、S、I 分量图;

(2) 利用对灰度图像增强的方法增强其中的 I 分量;

(3) 再将结果转换为用 R、G、B 分量显示。

3.3.4　实验结果

实验对灰度图像和彩色图像分别进行了处理。

1. 灰度图像的对比度增强

实验图像大小都为 256×256,对偏暗的 Couple 图像分别采用传统的直方图均衡法、反锐化掩膜法、仅采用方差作为遗传算法的适应度函数和本节基于模糊理论的图像质量测量函数作为遗传算法的适应度函数这 4 种方法对图像进行对比度增强。

图 3-31 表示增强的效果图,其中(a)图都为输入图像;(b)图是输入图像的灰度直方图;(c)图是采用两种遗传算法得到的非线性变换曲线,图中的点线是仅采用方差作为遗传算法的适应度函数(OFGA)得到的,星线是采用本节方法(NFGA)得到的;(d)图是采用两种遗传算法得到的寻优性能曲线,横坐标表示进化代数,纵坐标表示每代的最优个体的适应度值,图中的点线是利用 OFGA 得到的,星线是采用 NFGA 得到的;(e)图表示直方图均衡(HE)图像增强;(f)图表示反锐化掩膜(USM)图像增强;(g)图表示采用 OFGA 的图像增强;(h)图表示采用 NFGA 的图像增强。从(e)~(h)这 4 幅图中可以看到,这直方图均衡虽然整体对比度较好,但是图像中的细节部分信息却很模糊;反锐化掩膜方法增强虽然保持了图像中的细节部分信息,但增强后图像的整体对比度较差。

(a) 原图

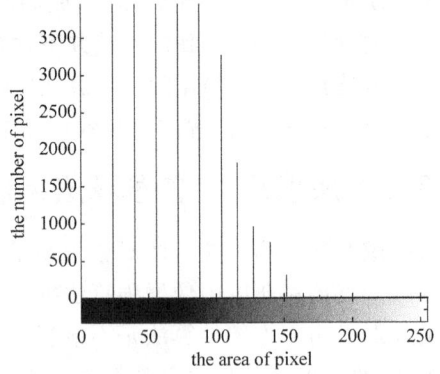

(b) 原图的直方图

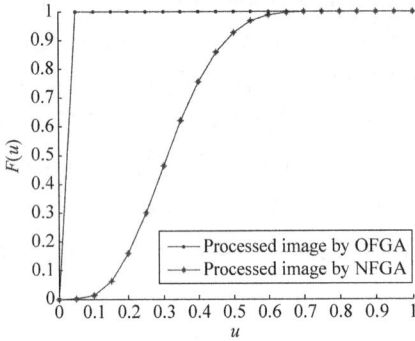

(c) 两条非线性变换曲线

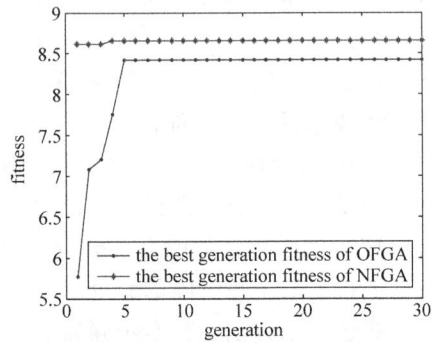

(d) 两条寻优性能曲线

(e) HE增强

(f) USM增强

(g) OFGA增强

(h) NFGA增强

图 3-31　灰度图像的增强效果图

下面针对两种遗传算法的实验结果进行详细分析。图 3-31 中,从图像本身和其直方图都不难看出该图像偏暗,而且灰度集中在几个像素,图像效果特差。(g)图为在没有其他约束条件的情况下,单独使用方差作为适应度函数,它使图像过度增强成为一半像素灰度级为最小而另一半为最大的极度二值图像,而且从(c)图中 OFGA 增强得到的变换曲线(即图中的点线)也可以看出它对图像进行了过度增强,其中 $\alpha=0.0001$,$\beta=9.8125$,如果文献[2]的适应度函数系数选择不当也会产生这样的结果;(h)图是采用 NFGA 增强后得到的图像,它的最佳变换曲线为(c)图中的星线,其中 $\alpha=4.6978$,$\beta=9.9999$,它将原来比较集中的低像素值区域向高像素值区域扩散,使输入图像的整体对比度大大提高,灰度分布均匀,而且细节信息被很好地保留,如两人的脸部轮廓清晰,看起来表情丰富。

限于篇幅,只列举这一幅图片,实际上大量的灰度图片实验都证明本节介绍的方法是一个很好的灰度图像增强方法。

2. 彩色图像的对比度增强

为了把灰度图像增强算法应用到彩色图像增强,本节对灰度集中在某一区域 girl 图像分别采用传统的直方图均衡法、反锐化掩膜法、Photoshop 的自动对比度增强和本节新的基于模糊理论的图像质量的测量函数作为遗传算法的适应度函数(NFGA)这 4 种方法对图像进行对比度增强。实验图像大小都为 256×256。

在图 3-32 中,(a)图为原彩色图像;(b)图是彩色图像在 I 分量上的直方图;(c)图是NFGA 得到的非线性变换曲线;(d)图是 NFGA 得到的寻优性能曲线,横坐标表示进化代数,纵坐标表示每代的最优个体的适应度值;(e)图为将原彩色图像的 RGB 模型先转换为HSI 模型,只对其中的亮度(I)分量进行 HE 增强,色度和饱和度不做变化,之后再将增强后的 HSI 模型转换为 RGB 模型进行显示;(f)图表示原彩色图像 I 分量的 USM 图像增强;(g)图表示用功能强大的 Photoshop 软件进行的自动对比度增强;(h)图表示原彩色图像 I分量的 NFGA 增强。

从图(a)和(b)可见,原彩色图像本身对比度较差。(e)图 HE 增强效果最差,因为它缺乏智能性,没有考虑到图像本身的特点,对整幅图像的所有像素点均进行同样的增强处理,虽然整体对比度较好,但是局部对比度较差;(f)图是在 I 分量上的 USM 增强,它保持了图像中的细节部分信息,但增强后图像的整体对比度较差;(g)图是功能强大的 Photoshop 软件的自动对比度增强,它的处理效果要强于图(e)和图(f)的效果,但是相比于图(h),女孩的脸看起来比较模糊,脸部轮廓也不清晰;相比而言,(h)图效果更清晰,细节信息被很好地突出,如眼睛和嘴部等。它的最佳变换曲线为(c)图,其中 $\alpha=9.9410$,$\beta=9.9999$,它将中间区域进行拉伸,对两端进行压缩,使输入图像的整体对比度大大提高,灰度分布均匀。

从图 3-32(e)~(h)的四种增强效果的局部放大效果图(女孩的脸部)即图 3-33 可以更清晰地看出 NFGA 是一种较好的彩色图像增强方法。

本文只列举此一幅彩色图片的不同方法的增强效果。实际上大量的彩色图片的实验也都证明 NFGA 是一个很好的彩色图像增强方法。

(a) 原图

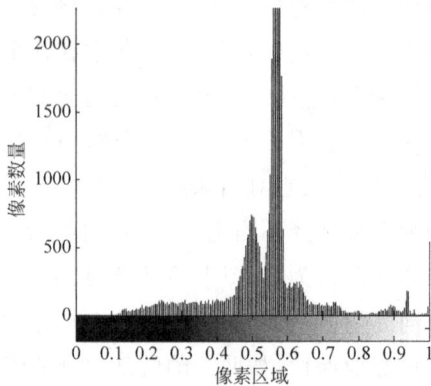

(b) 原图的直方图

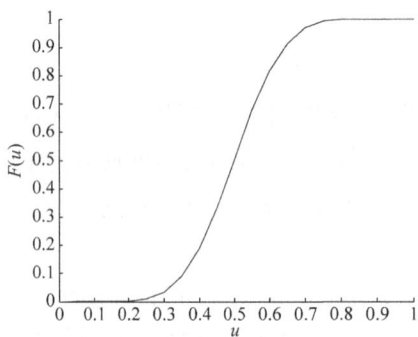

(c) 非线性变换曲线

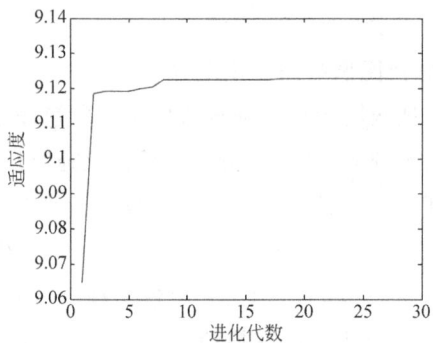

(d) 寻优性能曲线

(e) HE增强

(f) USM增强

(g) Photoshop增强

(h) NFGA增强

图 3-32　彩色图像的增强效果图

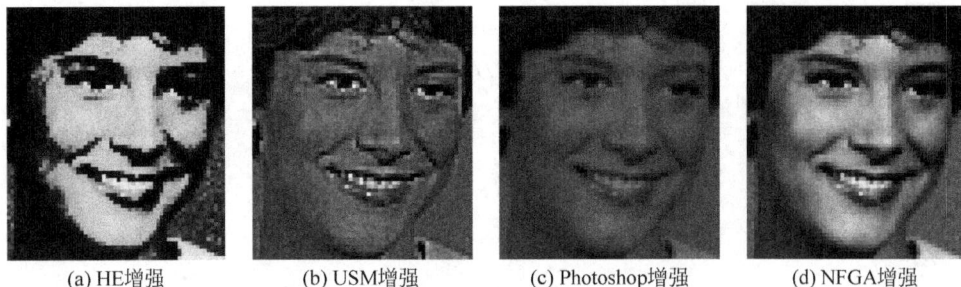

(a) HE增强 (b) USM增强 (c) Photoshop增强 (d) NFGA增强

图 3-33　图 3-32 的四种增强效果的局部截取图

3.3.5　MATLAB 程序实现

本程序需要调用 GA 工具箱,在此基础上编程实现。整个程序主要包括三部分:①基本函数的实现;②灰度图像的自适应模糊增强;③彩色图像的自适应模糊增强。下面给出具体的代码实现。

1. 基本函数的实现:计算非完全 Beta 函数

```
% 计算不完全 Beta 函数.
% IncmpBeta. m %
clear all; close all;
% 参考文献:
% 何光渝. Visual Basic 应用数值算法集[M]. 北京:科学出版社,170 - 171,2002.
function Incmp_Beta_Result = IncmpBeta(a,b,X)
  [m n] = size(X);
  aaa = Gammln(a + b) - Gammln(a) - Gammln(b);
  for i = 1:m
      for j = 1:n
          if X(i,j)< 0 | X(i,j)>1
              helpdlg('变量 X 的取值范围不在 0 和 1 之间','错误!');
              return
          end
          if X(i,j) == 0 | X(i,j) == 1
              bt(i,j) = 0;
          else
              bt(i,j) = exp(aaa + a * log(X(i,j)) + b * log(1 - X(i,j)));
          end
      end
  end

  for i = 1:m
      for j = 1:n
          if X(i,j)<((a + 1)/(a + b + 2))
              Incmp_Beta_Result(i,j) = bt(i,j) * Betacf(a,b,X(i,j))/a;
          else
              Incmp_Beta_Result(i,j) = 1 - bt(i,j) * Betacf(b,a,1 - X(i,j))/b;
          end
      end
```

```
    end

% //////////////Betacf 过程///////////////////////////////
function Betacf_Result = Betacf(a,b,x)
    itmax = 100;
    eps = 0.0000003;
    am = 1;
    bm = 1;
    az = 1;
    qab = a + b;
    qap = a + 1;
    qam = a - 1;
    bz = 1 - qab * x/qap;
    for m = 1:itmax
        em = m;
        tem = em + em;
        d = em * (b - m) * x/((qam + tem) * (a + tem));
        ap = az + d * am;
        bp = bz + d * bm;
        d = - (a + em) * (qab + em) * x/((a + tem) * (qap + tem));
        aap = ap + d * az;
        bpp = bp + d * bz;
        aold = az;
        am = ap/bpp;
        bm = bp/bpp;
        az = aap/bpp;
        bz = 1;
        if abs(az - aold)< eps * abs(az)
            Betacf_Result = az;
            break;
        end
    end
    Betacf_Result = az;

% //////////////计算 gama 函数程序///////////////////////////
function Gammln_result = Gammln(xx)
    cof(1) = 76.18009173;
    cof(2) = - 86.50532033;
    cof(3) = 24.01409822;
    cof(4) = - 1.231739516;
    cof(5) = 0.00120858003;
    cof(6) = - 0.00000536382;
    stp = 2.50662827465;
    half = 0.5;
    one = 1.0;
    fpf = 5.5;
    x = xx - one;
    tmp = x + fpf;
    tmp = (x + half) * log(tmp) - tmp;
    ser = one;
    for j = 1:6
```

```
        x = x + one;
        ser = ser + cof(j)./x;
    end
    Gammln_result = tmp + log(stp * ser);
% ---------- programs end here --------------
```

2. 灰度图像的自适应模糊增强

灰度图像的自适应模糊增强算法中主要包括四个部分：①灰度图像的遗传算法的适应度函数的设计；②通过遗传算法获取灰度图像最佳的非完全 Beta 的两个参数；③画出实现灰度图像增强的 Beta 图；④实现基于遗传算法的灰度图像的自适应模糊增强。具体代码如下：

1）灰度图像的遗传算法的适应度函数的设计

```
% fitnesszq_gray.m %
function [sol eval] = fitnesszq_gray(sol,options)
% 实现灰度图像增强的适应度函数
%% 遗传算法的适应度函数,式(3-23)的编程实现
% //////////////////////////////////////////////////////////
a = sol(1);
b = sol(2);
P = imread('girler11.bmp');
[M,N] = size(P);
PP = double(P);
n = M * N;
% 求 beta 函数
syms t x
B = double(int((t.^(a-1)). * ((1-t).^(b-1)),t,0,1));        % 分母
lmin = double(min(min(P)));
lmax = double(max(max(P)));
% 原图像 P 归一化处理得到 G
G = (PP - lmin)/(lmax - lmin);
GP = IncmpBeta(a,b,G);
FP = round((lmax - lmin). * GP + lmin);            % 原图像的变换
count = imhist(uint8(FP));
th = 5;
NN = sum(count > th);                    % 求像素个数大于一给定阈值的灰度级的数量
H = 0;
co = count/(M * N);
% cc = co > 0;
for i = 1:256
    if co(i) > 0
        H = H + co(i). * log2(co(i));
    end
end
% H = - sum(co. * log2(co));
HH = - H;                            % 求熵
delta = sum(sum(FP.^2))/n - (sum(sum(FP))/n).^2;    % 求方差
U = FP. / (lmax - 1);                    % 模糊变换函数
pmr1 = 0;pmr2 = 0;
for i = 1:M
```

```
        for j = 1:N - 1
            pmr1 = pmr1 + abs(U(i,j) - U(i,j + 1));
        end
    end
    for i = 1:M - 1
        for j = 1:N
            pmr2 = pmr2 + abs(U(i,j) - U(i + 1,j));
        end
    end
    pmr = pmr1 + pmr2;
    area = sum(sum(U));                        % 模糊几何量
    Comp = area./(pmr.^2);
    Fitness = log10(NN.*HH.*delta/Comp)        % 本节设计的适应度函数
    eval = Fitness;
    % ---------- all programs end here ---------------
```

2）通过遗传算法获取灰度图像最佳的非完全 Beta 的两个参数

```
%% parameter_gray.m %
%% 已知非完全 Beta 的两个参数的取值范围[0,10],通过遗传算法来求得最佳的非完全 Beta 的两个参数
% 非完全 Beta 的两个参数的取值范围[0,10],为了防止过度处理,范围适当压缩
% 主函数
bounds = [0.01 9.99;0.01 9.99]
figure(1)
hold on
initPop = initializega(30,bounds,'fitnesszq_gray'); % 方差适应度,灰度图像
% plot(initPop(:,1),initPop(:,2),'r + ')
[x,endPop,bpop,trace] = ga(bounds,'fitnesszq_gray',[],initPop,[1e - 6 1 1],'maxGenTerm',30)

initPop
% 运行时间有点长
% 需要先把 ga 文件夹加入预设路径
```

3）画出 Beta 图

```
%% 通过遗传算法已经求得 Beta 的两个参数,代入画出 Beta 图
%% BetaImage_gray.m %
sol = [ 5.1547 9.9900]                         % sol = initPop
a = sol(1);
b = sol(2);
X = 0:0.05:1;
f = IncmpBeta(a,b,X);
figure(1)
hold on
plot(X,f,'r');
xlabel('u')
ylabel('F(u)')
```

4）实现基于遗传算法的灰度图像的自适应模糊增强

```
% 实现灰色图像的遗传算法增强后的图片
% Main_gray.m %
```

```
sol = [ 4.6978   9.9999]                              % couple.bmp
a = sol(1);
b = sol(2);
P = imread('couple.bmp');
figure(1)
imshow(P);                                            % wode
title('原图')
[M,N] = size(P);
PP = double(P);
n = M * N;
% syms t x
lmin = double(min(min(P)));
lmax = double(max(max(P)));
%% 原图像 P 归一化处理得到 G
G = (PP − lmin)/(lmax − lmin);
GP = IncmpBeta(a,b,G);
FP = uint8((lmax − lmin). * GP + lmin);
% M = uint8(Unsharp_Enha(P));
figure(2)
imshow(FP);                                           % wode
title('遗传算法增强后图像')
```

3. 彩色图像的自适应模糊增强

彩色图像的自适应模糊增强算法中主要包括四个部分：①彩色图像的遗传算法的适应度函数的设计；②通过遗传算法获取彩色图像最佳的非完全 Beta 的两个参数；③画出实现彩色图像增强的 Beta 图；④实现基于遗传算法的彩色图像的自适应模糊增强。具体代码如下：

1) 彩色图像的遗传算法的适应度函数的设计

```
%% fitnesszq_col.m %
function [sol eval] = fitnesszq_col(sol,options)      % 实现彩色图像增强的适应度函数
a = sol(1);
b = sol(2);

rgb1 = imread('girl1.bmp');                           % 需要处理的图片

rgb = double(rgb1). /256;
hsi1 = rgb2hsv(rgb);
P = hsi1(:,:,3);
[M,N] = size(P);
n = M * N;
lmin = double(min(min(P)));
lmax = double(max(max(P)));
%% 原图像 P 归一化处理得到 G
G = (P − lmin)/(lmax − lmin);
GP = IncmpBeta(a,b,G);
FP = (lmax − lmin). * GP + lmin;
FPT = max(min(round(FP. * 256),256),0);
delta = sum(sum(FPT.^2))/n − (sum(sum(FPT))/n).^2;
%
```

```
% 求 beta 函数
syms t x
B = double(int((t.^(a-1)). * ((1-t).^(b-1)),t,0,1));        % 分母
count = imhist(uint8(FPT));
th = 5;
NN = sum(count > th);                            % 求像素个数大于一给定阈值的灰度级的数量
H = 0;
co = count/(M * N);
for i = 1:256
    if co(i) > 0
        H = H + co(i). * log2(co(i));
    end
end
HH = - H;                                        % 求熵
lmax1 = double(max(max(FPT)));
U = FPT./(lmax1);                                % 模糊变换函数
pmr1 = 0;pmr2 = 0;
for i = 1:M
    for j = 1:N-1
        pmr1 = pmr1 + abs(U(i,j) - U(i,j+1));
    end
end
for i = 1:M-1
    for j = 1:N
        pmr2 = pmr2 + abs(U(i,j) - U(i+1,j));
    end
end
pmr = pmr1 + pmr2;
area = sum(sum(U));                              % 模糊几何量
Comp = area./(pmr.^2);
% 模糊几何量
Fitness = log10(NN. * HH. * delta/Comp)          % 适应度函数
eval = Fitness;
```

2) 通过遗传算法获取彩色图像最佳的非完全 Beta 的两个参数

```
% parameter_col.m %
%% 已知非完全 Beta 的两个参数的取值范围[0,10],通过遗传算法来求得最佳的非完全 Beta 的两个
%% 参数
% 非完全 Beta 的两个参数的取值范围[0,10],为了防止过度处理,范围适当压缩
tic
bounds = [0.01 9.99;0.01 9.99]
figure(1)
hold on

initPop = initializega(30,bounds,'fitnesszq_col');   % 方差适应度,彩色图像
% plot(initPop(:,1),initPop(:,2),'r + ')
[x,endPop,bpop,trace] = ga(bounds,'fitnesszq_col',[],initPop,[1e-6 1 1],'maxGenTerm',30)
                                                 % 彩色图像
initPop
```

```
toc
% 遗传算法寻优,时间有点长,如果需要中断,单击 ctrl + break 可以终止函数

% 需要先把 ga 文件夹加入预设路径
% 运行时间有点长,
% 如果选择初始种群 30 不变,每一代运行时间基本为 5 分钟,,30 代就差不多 150 分钟,可以把 30 代
% 数值改得小一些,缩短运行时间
% 基本能得到较好的数值
% 运行后得到的 x(1) 和 x(2) 值即为非完全 Beta 的两个参数,x(3) 适应度函数的最大值
% 可能每次运行得到的数值不完全相同,但都是有效的
```

3) 画出实现彩色图像增强的 Beta 图

```
% BetaImage_col.m %
%% 通过遗传算法已经求得 Beta 的两个参数,代入画出 Beta 图
sol = [9.9410 9.9999]                          % 彩色图像非线性变换曲线
a = sol(1);
b = sol(2);
X = 0:0.05:1;
f = IncmpBeta(a,b,X);
figure(1)
hold on
% figure
% plot(X,f,'r * ');
plot(X,f,'r');
xlabel('u')
ylabel('F(u)')
```

4) 实现基于遗传算法的彩色图像的自适应模糊增强

```
% 实现彩色图像的遗传算法增强后的图片
% Main_col.m %
sol = [9.9410 9.9999]                          % girl1.bmp
a = sol(1);
b = sol(2);
rgb1 = imread('girl1.bmp');
hsi = rgb2hsv(rgb1);
H = hsi(:,:,1);
S = hsi(:,:,2);
P = hsi(:,:,3);
[M,N] = size(P);
n = M * N;
lmin = double(min(min(P)));
lmax = double(max(max(P)));
%% 原图像 P 归一化处理得到 G
G = (P - lmin)/(lmax - lmin);
GP = IncmpBeta(a,b,G);
FP = (lmax - lmin). * GP + lmin;
new = cat(3,H,S,FP);
RGB1 = hsv2rgb(new);                            % 新方法

M1 = histeq(P);
```

```
M2 = cat(3,H,S,M1);
M = hsv2rgb(M2);                           % 直方图
N1 = Unsharp_Enha(P);
N2 = cat(3,H,S,N1);
N = hsv2rgb(N2);

figure(1),imshow(rgb1)                     % 原图
figure(2),imshow(M)                        % 直方图
figure(3), imshow(N)
figure(4), imshow(RGB1)                    % 运行结果如图 3-32 所示
```

3.4 习题

（1）任意选择一幅彩色图像，通过 MATLAB 编程将其转换为灰度图像，然后对灰度图像进行直方图均衡化。

（2）对于一幅灰度图像，第（1）题已经编程实现对其进行了一次直方图均衡化。如果对其进行多次直方图均衡化处理，试分析灰度图像的变换情况。

（3）任意选择一幅灰度图像，选择不同的灰度变换函数，试分析灰度图像的变换情况。

（4）任意选择一幅灰度图像，在进行图像的均值滤波时，试编程分析不同窗口的大小（如 $3*3,5*5$）对滤波的影响。

（5）任意选择一幅灰度图像，在进行图像的中值滤波时，试分析不同窗口的大小（如 $3*3,5*5$）对滤波的影响。

（6）任意选择一幅灰度图像，分析其频域低通滤波后的效果图。

（7）任意选择一幅灰度图像，分析其频域高通滤波后的效果图。

（8）利用遗传算法，实现一幅灰度图像自动增强。

参考文献

[1] 魏晗,张长江,胡敏.基于遗传算法的图像自适应模糊增强.光电子·激光,2007,18(12)：1482 ～1485.

[2] 周激流,吕航.一种基于新型遗传算法的图像自适应增强算法的研究.计算机学报,2001,24(9)：959～964.

[3] Tubbs J. D. A note on parametric image enhancement. Pattern Recognition，1987，30(6)：617～621.

数字图像恢复

在实际的日常生活中,人们要接触很多图像,而在景物成像过程里可能会出现模糊、失真或混入噪声,最终导致图像质量下降,这种现象称为图像"**退化**"。因此可以采取一些技术手段来尽量减少甚至消除图像质量的下降,还原图像的本来面目,这就是**图像恢复**(或图像复原)。引起图像模糊有多种多样的原因,有的由运动引起,有的由高斯噪声、斑点噪声或椒盐噪声引起等。传统的滤除噪声的方法是将图像信号通过滤波器滤除噪声频率成分,其方法有时域和频域两种,但不论哪种方法都是利用噪声和信号在频域上分布的不同而进行的,即信号主要分布在低频区域,而噪声主要分布在高频区域,滤除信号的高频部分就可以滤除噪声。但是对于图像信号来说,图像的细节信号也处于高频区域,而图像的细节往往正是分析问题的关键。所以,图像降噪中的难题就是如何兼顾降低图像噪声和保留图像细节两个方面。数字图像复原问题实际上是在一定的准则下,采用数学最优化方法从退化的图像去推测原图像的估计问题。不同的准则及不同的数学最优化方法就形成了各种各样的算法。常见的复原方法有:逆滤波复原算法、锐化滤波复原算法、维纳滤波复原算法、盲卷积滤波复原算法和约束最小二乘滤波复原算法等。目前,图像恢复技术已经广泛应用于空间探索、天文观测、物质研究、遥感遥测、军事科学、医学影像、交通监控、刑事侦查等众多领域。

图像恢复技术的最终目的是改善给定的图像。尽管图像增强和图像恢复有相交叉的领域,但图像增强主要是一个主观的过程,而图像恢复的大部分过程是一个客观过程,它通常都会涉及设立一个最佳的准则,产生期望结果的最佳估计。对比而言,图像增强技术基本上是一个探索性过程,为了人类视觉系统的生理接受特点而设计一种改善图像的方法。例如,增强技术被认为是一种对比度拉伸,因为它主要基于提供给观看者喜欢接受的图像,而通过去模糊函数去除图像模糊则认为是图像恢复技术。

4.1 图像退化和恢复模型和图像噪声

图像恢复是利用退化过程的先验知识,去恢复已被退化图像的本来面目。图像恢复试图利用退化图像的某种先验知识来重建或复原被退化的图像,因此图像恢复可以看成图像退化的逆过程,是将图像退化的过程加以估计,建立退化的数学模型后,补偿退化过程造成的失真,以便获得未经干扰退化的原始图像或原始图像的最优估值,从而改善图像质量。

4.1.1 图像退化和恢复模型

图像退化和图像恢复的模型如图 4-1 所示。

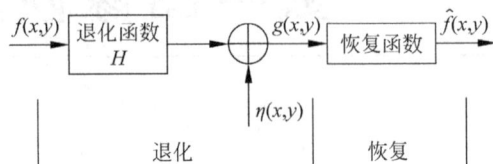

图 4-1 图像退化和恢复模型

这里用退化函数把退化过程模型化,它和加性噪声一起,作用于输入图像 $f(x,y)$,产生一幅退化的图像 $g(x,y)$:

$$g(x,y) = H[f(x,y)] + \eta(x,y) \tag{4-1}$$

复原的目标就是得到原图像的估计,并使这个估计尽可能地接近原始的输入图像。通常,H 和 η 的信息越多,$\hat{f}(x,y)$ 就越接近 $f(x,y)$。

若 H 是线性的、空间不变的过程,则退化图像在空间域通过下式给出:

$$g(x,y) = h(x,y) * f(x,y) + \eta(x,y) \tag{4-2}$$

其中,$h(x,y)$ 是退化函数的空间表示,且空间域的卷积和频域的乘法组成了一个傅里叶变换对,所以可以用等价的频域表示写出模型:

$$G(u,v) = H(u,v)F(u,v) + N(u,v) \tag{4-3}$$

其中,用大写字母表示的项是卷积方程式中相应项的傅里叶变换。退化函数 $H(u,v)$ 有时称为**光学传递函数**。在空间域,$h(x,y)$ 称为点扩散函数。对于任何种类的输入,让 $h(x,y)$ 作用于光源的一个点来得到退化的特征。由于退化是线性的,所以空间不变的退化函数 H 可以被模型化为卷积,复原处理有时也称为反卷积。

4.1.2 图像噪声

对图像信号来说,可将黑白图像看作二维亮度分布 $f(x,y)$,则噪声可看作对亮度的干扰,用 $\eta(x,y)$ 来表示。噪声是随机的,因而需要用随机过程来描述,即要求知道其分布函数和概率密度函数。在许多情况下,这些函数很难测定和描述,常用统计特征来描述噪声,如均值、方差和相关函数等。

1. 按干扰源进行分类

图像噪声按照其干扰源可以分为外部噪声和内部噪声。

(1) 外部噪声,即指系统外部干扰以电磁波或经电源串进系统内部而引起的噪声。如电气设备、天体放电现象等引起的噪声。

(2) 内部噪声,一般又可分为以下四种:

- **由光和电的基本性质所引起的噪声**。如电流的产生是由电子或空穴粒子的集合定向运动所形成。因这些粒子运动的随机性而形成的散粒噪声;导体中自由电子的无规则热运动所形成的热噪声;根据光的粒子性,图像是由光量子所传输,而光量子密度随时间和空间变化所形成的光量子噪声等。

- **电器的机械运动产生的噪声**。如各种接头因抖动引起电流变化所产生的噪声；磁头、磁带等单独或同时抖动等。
- **器材材料本身引起的噪声**。如正片和负片的表面颗粒性和磁带磁盘表面缺陷所产生的噪声。随着材料科学的发展，这些噪声有望不断减少，但在目前来讲，还是不可避免的。
- **系统内部设备电路所引起的噪声**。如电源引入的交流噪声；偏转系统和箝位电路所引起的噪声等。

2. 按噪声对信号的影响进行分类

按照噪声对信号的影响，可分为加性噪声模型和乘性噪声模型两大类。设 $f(x,y)$ 为信号，$\eta(x,y)$ 为噪声，影响信号后的输出为 $g(x,y)$。

（1）加性噪声

$$g(x,y) = f(x,y) + \eta(x,y) \tag{4-4}$$

加性噪声和图像信号是不相关的，如运算放大器，又如图像在传输过程中引进"信道噪声"，电视摄像机扫描图像的噪声等，这类带有噪声的图像 $g(x,y)$ 可看成为理想无噪声图像 $f(x,y)$ 与噪声图像 $\eta(x,y)$ 之和。形成的波形是噪声和信号的叠加，其特点是 $\eta(x,y)$ 和信号无关。如一般的电子线性放大器，不论输入信号的大小，其输出总是与噪声相叠加的。

（2）乘性噪声

$$g(x,y) = f(x,y)[1 + \eta(x,y)] = f(x,y) + f(x,y)\eta(x,y) \tag{4-5}$$

乘性噪声，和图像信号是相关的，往往随图像信号的变化而变化，如飞点扫描图像中的噪声、电视扫描光栅、胶片颗粒造成等，由于载送每一个像素信息的载体的变化而产生的噪声受信息本身调制。在某些情况下，如信号变化很小，噪声也不大。为了分析处理方便，常常将乘性噪声近似认为是加性噪声，而且总是假定信号和噪声是互相统计独立。

3. 按噪声幅度分布的统计特性进行分类

按照噪声幅度分布的统计特性来看又可分为以下几种：

（1）白噪声：具有常量的功率谱。白噪声的一个特例是高斯噪声。在空间域和频域中，由于高斯噪声在数学上的易处理性，这种噪声（也称为正态噪声）模型经常用在实践中。事实上，这种易处理性使高斯模型经常适用于临界情况下。其分布函数为：

$$p(x) = \frac{1}{\sqrt{2\pi}\sigma} e^{\frac{-(x-\mu)^2}{2\sigma^2}} \tag{4-6}$$

（2）瑞利噪声：瑞利噪声的概率密度函数由下式给出：

$$p(x) = \begin{cases} \frac{2}{b}(x-a) e^{\frac{-(x-a)^2}{b}} & x \geqslant a \\ 0 & x < a \end{cases} \tag{4-7}$$

概率密度的均值和方差分别由下式给出：

$$\mu = a + \sqrt{\pi b}/4, \quad \sigma^2 = \frac{b(4-\pi)}{4}$$

（3）伽马噪声：瑞利噪声的概率密度函数由下式给出：

$$p(x) = \begin{cases} \frac{a^b x^{b-1}}{(b-1)!} e^{-ax} & x \geqslant 0 \\ 0 & x < 0 \end{cases} \tag{4-8}$$

其中,$a>0,b$ 为正整数且"!"表示阶乘。其概率密度函数的均值和方差分别为:

$$\mu = \frac{b}{a}, \quad \sigma^2 = \frac{b}{a^2}$$

(4) 指数分布噪声:指数分布噪声的概率密度函数由下式给出:

$$p(x) = \begin{cases} ae^{-ax} & x \geqslant 0 \\ 0 & x < 0 \end{cases} \tag{4-9}$$

其中,$a>0$。其概率密度函数的期望和方差分别为:

$$\mu = \frac{1}{a}, \quad \sigma^2 = \frac{1}{a^2}$$

(5) 均匀分布噪声:指数分布噪声的概率密度函数由下式给出:

$$p(x) = \begin{cases} \dfrac{1}{(b-a)} & a \leqslant x \leqslant b \\ 0 & 其他 \end{cases} \tag{4-10}$$

概率密度函数的期望和方差分别由下式给出:

$$\mu = \frac{a+b}{2}, \quad \sigma^2 = \frac{(b-a)^2}{12} \tag{4-11}$$

(6) 椒盐噪声(脉冲噪声):由图像传感器、传输信道、解码处理等产生的黑白相间的亮暗点噪声,往往由图像切割引起。椒盐噪声是指两种噪声:一种是盐噪声(salt noise);另一种是胡椒噪声(pepper noise)。"盐"指的是白色,"椒"指的是黑色。前者是高灰度噪声,后者属于低灰度噪声。这两种噪声一般同时出现,呈现在图像上就是黑白杂点。该噪声在图像中较为明显,对图像分割、边缘检测、特征提取等后续处理具有严重的破坏性。椒盐噪声的概率密度函数由下式给出:

$$p(x) = \begin{cases} P_a & x = a \\ P_b & x = b \\ 0 & 其他 \end{cases} \tag{4-12}$$

如果 $b>a$,灰度值 b 在图像中显示为一个亮点。相反,a 的值将显示为一个暗点。若 P_a 或 P_b 为零,则脉冲噪声为单极脉冲。如果 P_a 和 P_b 均不可能为零,尤其是它们近似相等时,脉冲噪声值将类似于随机分布在图像上的胡椒和盐粉微粒。

在 MATLAB 中为图像添加噪声的函数为 imnoise。其语法格式如下:

```
J = imnoise(I,type)                          % 为图像增加 type 类型的噪声
J = imnoise(I,type,parameters)
J = imnoise(I,'gaussian',m,v)                % 增加均值和方差为 m 和 v 的高斯噪声
J = imnoise(I,'localvar',V)                  % 增加 0 均值方差为 V 的高斯白噪声
J = imnoise(I,'localvar',image_intensity,var) % 增加 0 均值图像亮度方差为 var 的高斯噪声
J = imnoise(I,'poisson')                     % 增加泊松噪声
J = imnoise(I,'salt & pepper',d)             % 增加椒盐噪声
J = imnoise(I,'speckle',v)                   % 增加乘性噪声,J = I + n * I,n 为 0 均值方差
                                             % 为 v 的均匀分布噪声
```

该函数增加噪声的效果如例 4-1 所示。

【例 4-1】 为图像增加噪声并显示。

```
% example4_1.m %
clear;close all;
I = imread('eight.tif');
figure, subplot(231);
imshow(I);title('original image');
J1 = imnoise(I,'gaussian');
subplot(232); imshow(J1);title('Gaussian');
J2 = imnoise(I,'gaussian',0.2,0.05);
subplot(233); imshow(J2);title('Gaussian,m = 0.2,v = 0.05');
J3 = imnoise(I,'poisson');
subplot(234); imshow(J3);title('poisson');
J4 = imnoise(I,'salt & pepper',0.02);
subplot(235); imshow(J4);title('salt & pepper');
J5 = imnoise(I,'speckle',0.1);
subplot(236); imshow(J5);title('multiplicative noise');
```

其结果如图 4-2 所示。

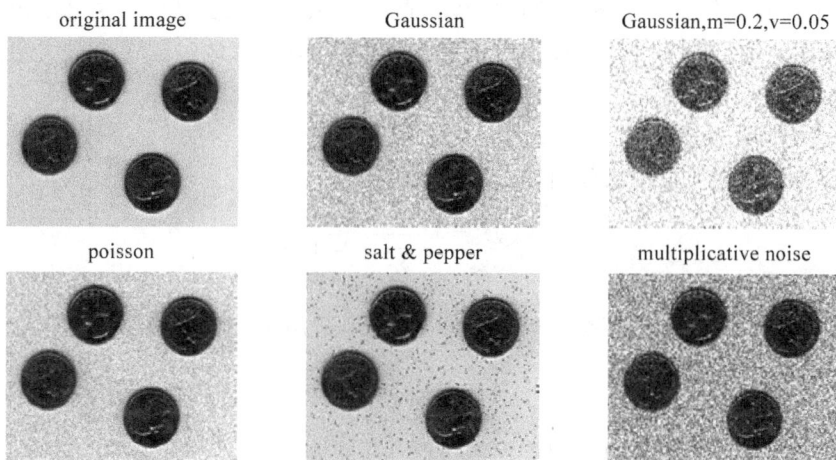

图 4-2　图像增加不同噪声的结果

4.2　图像空域恢复技术

当在一幅图像唯一存在的退化是加性噪声时,式(4-2)和式(4-3)分别变成

$$g(x,y) = f(x,y) + h(x,y) \tag{4-13}$$

和

$$G(u,v) = F(u,v) + N(u,v) \tag{4-14}$$

噪声项是未知的,难以从 $g(x,y)$ 或 $G(u,v)$ 减去噪声得出原图像。在周期性噪声的情况下,通常从 $G(u,v)$ 的谱去估计 $N(u,v)$ 是可能的。这时,从 $G(u,v)$ 中减去 $N(u,v)$ 可得出原始图像的估计。当仅有加性噪声存在时,可以选择空间滤波方法。

4.2.1　均值滤波器

均值滤波器主要有 4 种。

1) 算术滤波器

算术滤波器是最简单的滤波器。令 S_{xy} 表示中心在 (x,y) 的点,尺寸为 $m\times n$ 的矩形子图像窗口的坐标,算术均值滤波过程就是计算由 S_{xy} 定义的区域中被干扰图像 $g(x,y)$ 的平均值。在任意点 (x,y) 处复原图像 $\hat{f}(x,y)$ 的值就是用 S_{xy} 定义的区域的像素计算出来的算术平均值。即:

$$\hat{f}(x,y) = \frac{1}{mn}\sum_{(s,t)\in S_{xy}} g(s,t) \qquad (4\text{-}15)$$

这个操作可以用其系数为 $1/mn$ 的卷积模板来实现,均值计算简单地平滑了一幅图像的局部变化,在模糊了结果的同时减少了噪声。

2) 几何均值滤波器

用几何均值滤波器复原一幅图像由如下表达式给出:

$$\hat{f}(x,y) = \Big(\prod_{(s,t)\in S_{xy}} g(s,t)\Big)^{\frac{1}{mn}} \qquad (4\text{-}16)$$

其中,每一个被复原像素由子图像窗口中像素点的乘积并自乘到 $1/mn$ 次幂给出。几何均值滤波器所达到的平滑度可以与算术均值滤波器相比,但在滤波过程中会丢失更少的图像细节。

3) 谐波均值滤波器

使用谐波均值滤波器的操作由如下表达式给出:

$$\hat{f}(x,y) = \frac{mn}{\sum_{(s,t)\in S_{xy}} \dfrac{1}{g(s,t)}} \qquad (4\text{-}17)$$

谐波均值滤波器对于"盐"噪声效果更好,但是不适用于"胡椒"噪声。它擅于处理像高斯噪声那样的其他噪声。

4) 逆谐波均值滤波器

逆谐波均值滤波器操作对一幅图像的还原基于表达式:

$$\hat{f}(x,y) = \frac{\sum_{(s,t)\in S_{xy}} g(s,t)^{Q+1}}{\sum_{(s,t)\in S_{xy}} g(s,t)^{Q}} \qquad (4\text{-}18)$$

其中,Q 称为滤波器的阶数。这种滤波器适合减少或消除椒盐噪声的影响。当 Q 值为正时,滤波器用于消除"胡椒"噪声;当 $Q=0$ 时,滤波器用于消除"盐"噪声。但它不能同时消除两种噪声。注意,当 $Q=0$ 时,逆谐波均值滤波器退变为算术均值滤波器;当 $Q=-1$ 时,逆谐波均值滤波器退变为谐波均值滤波器。

在 MATLAB 中,实现均值滤波的函数为 medfilt2。其语法格式如下:

```
B = medfilt2(A, [m n])    % 对矩阵 A 进行二维均值滤波,输出像素是对应像素周围 m*n 个像素的均值
B = medfilt2(A)                      % 使用默认的 3*3 邻域均值滤波
B = medfilt2(A, 'indexed', …)        % 将 A 作为索引图像进行滤波
B = medfilt2(…, padopt)              % padopt 指定矩阵边界填充方法
```

输入图像 A 可能是逻辑型或数字型,输出图像 B 的类型与 A 相同。

【例 4-2】 对含噪灰度图像进行恢复。

```
% example4_2.m %
clear;close all;
I = imread('eight.tif');
J = imnoise(I,'salt & pepper',0.02);
subplot(221);
imshow(J);title('salt & pepper image');
K1 = medfilt2(J);
subplot(222);
imshow(K1);title('medfilter');
K2 = medfilt2(J,[8 8]);
subplot(223);
imshow(K2);title('medfilter,8 * 8 neighborhood');
K3 = medfilt2(J,'symmetric');
subplot(224);
imshow(K3);title('medfilter,symmetric pad');
```

该程序运行结果如图 4-3 所示。

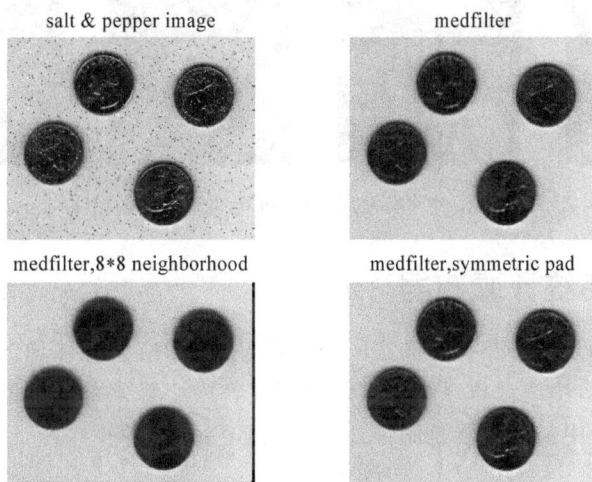

图 4-3 对含噪灰度图像进行均值滤波的结果

【例 4-3】 对含噪 RGB 图像进行恢复。

```
% example4_3.m %
clear;close all
I = imread('image03.jpg');
subplot(221);imshow(I);title('original RGB image');
J = imnoise(I,'salt & pepper',0.02);                    % 为 RGB 图像添加噪声
subplot(222);imshow(J);title('salt & pepper image');
% 对 RGB 三个通道分别进行均值滤波并合并显示 %
R = J(:,:,1);
G = J(:,:,2);
B = J(:,:,3);
M = medfilt2(R);
N = medfilt2(G);
```

```
L = medfilt2(B);
J1(:,:,1) = M;
J1(:,:,2) = N;
J1(:,:,3) = L;
subplot(223);imshow(J1);title('medfilter image');
% 对 RGB 三个通道分别进行 8 * 8 邻域均值滤波并合并显示 %
M1 = medfilt2(R,[8 8]);
N1 = medfilt2(G,[8 8]);
L1 = medfilt2(B,[8 8]);
J2(:,:,1) = M1;
J2(:,:,2) = N1;
J2(:,:,3) = L1;
subplot(224);imshow(J2);title('medfilter, 8 * 8 neighborhood');
```

该程序运行结果如图 4-4 所示。

图 4-4　对含噪 RGB 图像进行均值滤波的结果

4.2.2　排序统计滤波器

排序统计滤波器是一种非线性的空间滤波器,它的响应基于图像滤波器包围的图像区域中像素的排序,然后由统计排序结果决定的值代替中心像素的值。滤波器在任何点的响应由排序结果决定。中值滤波器是图像处理中最常用的一种排序统计滤波器。除此之外,还有以下 3 类。

1. 最大值和最小值滤波器

最大值滤波器使用序列中的最后一个值(也就是最大值)作为响应。即:

$$\hat{f}(x,y) = \max_{(s,t)\in S_{xy}} |g(s,t)| \tag{4-19}$$

这种滤波器在发现图像中最亮点时非常有用。同样地,因为"胡椒"噪声是非常低的值,作为子图像区域 S_{xy} 的最大值选择结果,它可以通过这种滤波器消除。

最小值滤波器使用序列中的最小值作为响应。即:

$$\hat{f}(x,y) = \min_{(s,t)\in S_{xy}} |g(s,t)| \tag{4-20}$$

这种滤波器对于发现图像中最暗点非常有用。同样地,作为最小值操作的结果,它可以用来消除"盐"噪声。

2. 中点滤波器

中点滤波器是在滤波器涉及范围内计算最大值和最小值之间的中点:

$$\hat{f}(x,y) = \frac{1}{2} \left[\max_{(s,t) \in S_{xy}} |g(s,t)| + \min_{(s,t) \in S_{xy}} |g(s,t)| \right] \tag{4-21}$$

这种滤波器结合了顺序统计和求平均,对于高斯和均匀随机分布这类噪声有最好的效果。

3. 修正后的阿尔法均值滤波器

假设在 S_{xy} 邻域内去掉 $g(s,t)$ 最高灰度值的 $d/2$ 和最低灰度值的 $d/2$,用 $g_r(s,t)$ 代表剩余的 $(mn-d)$ 个像素,由这些剩余像素点的平均值形成的滤波器称为修正后的阿尔法均值滤波器。

$$\hat{f}(x,y) = \frac{1}{mn-d} \sum_{(s,t) \in S_{xy}} |g_r(s,t)| \tag{4-22}$$

其中,d 值可以取 0 到 $(mn-1)$ 之间的任意数。当 $d=0$ 时,修正后的阿尔法均值滤波器退变为算术均值滤波器。当 $d=(mn-1)/2$ 时,修正后的阿尔法均值滤波器退变为算术均值滤波器。d 取其他值时,修正后的阿尔法均值滤波器在包括多种噪声的情况下非常实用,例如在高斯噪声和椒盐噪声混合的情况下。

在 MATLAB 中,实现顺序统计滤波的函数为 medfilt2。其语法格式如下:

```
B = ordfilt2(A, order, domain)     % 将 A 中的每个元素用 domain 中非零元素指定的邻域顺序
                                   % 集中的 order 阶元素代替
B = ordfilt2(A, order, domain, S)  % S 与 domain 大小相同,作为附加的偏移
B = ordfilt2(…, padopt)            % padopt 指定矩阵边界填充方法,取值有 zeros、symmetric 两种
```

A 的类型可能是逻辑型、uint8、uint16 或 double 型。B 的类型一般与 A 相同,除非使用附加偏移,此时 B 的类型为 double。

【例 4-4】　对含噪灰度图像进行恢复。

```
% example4_4.m %
clear;close all;
A = imread('snowflakes.png');
figure, subplot(221);
imshow(A);title('original image');
B1 = ordfilt2(A,25,true(5));
subplot(222);imshow(B1);title('ordfilt2,25,true(5)');
B2 = ordfilt2(A,5,true(5));
subplot(223);imshow(B2);title('ordfilt2,5,true(5)');
B3 = ordfilt2(A,25,true(10));
subplot(224); imshow(B3);title('ordfilt2,25,true(10)');
```

该程序运行结果如图 4-5 所示。

【例 4-5】　对含噪 RGB 灰度图像进行恢复。

```
% example4_5.m %
clear;close all;
I = imread('image03.jpg');
J = imnoise(I,'salt & pepper',0.02);
figure;subplot(221);
imshow(J);title('salt & pepper image');
R = J(:,:,1);
```

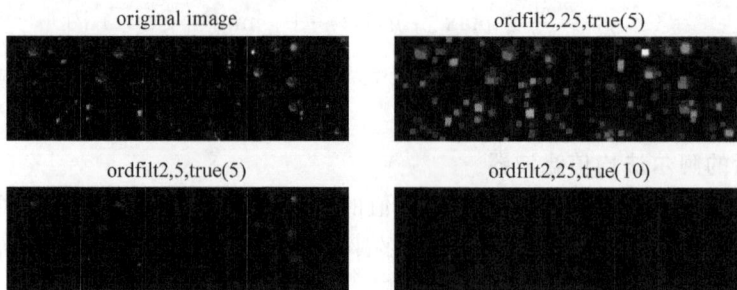

图 4-5 对含噪灰度图像进行顺序统计滤波的结果

```
G = J(:,:,2);
B = J(:,:,3);
M1 = ordfilt2(R,25,true(5));
N1 = ordfilt2(G,25,true(5));
L1 = ordfilt2(B,25,true(5));
J1(:,:,1) = M1;
J1(:,:,2) = N1;
J1(:,:,3) = L1;
subplot(222);imshow(J1);title('ordfilt2,25,true(5)');
M2 = ordfilt2(R,5,true(5));
N2 = ordfilt2(G,5,true(5));
L2 = ordfilt2(B,5,true(5));
J2(:,:,1) = M2;
J2(:,:,2) = N2;
J2(:,:,3) = L2;
subplot(223);imshow(J2);title('ordfilt2,5,true(5)');
M3 = ordfilt2(R,5,true(5));
N3 = ordfilt2(G,5,true(5));
L3 = ordfilt2(B,5,true(5));
J3(:,:,1) = M3;
J3(:,:,2) = N3;
J3(:,:,3) = L3;
subplot(224);imshow(J3);title('ordfilt2,25,true(10)');
```

该程序运行结果如图 4-6 所示。

图 4-6 对含噪 RGB 图像进行顺序统计滤波的结果

4.2.3 自适应滤波器

上述滤波器应用于图像时,并没有考虑图像中的一点与其他点的特征有什么不同。而自适应滤波器的行为变化与 $m \times n$ 矩形窗口 S_{xy} 定义的区域内图像的统计特性有关。自适应滤波器的性能优于上述所有滤波器的性能,提高滤波能力的代价是增加滤波器的复杂度。

1. 自适应、局部噪声消除滤波器

随机变量最简单的统计度量是均值和方差。这些适当的参数是自适应滤波器的基础,因为它们是与图像状态紧密相关的数据。均值给出了计算区域中灰度平均值的度量,而方差给出了这个区域的平均对比度的度量。

滤波器作用于局部区域 S_{xy},它在中心化区域中任何点 (x,y) 上的滤波器响应基于以下 4 个量:

(1) $g(x,y)$ 表示噪声图像在点 (x,y) 上的值;

(2) σ_η^2,干扰 $f(x,y)$ 以形成 $g(x,y)$ 的噪声方差;

(3) m_L,在 S_{xy} 上像素点的局部均值;

(4) σ_L^2,在 S_{xy} 上像素点的局部方差。

该滤波器的预期性能如下:

(1) 如果 σ_η^2 为零,滤波器简单地返回 $g(x,y)$ 的值;

(2) 如果局部方差与 σ_η^2 是高相关的,那么滤波器返回一个 $g(x,y)$ 的近似值。一个典型的高局部方差是与边缘相关的,并且这些边缘应该保留;

(3) 如果两个方差相等,希望滤波器返回 S_{xy} 上像素的算术均值。这种情况发生在局部面积与全部图像有相同特性的条件下,并且局部噪声简单地用求平均来降低。

为了获得 $\hat{f}(x,y)$,基于这些假定的自适应表达式可以写成:

$$\hat{f}(x,y) = g(x,y) - \frac{\sigma_\eta^2}{\sigma_L^2}[g(x,y) - m_L] \tag{4-23}$$

该式唯一需要知道的量是全部噪声的方差 σ_η^2,其他参数可以从 S_{xy} 中各个坐标 (x,y) 处的像素计算出来。模型中的噪声是加性和位置独立的,S_{xy} 是 $g(x,y)$ 的子集,因此在上式中,假设 $\sigma_\eta^2 \leqslant \sigma_L^2$。然而,现实中很少有确切的 σ_η^2 的信息,可能违反这个假设。因此,实现时应先构建一个测试,如果 $\sigma_\eta^2 > \sigma_L^2$,就可以把比率设置为 1。这样做虽然使该滤波器成为非线性,但可以防止由于缺乏图像噪声方差的信息而产生无意义的结果。另一种方法是允许产生负值,并在最后重新标定灰度值,这将损失图像的动态范围。

2. 自适应中值滤波器

第 4.2.2 节讨论的中值滤波器在空间噪声的密度不大的场合具有很好的性能。自适应中值滤波器可以处理具有更大概率的冲击噪声。自适应中值滤波器的另一个优点是,平滑非冲激噪声时可以保存细节,这是传统中值滤波器做不到的。自适应中值滤波器也能工作在矩形窗口区 S_{xy} 上,在进行滤波处理时,依赖于本节列举的一定条件而改变(或提高)S_{xy} 的大小。滤波器的输出是一个单值,该值用于代替点 (x,y) 处的像素值,点 (x,y) 是在给定窗口 S_{xy} 被中心化后的一个特殊点。

考虑如下符号:

$$z_{\min} = S_{xy} \text{ 中灰度级的最小值}$$
$$z_{\max} = S_{xy} \text{ 中灰度级的最大值}$$
$$z_{\mathrm{med}} = S_{xy} \text{ 中灰度级的中值}$$
$$z_{xy} = \text{ 在坐标}(x,y)\text{上的灰度级}$$
$$S_{\max} = S_{xy} \text{ 允许的最大尺寸}$$

自适应中值滤波器算法工作在两个层次,分别定义为 A 层和 B 层,如下所示:

A 层:

$$A_1 = z_{\mathrm{med}} - z_{\min}$$
$$A_2 = z_{\mathrm{med}} - z_{\max}$$

如果 $A_1 > 0$ 且 $A_2 < 0$,转到 B 层,否则增大窗口尺寸;

如果窗口尺寸 $\leqslant z_{\max}$,重复 A 层,否则输出 z_{xy}。

B 层:

$$B_1 = z_{xy} - z_{\min}$$
$$B_2 = z_{xy} - z_{\max}$$

如果 $B_1 > 0$ 且 $B_2 < 0$,输出 z_{xy},否则输出 z_{med}。

该算法有 3 个主要目的:除去"椒盐"噪声(冲激噪声),平滑其他非冲激噪声,并减少诸如物体边界细化或粗化等失真。$z_{\min}$ 和 $z_{\max}$ 的值进行统计后被算法认为是类冲激式的噪声成分,即使它们在图像中并不是最低和最高的可能像素值。

【例 4-6】 自适应中值滤波器实现。

```
% example4_6.m %
% 被噪声污染的图像(即退化图像也即待处理图像):Inoise
% 滤波器输出图像: Imf
% 起始窗口尺寸:nmin*nmin(只取奇数),窗口尺寸最大值: nmax*nmax
% 图像大小:Im*In
% 窗口内图像的最大值 Smax,中值 Smed,最小值 Smin
clear;clf;
I = imread('starfish.jpg');            % 转化为灰度图 Ig
Ig = rgb2gray(I);
Inoise = imnoise(Ig,'salt & pepper',0.2);   % 添加椒盐噪声
figure;subplot(2,2,1);
imshow(Ig);title('gray image');
subplot(2,2,2),imshow(Inoise);title('salt & pepper');
[Im,In] = size(Inoise);                % 获取图像尺寸:Im,In
nmin = 3;                              % 起始窗口尺寸:nmin*nmin(窗口尺寸始终取奇数)
nmax = 9;                              % 最大窗口尺寸:nmax*nmax
Imf = Inoise;                          % 定义复原后的图像 Imf
% 为了处理到图像的边界点,需将图像扩充
I_ex = [zeros((nmax-1)/2,In+(nmax-1));zeros(Im,(nmax-1)/2),Inoise,
zeros(Im,(nmax-1)/2);zeros((nmax-1)/2,In+(nmax-1))];
%% 自适应滤波过程
for x = 1:Im
    for y = 1:In
        for n = nmin:2:nmax
            Sxy = I_ex(x+(nmax-1)/2-(n-1)/2:x+(nmax-1)/2+(n-1)/2,
```

```
            y + (nmax - 1)/2 - (n - 1)/2:y + (nmax - 1)/2 + (n - 1)/2);
            Smax = max(max(Sxy));            % 求出窗口内像素的最大值
            Smin = min(min(Sxy));            % 求出窗口内像素的最小值
            Smed = median(median(Sxy));      % 求出窗口内像素的中值
            % 判断中值是否是噪声点
            if Smed > Smin && Smed < Smax    % 若中值既大于最小值又小于最大值,则不是
            if Imf(x,y) <= Smin  ||  Imf(x,y) >= Smax
            % 若该点的原值既大于最小值又小于最大值,则不是
                Imf(x,y) = Smed;
            end
                break
            end
        end
        % 当 n = max 时,输出中值
            Imf(x,y) = Smed;
    end
end
subplot(2,2,3),imshow(Imf);
title('adaptive median filter');
Imf1 = medfilt2(Inoise,[3,3]);
subplot(2,2,4),imshow(Imf1);title('median filter');
```

该程序运行结果如图 4-7 所示。

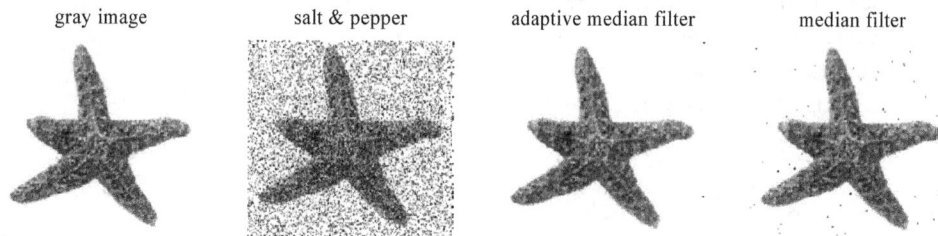

图 4-7   对含噪图像进行自适应中值滤波的结果

【例 4-7】 含噪 RGB 图像滤波实例。

```
% example4_7.m %
I = imread('bonsai.jpg');
figure;subplot(231);
imshow(I);title('original image');
J = imnoise(I,'gauss',0.02);            % 添加高斯噪声
subplot(232);imshow(J);title('gauss noise');
%% 对 RGB 通道分别进行 3 * 3 模板的均值滤波并合并
R = J(:,:,1);
G = J(:,:,2);
B = J(:,:,3);
ave1 = fspecial('average',3);          % 产生 3×3 的均值模板
M1 = filter2(ave1,R)/255;              % 均值滤波 3×3
N1 = filter2(ave1,G)/255;
L1 = filter2(ave1,B)/255;
```

```
J1(:,:,1) = M1;
J1(:,:,2) = N1;
J1(:,:,3) = L1;
subplot(233);imshow(J1);title('average filter,3 * 3');
%% 对 RGB 通道分别进行 5 * 5 模板的均值滤波并合并
ave2 = fspecial('average',5);              % 产生 5×5 的均值模板
M2 = filter2(ave2,R)/255;                  % 均值滤波 5×5
N2 = filter2(ave2,G)/255;
L2 = filter2(ave2,B)/255;
J2(:,:,1) = M2;
J2(:,:,2) = N2;
J2(:,:,3) = L2;
subplot(234);imshow(J2);title('average filter,5 * 5');
%% 对 RGB 通道分别进行中值滤波并合并
M3 = ordfilt2(R,5,true(5));
N3 = ordfilt2(G,5,true(5));
L3 = ordfilt2(B,5,true(5));
J3(:,:,1) = M3;
J3(:,:,2) = N3;
J3(:,:,3) = L3;
subplot(235);imshow(J3);title('ordfilt2,5,true(5)');
%% 对 RGB 通道分别进行中值滤波并合并
M4 = ordfilt2(R,25,true(5));
N4 = ordfilt2(G,25,true(5));
L4 = ordfilt2(B,25,true(5));
J4(:,:,1) = M4;
J4(:,:,2) = N4;
J4(:,:,3) = L4;
subplot(236);imshow(J4);title('ordfilt2,25,true(5)');
```

该程序运行结果如图 4-8 所示。

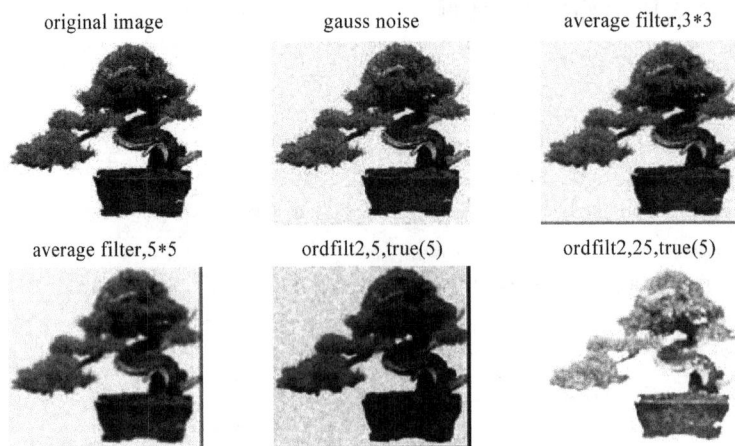

图 4-8　对含噪 RGB 图像进行滤波的结果

4.3 图像频域的恢复技术

与图像增强中的频域滤波方法不同,本节介绍的频域方法主要用来对包含有周期性噪声的图像进行恢复。这些方法主要包括带阻滤波器、带通滤波器和陷波滤波器,它们能消减或消除周期性噪声。

4.3.1 周期性噪声

周期性噪声是在图像获取过程中从电力或机电干扰中产生的,是唯一的一种空间依赖性噪声,这种噪声可通过频域滤波显著地减少。从图 4-9 看出,周期性噪声会严重地干扰图像。一个正弦信号的傅里叶变换是位于正弦波共轭频率处的一对共轭脉冲。因此,如果在空域上正弦波的振幅足够强,就可以在图像谱中看到对应图像中的正弦波脉冲对。

【例 4-8】 为 Lena 图像添加周期性噪声并显示其频谱图。

```
% example4_8.m %
clc;clear;close all;
I = imread('lena.jpg');
subplot(2,3,1);imshow(I);title('original image');
% 对不含噪声图像进行 fft 变换并显示频谱图
J = fft2(I);
t = fftshift(J);
t = abs(t);
t = 15 * log(1.001 + t);
subplot(2,3,2);imshow(t,[0,255]);title('fft image');
% 添加幅度为 20 的周期性噪声
[m,n] = size(I);
for i = 1:m
    for j = 1:n
    J1(i,j) = I(i,j) + 20 * sin(20 * i) + 20 * sin(20 * j); % 添加周期噪声
    end
end
subplot(2,3,3);imshow(J1);title('periodic noise image,20');
% 对含幅度为 20 的周期性噪声图像进行 fft 变换并显示频谱图
q = fft2(J1);
q = fftshift(q);
q = abs(q);
q = 15 * log(1.001 + q);
subplot(2,3,4);imshow(q,[0,255]);title('fft image with periodic noise');
% 添加幅度为 40 的周期性噪声
[m,n] = size(I);
for i = 1:m
    for j = 1:n
    J2(i,j) = I(i,j) + 40 * sin(20 * i) + 40 * sin(20 * j); % 添加周期噪声
    end
end
subplot(2,3,5);imshow(J2);title('periodic noise image,40');
% 对含幅度为 40 的周期性噪声图像进行 fft 变换并显示频谱图
```

```
q = fft2(J2);
q = fftshift(q);
q = abs(q);
q = 15 * log(1.001 + q);
subplot(2,3,6);imshow(q,[0,255]);title('fft image with periodic noise');
```

该程序运行结果如图 4-9 所示。

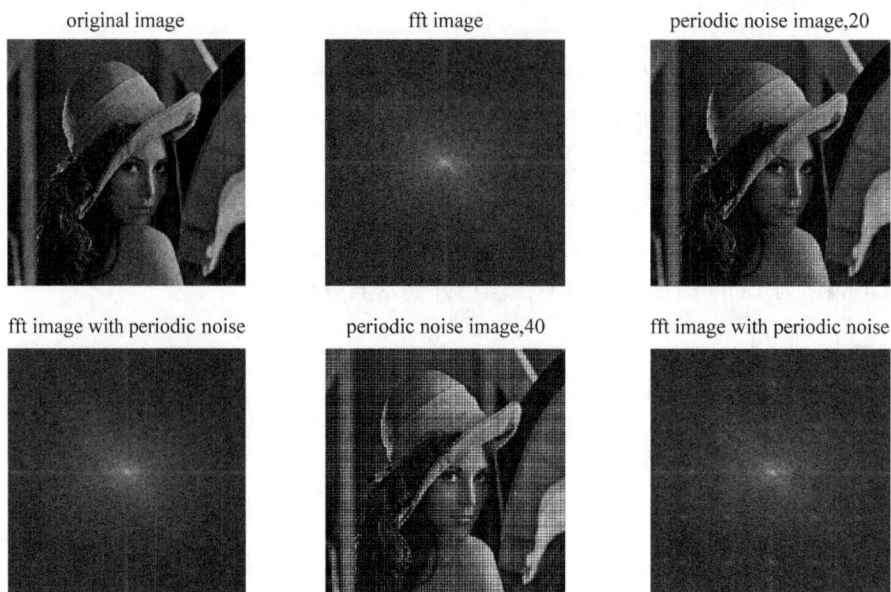

图 4-9　Lena 图像及增加噪声的图像及其对应的频谱图

4.3.2　带阻滤波器

带阻滤波器消除或衰减了傅里叶变换原点处的频段。理想带阻滤波器的表达式为：

$$H(u,v) = \begin{cases} 1, & D(u,v) < D_0 - \dfrac{W}{2} \\ 0, & D_0 - \dfrac{W}{2} \leqslant D(u,v) < D_0 + \dfrac{W}{2} \\ 1, & D(u,v) > D_0 + \dfrac{W}{2} \end{cases} \tag{4-24}$$

其中，W 是频带的宽度；D_0 是频带的中心半径。$D(u,v)$ 是 (u,v) 到频率矩形原点 $(M/2, N/2)$（即 $u = M/2, v = N/2$）的距离，$D(u,v) = [(u - M/2)^2 + (v - N/2)^2]^{1/2}$。如果图像的尺寸为 $M \times N$，它的变换也有相同的尺寸。

n 阶的巴特沃斯带阻滤波器的表达式为：

$$H(u,v) = \frac{1}{1 + \left[\dfrac{D(u,v)W}{D^2(u,v) - D_0^2}\right]^{2n}} \tag{4-25}$$

高斯带阻滤波器的表达式为：

$$H(u,v) = 1 - e^{-\frac{1}{2}\left[\frac{D^2(u,v) - D_0^2}{D(u,v)W}\right]^2} \tag{4-26}$$

【例 4-9】 为 Lena 图像添加周期性噪声并进行带阻滤波。

```
% example4_9.m %
clc;clear;close all;
I = imread('lena.jpg');
subplot(2,3,1);imshow(I);title('original image');
% 对不含噪声图像进行 fft 变换并显示频谱图
J = fft2(I);
t = fftshift(J);
t = abs(t);t = 15 * log(1.001 + t);
subplot(2,3,2);imshow(t,[0,255]);title('image FFT');
% 添加周期性噪声
[m,n] = size(I);
for i = 1:m
    for j = 1:n
        J2(i,j) = I(i,j) + 20 * sin(i) + 20 * cos(j); %
    end
end
subplot(2,3,3);imshow(J2);title('image with noise');
% 对含噪图像进行 fft 变换并显示频谱图
q = fft2(J2);q = fftshift(q);
p = abs(q);p = 15 * log(1.001 + q);
subplot(2,3,4);imshow(p,[0,255]);title('noised image FFT');
% 对含噪图像频谱进行带阻滤波
w = 70;d0 = 80;nn = 2;
m1 = round(m/2);n1 = round(n/2);
for i = 1:m
  for j = 1:n
    d = sqrt((i-m1)^2 + (j-n1)^2);
    h = 1/(1 + ((d*w)/(d^2 - d0^2))^(2*nn));
    J3(i,j) = h * q(i,j);
  end
end
% 显示滤波后图像频谱
J4 = 15 * log(1.001 + J3);
J4 = abs(J4);
subplot(2,3,5);imshow(J4,[0,255]);title('filted image FFT');
% 显示滤波后时域图像
J5 = ifftshift(J3);
J5 = ifft2(J5);
J5 = uint8(real(J5));
subplot(2,3,6);imshow(J5,[0,255]),title('filterd image');
```

该程序运行结果如图 4-10 所示。

4.3.3 带通滤波器

带通滤波器执行的操作与带阻滤波器相反,带通滤波器的传递函数 $H_{bp}(u,v)$ 是由相应的带阻滤波器的传输函数 $H_{br}(u,v)$ 按下式得出:

$$H_{bp}(u,v) = 1 - H_{br}(u,v) \tag{4-27}$$

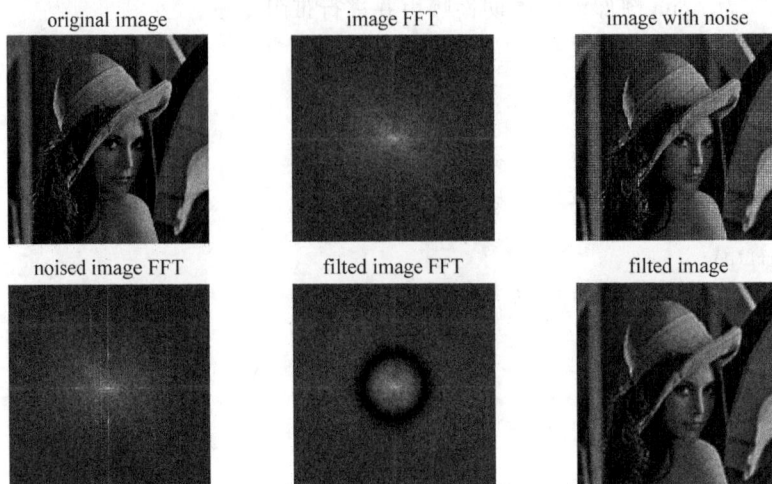

图 4-10　Lena 图像及带阻滤波结果

在一幅图像上直接执行带通滤波器并不常用,因为这会消除太多的图像细节。不过,带通滤波器在选中频段的图像中进行屏蔽是非常有用的。

【例 4-10】　对含噪图像进行带通滤波取出噪声信号。

```
% example4_10.m %
clc;clear;close all;
I = imread('lena.jpg');
subplot(2,3,1);imshow(I);title('original image');
% 对不含噪声图像进行 fft 变换并显示频谱图
J = fft2(I);
t = fftshift(J);
t = abs(t);t = 15 * log(1.001 + t);
subplot(2,3,2);imshow(t,[0,255]);title('image FFT');
% 添加周期性噪声
[m,n] = size(I);
for i = 1:m
    for j = 1:n
        J2(i,j) = I(i,j) + 20 * sin(i) + 20 * cos(j); %
    end
end
subplot(2,3,3);imshow(J2);title('image with noise');
% 对含噪图像进行 fft 变换并显示频谱图
q = fft2(J2);q = fftshift(q);
p = abs(q);p = 15 * log(1.001 + q);
subplot(2,3,4);imshow(p,[0,255]);title('noised image FFT');
% 对含噪图像频谱进行带通滤波
w = 70;d0 = 80;nn = 2;
m1 = round(m/2);n1 = round(n/2);
for i = 1:m
  for j = 1:n
    d = sqrt((i - m1)^2 + (j - n1)^2);
    h = 1/(1 + ((d * w)/(d^2 - d0^2))^(2 * nn));
```

```
h = 1 - h;
    J3(i,j) = h * q(i,j);
    end
end
% 显示滤波后图像频谱
J4 = 15 * log(1.001 + J3);
J4 = abs(J4);
subplot(2,3,5);imshow(J4,[0,255]);title('filted image FFT');
% 显示滤波后得出的噪声
J5 = ifftshift(J3);
J5 = ifft2(J5);
J5 = uint8(real(J5));
subplot(2,3,6);imshow(J5,[0,255]),title('filterd image');
```

该例与例 4-9 几乎完全相同,区别仅在于传输函数。该程序运行结果如图 4-11 所示。

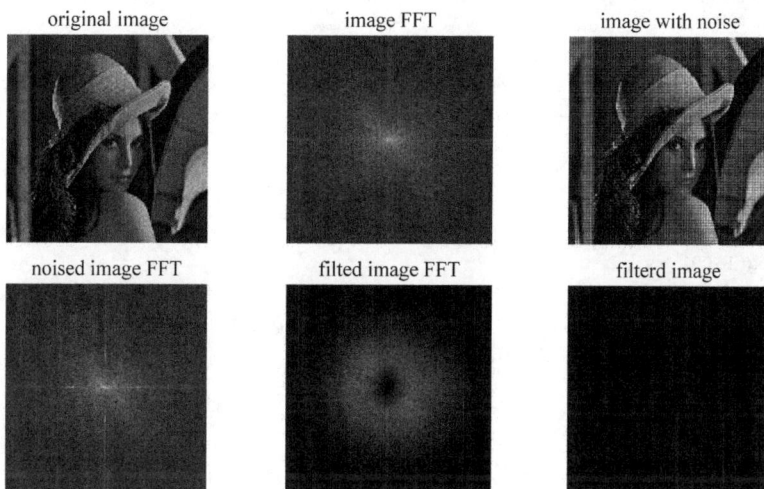

图 4-11 对含噪 Lena 图像进行带通滤波得出噪声

4.4 综合实例：利用空域和频域技术的降低噪声

【例 4-11】 对 cougar 图像添加噪声并分别进行空域和频域滤波。

```
% example4_11.m %
clc;clear;close all;
I = imread('cougar.jpg');
I = rgb2gray(I);
subplot(2,3,1);imshow(I);xlabel('(a) 原始图像')
% 对不含噪声图像进行 fft 变换并显示频谱图
J = fft2(I);
t = fftshift(J);
t = abs(t);t = 15 * log(1.001 + t);
% 添加周期性噪声
[m,n] = size(I);
for i = 1:m
    for j = 1:n
```

```
                J2(i,j) = I(i,j) + 20 * sin(i) + 20 * cos(j); % 添加周期噪声
          end
end
subplot(2,3,2);imshow(J2);xlabel('(b) 含噪图像')
% 对含噪图像进行 fft 变换
q = fft2(J2);q = fftshift(q);
p = abs(q);p = 15 * log(1.001 + q);
% 对含噪图像在空域进行均值滤波
K1 = medfilt2(J2,[8,8]);
subplot(2,3,3);imshow(K1);xlabel('(c) 均值滤波后图像')
% 对含噪图像在空域进行顺序滤波
K2 = ordfilt2(J2,15,true(8));
subplot(2,3,4);imshow(K2);xlabel('(d) 顺序滤波后图像')
% 对含噪图像在频域进行高斯带阻滤波
w = 20;d0 = 45;nn = 2;
n1 = round(m/2);n2 = round(n/2);
for i = 1:m
  for j = 1:n
    d = sqrt((i - n1)^2 + (j - n2)^2);
    h = exp( - (d^2 - d0^2)^2/(d * w)^2/2);
    h = 1 - h;
    y(i,j) = h * q(i,j);
  end
end
u = 15 * log(1.001 + y);
u = abs(u);
subplot(2,3,5);imshow(u,[0,255]);xlabel('(e) 带阻滤波后幅度谱');
% 将高斯带阻滤波结果转换为空域图像
w = ifftshift(y);
w = ifft2(w);
w = uint8(real(w));
subplot(2,3,6);imshow(w,[0,255]),xlabel('(f) 带阻滤波后图像 ');
```

该程序运行结果如图 4-12 所示。

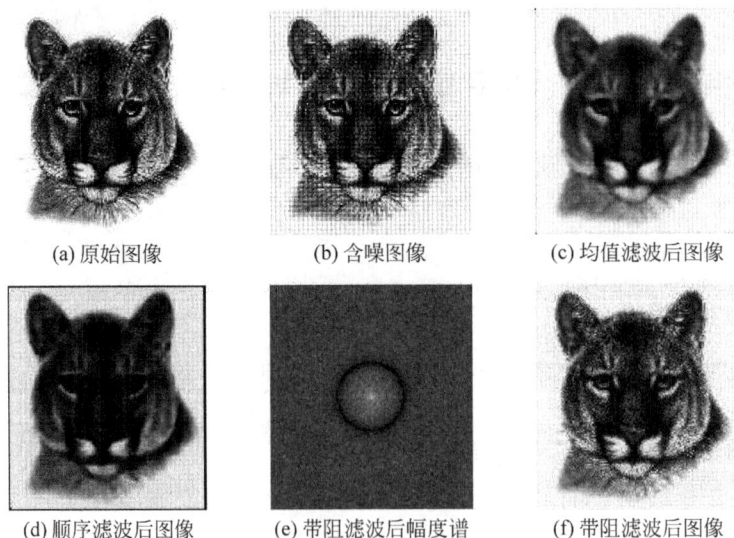

(a) 原始图像   (b) 含噪图像   (c) 均值滤波后图像

(d) 顺序滤波后图像   (e) 带阻滤波后幅度谱   (f) 带阻滤波后图像

图 4-12　对 cougar 图像滤波的结果

4.5　习题

(1) 对 cougar 图像添加高斯噪声。

(2) 对含高斯噪声的 cougar 图像进行自适应均值滤波。

(3) 对含周期性噪声的 cougar 图像进行带通滤波。

第 5 章

数字图像编码

　　图像压缩所解决的问题是尽量减少表示数字图像时需要的数据量。减少数据量的基本原理是除去其中多余的数据。以数学的观点来看,这一过程实际上就是将二维像素阵列变换为一个在统计上无关联的数据集合。这种变换在图像存储或传输之前进行。在以后的某个时候,再对压缩图像进行解压缩来重构原图像或原图像的近似图像。

　　人们对图像压缩这一领域研究的焦点最初集中在建立一种模拟的方法以便减少视频传输所需的带宽,这一过程称为带宽压缩。数字式计算机的出现和后来先进的集成电路的发展,导致了这方面研究的重点从模拟方式转移到数字压缩方法上来。随着几种国际图像压缩标准的正式采用,这一领域在理论研究的实际应用方面有了重大的发展,这是自 20 世纪40 年代 C. E. Shannon 和其他人首先提出信息的概率论观点与信息的表达、传输和压缩以来又一重要的发展。

　　由于现代图像传感器不断提高空间分辨率以及电视广播标准的不断发展,图像压缩成为一种基本技术。数据压缩在许多重要且性质不同的应用领域中扮演着主要角色,比如,电视会议、遥感、记录文献和医疗成像、传真等方面。简而言之,不断扩大的应用领域依赖于对二值图像、灰度图像和彩色图像进行有效的处理、存储和传输。

5.1　基本概念

　　"数据压缩"是指减少表示给定信息量所需的数据量。数据是信息传送的手段。对相同数量的信息可以以不同数量的数据表示。比如,对于同一个故事可以叙述得冗长啰嗦,也可以说得简明扼要。这里,感兴趣的信息是这个故事,词句是用于表达信息的数据,如果两个不同的人用不同数量的词句讲述同样的故事,那么这个故事就有了两个不同的版本,且至少有一个版本包含了不必要的数据——即这个版本的故事所包含的数据中(或词句)有与故事无关联的信息或只是重述已经知道了的信息,这就是包含了数据冗余。为了减少冗余,就需要对信息进行编码。对信息进行编码时,如果为出现概率较高的信息单元赋予较短的编码,为出现概率较低的信息单元赋予较长的编码,总的编码长度就能缩短不少。数据压缩指减少表示给定信息量所需的数据量。对相同数量的信息可以以不同数量的数据表示。数据冗余是数字图像压缩的主要问题。它不是一个抽象的概念,而是一个在数学上可以进行量化的实体。如果 n_1 和 n_2 代表两个表示相同信息的数据集合中所携带信息单元的数量,则第一个数据集合(用 n_1 表示的集合)的相对数据冗余 R_D 可以定义为:

$$R_D = 1 - \frac{1}{C_R} \tag{5-1}$$

其中，C_R 通常称为压缩率，定义为：

$$C_R = \frac{n_1}{n_2} \tag{5-2}$$

对于 $n_1 = n_2$ 的情况，$C_R = 1$，$R_D = 0$ 表示信息的第一种表达方式不包含冗余数据。当 $n_2 \ll n_1$ 时，$C_R \to \infty$，$R_D \to 1$，意味着显著的压缩和大量的冗余数据。当 $n_2 \gg n_1$ 时，$C_R \to 0$，$R_D \to -\infty$，表示第二个集合中含有的数据大大超过原表达式的数据量，这种数据扩展是不希望出现的。通常情况下，C_R 和 R_D 分别在开区间 $(0, \infty)$ 和 $(-\infty, 1)$ 内取值。

在数字图像压缩中，可以确定三种基本的数据冗余并加以利用：编码冗余、像素间冗余和心理视觉冗余。当这三种冗余中的一种或多种得到减少或消除时，就实现了数据压缩。

5.1.1　图像冗余

编码冗余就是通过用尽量少的比特数表达尽可能多的灰度级以实现数据的压缩，这种处理通常称为**变长编码**。如果图像的灰度级在编码时用的编码符号数多于表示每个灰度级实际所需的符号数，则用这种编码得到的图像包含编码冗余。通常，当被赋予事件集的编码（比如灰度级值）如果没有充分利用各种结果出现的概率去选择，就会存在编码冗余。当一幅图像的灰度级直接用自然二进制编码来表示时，冗余总会存在。在这种情况下，处理编码冗余的根本基础就是：**图像是由具有规则的、在某种程度上具有可预测的形态（形状）和反射的对象组成的，并且通常对图像进行取样以便描述的对象远大于图像元素**。在大多数图像中，正常情况下的结果是某个灰度级比其他灰度级有更大的出现可能性（也就是说，多数图像的直方图是不均匀的）。它们灰度级的自然二进制编码对有最大可能性和最小可能性的值分配相同的比特数，因此无法得到最小值，产生了编码冗余。

图像数据中存在大量的冗余数据。一般情况下，图像数据中可能存在着以下几种冗余：

(1) 空间冗余（像素间冗余、几何冗余）：这是图像数据中经常存在的一种冗余。在同一幅图像中，规则物体和规则背景（规则是指表面是有序的而不是完全杂乱无章的排列）的表面物理特性具有相关性，这些相关性的光成像结果在数字化图像中就表现为数据冗余。

(2) 时间冗余：在序列图像（电视图像、运动图像）中，相邻两帧图像之间有较大的相关性。

(3) 信息熵冗余：也称为编码冗余，如果图像中平均每个像素使用的比特数大于该图像的信息熵，则图像中存在冗余，称为信息熵冗余。

(4) 结构冗余：有些图像存在较强的纹理结构，如墙纸、草席等图像，称为结构冗余。

(5) 知识冗余：对许多图像的理解与某些基础知识有相当大的相关性，例如人脸的图像有固定的结构，比如说嘴的上方有鼻子，鼻子的上方有眼睛，鼻子位于正脸图像的中线上等，这类规律性的结构可由先验知识和背景知识得到，此类冗余称为知识冗余。

(6) 心理视觉冗余：人类的视觉系统对于图像场的注意是非均匀和非线性的，特别是视觉系统并不是对于图像场的任何变化都能感知，即眼睛并不是对所有信息都有相同的敏感度，有些信息在通常的视觉感觉过程中与另外一些信息相比来说并不那么重要，这些信息可认为是心理视觉冗余的，去除这些信息并不会明显地降低所感受到的图像的质量。

从信息论的观点来看,用于描述图像信源的数据是由有效信息和冗余数据两部分组成的。去除冗余数据能够节省存储和传输中的数据,同时又不会损坏图像信源的有效信息。在有些时候,是允许一定限度的失真的,例如人的眼睛对图像灰度分辨的局限性,监视器显示分辨率的限制等,然而这些失真并不妨碍图像的实际应用,利用这些也可以对图像信源进行一定程度上的压缩。

5.1.2 图像的编码与解码

图像编码主要就是研究压缩数码率。早期对图像压缩的研究仅局限于静止图像。20世纪80年代以来,随着数字信号处理、计算机科学、多媒体技术和数字通信的飞速发展,对图像编码的研究从静止图像扩展到了运动图像。有关国际组织相继定义了一些算法和压缩标准,如由国际标准化组织(International Standard Organization,ISO)和国际电报电话协商委员会(Consultative Committee for International Telegraph and Telephone,CCITT)组织的联合影像专家小组就提出了面向连续色调静止图像的离散余弦(Discrete Cosine Transform,DCT)编码,进一步推动了图像数据处理和编码压缩工作。

1948年,奥立弗提出了第一个编码理论——脉冲编码调制(Pulse Coding Modulation,PCM);同年,香农在其经典论文《通信的数学原理》中首次提出并建立了信息率失真函数的概念;1959年,香农进一步确立了码率失真理论。以上工作奠定了信息编码的理论基础。脉冲编码调制实际上就是连续模拟信号的数字采样。PCM只是将模拟信号转换为数字信号,没有对信号进行任何压缩。下文讨论的编码方式都是在多媒体模拟信号经过PCM编码后再进行的。

压缩可分为两大类:第一类压缩过程是可逆的,也就是说,从压缩后的图像能够完全恢复出原来的图像,信息没有任何丢失,称为**无损压缩**;第二类压缩过程是不可逆的,无法完全恢复出原图像,信息有一定的丢失,称为**有损压缩**。尽管我们希望能够实现无损压缩,但是通常有损压缩的压缩比(即原图像的字节数与压缩后图像的字节数之比,压缩比越大,说明压缩效率越高)比无损压缩的压缩比要高。

5.2 无损图像压缩编码

编码压缩方法有许多种,从不同的角度出发有不同的分类方法。从压缩编码算法原理上可分为无损压缩编码、有损压缩编码和混合编码。

无损图像压缩编码是利用数据的统计冗余进行压缩,可完全恢复原始数据而不引起任何失真。这类方法广泛用于文本数据,程序和特殊应用场合的图像数据(如指纹图像、医学图像等)的压缩。经常使用的无损压缩方法有香农编码、霍夫曼编码、行程(Run-Length)编码、LZW(Lempel-Ziv-Welch)编码和算术编码等。

无损图像压缩的最简单方法就是减少仅有的编码冗余,编码冗余通常存在于图像灰度级的自然二进制编码过程中。这样就需要变长编码结构,它可把最短的码字赋予出现概率最大的灰度级。这里,对于构造这样的码字分析几种最佳的和接近最佳的编码技术。这些技术都使用信息论的语言进行表达。实际上,信源符号既可能是图像灰度级,也可能是灰度级映射操作的输出(像素差异、行程宽度等)。

本节主要介绍霍夫曼编码。霍夫曼于 1952 年提出一种编码方法,该方法完全依据字符出现概率来构造异字头的平均长度最短的码字,有时称为最佳编码,一般就叫做霍夫曼编码。其基本原理是:将使用次数多的代码用长度较短的代码代替,而使用次数少的则使用较长的编码,并且确保编码的唯一可解性。其最根本的原则是:累计的字符的统计数字与字符的编码长度的乘积最小,也就是权值的和最小。

1. 霍夫曼编码的基本步骤

霍夫曼编码是一种无损压缩方法,其一般算法如下:

(1) 首先统计信源中各符号出现的概率,按符号出现的概率从大到小排序;

(2) 把最小的两个概率相加合并成新的概率,与剩余的概率组成新的概率集合;

(3) 对新的概率集合重新排序,再次把其中最小的两个概率相加,组成新的概率集合,如此重复进行,直到最后两个概率的和为 1;

(4) 分配码字:码字分配从最后一步开始反向进行,对于每次相加的两个概率,给大的赋"0",小的赋"1"(也可以全部相反,如果两个概率相等,则从中任选一个赋"0",另一个赋"1"即可),读出时由该符号开始一直走到最后的概率和"1",将路线上所遇到的"0"和"1"按最低位到最高位的顺序排好,就是该符号的霍夫曼编码。

2. 霍夫曼编码的特点

(1) 霍夫曼编码具有不唯一性。

(2) 霍夫曼编码对不同信源具有不同的编码效率。

(3) 霍夫曼编码的结果不等长,硬件实现有相当大的困难,而且误码传播严重。

一般情况下,霍夫曼编码的效率要比其他编码算法的效率高一些,是最佳变长码。但霍夫曼编码依赖于信源的统计特性,必须先统计出信源的概率特性才能编码,这就限制了霍夫曼编码的实际应用。

如图 5-1 所示是一个霍夫曼编码的例子。从图中可以看到,符号只能出现在树叶上,且任何一个字符的路径都不允许是另一个字符路径的前缀路径,这样,前缀编码就构造成功了。这样一棵二叉树在数据结构中被称为**霍夫曼树**,经常用于最佳判定,它是最优二叉树,是一种带权路径长度最短的二叉树。所谓树的带权路径长度,就是树中所有的叶节点的权值乘上其到根节点的路径长度(假如根节点为 0 层,叶节点到根节点的路径长度则为叶节点的层数)。树的带权路径长度记为:$WPL=(W_1 \times L_1 + W_2 \times L_2 + \cdots + W_N \times L_N)$,$N$ 个权值 $W_i(i=1,2,\cdots,n)$ 构成一棵有 N 个节点的二叉树,相应的树节点的路径长度为 $L_i(i=1,2,\cdots,n)$,霍夫曼得出的 WPL 值最小。

在实际应用中,由于在霍夫曼编码之前需要知道信源数据符号(叶节点)的概率,给那些要求做实时编码的任务带来了麻烦。因此,在目前的实时编码作业中,大多采用所谓的准可变字长码,例如,采用双字长编码,并且从短码集合中选出一个码字,作为长码字头,以保证码字的非续长特性。另外,在数字图像通信中采用的三类传真机中的 MH 码,则采用了多字长 VLC 技术,它是根据一系列标准图像的统计分析出结果,预先在其 IC 芯片中做号码表,使得实际的编码解码作业简化为一个查表过程,从而确保了高速实时处理的需要。

下面的例子给出了 Matlab 中的 Huffman 编解码函数的使用。

【**例 5-1**】 对一维信号进行 Huffman 编解码。

```
% example5_1.m %
```

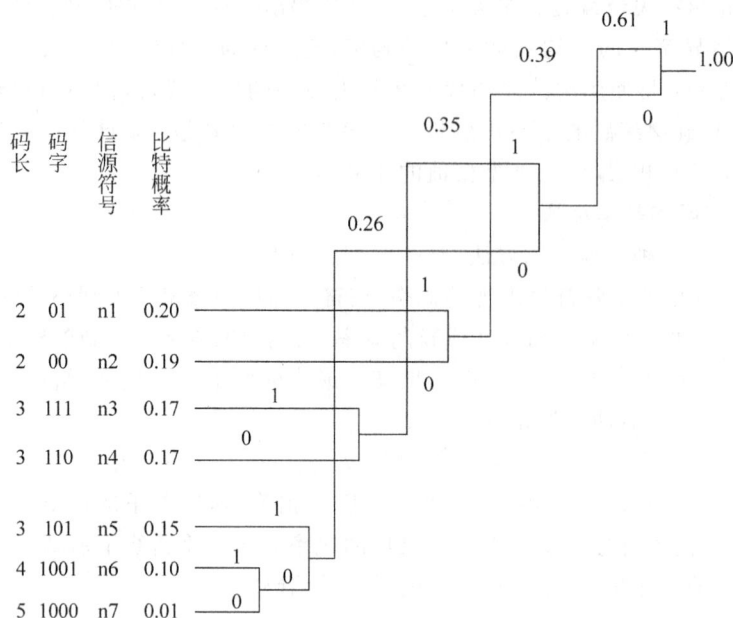

图 5-1 霍夫曼编码实例

```
clc; clear; close all;
sig = repmat([3 3 1 3 3 3 3 3 2 3],1,50);          % 生成一个 500 维的向量作为待编码信号
symbols = [1 2 3];                                 % 信号中出现的不同字符
p = [0.1 0.1 0.8];                                 % 信号中每个字符的出现概率
dict = huffmandict(symbols,p);                     % 生成词典
hcode = huffmanenco(sig,dict);                     % 对信号进行编码
dhsig = huffmandeco(hcode,dict);                   % 对编码信号进行解码
```

该例中,生成的词典是 $\left\{\begin{array}{l}1 \rightarrow [1\ 1] \\ 2 \rightarrow [1\ 0] \\ 3 \rightarrow [0]\end{array}\right\}$,每个字符平均长度为 1.2,编码后 hcode 是 600 维的向量。

下面的例子给出了一种对图像进行 Huffman 编码的过程。

【例 5-2】 对灰度图像进行 Huffman 编码。

```
% example5_2.m %
clc; clear; close all;
tic
clear;
I = imread('zebrag.jpg');
I = abs(I/8) - 1;                                  % 对图像像素进行量化
[M,N] = size(I);
p = zeros(1,32);
%% 计算图像中各量化值出现的频次
for t = 1:32
    count = 0;
```

```
        for i = 1:M
            for j = 1:N
                if I(i,j) == t − 1
                    count = count + 1;
                end
            end
        end
        p(t) = count;
    end
    core = cell(32,1);                      % huffman 编码的码表
    sign = zeros(32);
    pix_total = M * N;
    %% 对 32 个量化值进行按出现频次从低到高进行编码,每次循环合并频率最小的两个量化值
    for hh = 1:31
        pix_least = pix_total;
        for t = 1:32                        % 找出出现频次最小的量化值
            if (p(t)< pix_least)&(p(t)> 0)
                pix_least = p(t);
            end
        end
        t = 1;
        while (p(t) ∼ = pix_least)&(t < 32)  % 找出出现频次最小的量化值的序号
            t = t + 1;
        end
        if sign(t,1) == 0                   % 将频次最小量化值编码为 0
            core{t} = '0';
        else
            core{t} = ['0',core{t}];
            i = 1;
            while (sign(t,i)∼ = 0)&(i < 32)
                core{sign(t,i)} = ['0',core{sign(t,i)}];
                i = i + 1;
            end
        end
        p(t) = 0;                           % 将已编码量化值频次清零
        least_index = t;
        pix_less = pix_total;
        for t = 1:32                        % 找出出现频次第二小的量化值
            if (p(t)< pix_less)&(p(t)> 0)
                pix_less = p(t);
            end
        end
        t = 1;
        while (p(t)∼ = pix_less)&(t < 32)    % 找出出现频次第二小的量化值的序号
            t = t + 1;
        end
        if sign(t,1) == 0                   % 将频次最小量化值编码为 1
```

```
                    core{t} = '1';
            else
                    core{t} = ['1',core{t}];
                    i = 1;
                    while (sign(t,i) ~ = 0)&(i < 32)
                            core{sign(t,i)} = ['1',core{sign(t,i)}];
                            i = i + 1;
                    end
            end
            p(t) = p(t) + pix_least;                  % 将出现频次最小的第二小的量化值的频次合并
            i = 1;
            while (sign(t,i) ~ = 0)&(i < 32)
                    i = i + 1;
            end
            if i ~ = 32
                    sign(t,i) = least_index;
                    i = i + 1;
            end
            j = 1;
            while (sign(least_index,j) ~ = 0)&(j < 32)
                    sign(t,i) = sign(least_index,j);
                    i = i + 1;
                    j = j + 1;
            end
    end
end % 产生 huffman 码
%% 根据码表对每个像素编码
pix_huff = cell(M,N);
for i = 1:M
    for j = 1:N
            if I(i,j) < 32
                    pix_huff{i,j} = core{I(i,j) + 1};
            else
                    pix_huff{i,j} = '0';
            end
    end
end
%% 将每个像素的编码合成为图像的编码
img_huff = char();
for i = 1:M
    for j = 1:N
            img_huff = [img_huff,pix_huff{i,j}];
    end
end
save img_huff pix_huff;
```

该例先将一幅灰度图像量化为 32 个量级,然后根据各量化值的出现频次生成码表,最后对每个像素编码并合成为图像编码结果。生成的码表中,频次越低的量化值编码结果越长。例如,频次最低的量化值"6"编码结果为"1110100",频次最高的量化值"32"编码结果为"1111"。编码图像共有 128 622 个像素,编码后二进制位数为 612 270。

5.3 有损图像压缩编码

所谓有损压缩是利用了人类对图像或声波中的某些频率成分不敏感的特性,允许压缩过程中损失一定的信息。虽然使用有损压缩不能完全恢复原始数据,但是所损失的部分对理解原始图像的影响缩小,却换来了大得多的压缩比。有损压缩广泛应用于语音、图像和视频数据的压缩。常见的声音、图像、视频压缩基本都是有损的。

在多媒体应用中,常见的压缩方法有:PCM(脉冲编码调制)、预测编码、变换编码、插值和外推法、统计编码、矢量量化和子带编码等。

预测编码是根据离散信号之间存在着一定关联性的特点,利用前面一个或多个信号预测下一个信号进行,然后对实际值和预测值的差(预测误差)进行编码。如果预测比较准确,误差就会很小。在同等精度要求的条件下,就可以用比较少的比特进行编码,达到压缩数据的目的。

预测编码中典型的压缩方法有脉冲编码调制(Pulse Code Modulation,PCM)、差分脉冲编码调制(Differential Pulse Code Modulation,DPCM)、自适应差分脉冲编码调制(Adaptive Differential Pulse Code Modulation,ADPCM)等,它们较适合于声音、图像数据的压缩,因为这些数据由采样得到,相邻样值之间相差不会很大,可以用较少位来表示。本章主要介绍差分脉冲编码(Differential Pulse Code Modulation,DPCM)。

变换编码不是直接对空域图像信号进行编码,而是首先将空域图像信号映射变换到另一个正交矢量空间(变换域或频域),产生一批变换系数,然后对这些变换系数进行编码处理。其中关键问题是在时域或空域描述时,数据之间相关性大,数据冗余度大,经过变换在变换域中描述,数据相关性大大减少,数据冗余量减少,参数独立,数据量少,这样再进行量化,编码就能得到较大的压缩比。目前常用的正交变换有:傅里叶(Fourier)变换、沃尔什(Walsh)变换、哈尔(Haar)变换、斜(Slant)变换、余弦变换、正弦变换、K-L(Karhunen-Loeve)变换等。

5.3.1 DPCM 编码

DPCM 编码是一种线性预测编码,用已经过去的抽样值来预测当前的抽样值,对它们的差值进行编码。差值编码可以提高编码频率,这种技术已应用于模拟信号的数字通信之中。对于有些信号(例如图像信号),由于信号的瞬时斜率比较大,很容易引起过载,因此,不能用简单增量调制进行编码,除此之外,这类信号也没有像话音信号那种音节特性,因而也不能采用像音节压扩那样的方法,只能采用瞬时压扩的方法。但瞬时压扩实现起来比较困难,因此,对于这类瞬时斜率比较大的信号,通常采用一种综合了增量调制和脉冲编码调制两者特点的调制方法进行编码,这种编码方式简称为脉码增量调制,或称差值脉码调制,用DPCM(Differential Pulse Code Modulation)表示。

设离散时间模拟信号为集合 $\{X_K\}$,K 时刻的信号值为 X_K,用过去的 N 个信号的线性组合来预测,则预测值为:

$$\{\hat{X}_K\} = \sum_{i=1}^{N} a_i X_{K-1} \tag{5-3}$$

在实际值 X_K 与预测值 $\hat{X}_K$ 之间有一个信号差 e_K，即：

$$e_K = X_K - \hat{X}_K = X_K - \sum_{i=1}^{N} a_i \hat{X}_{K-1} \tag{5-4}$$

如果选择适当的 N 与 a_i，使 e_K 的特性成为均值为 0 的白噪声过程，并记做 W_K，显然恢复的 X_K 为：

$$X_K = \sum_{i=1}^{N} a_i X_{K-i} + W_K \tag{5-5}$$

【例 5-3】 使用 Matlab 的 DPCM 函数对锯齿波信号进行编解码。

```
%% example5_3.m %
clc; clear; close all;
predictor = [0 1 -1];                    % y(k) = x(k-1) - x(k-1)
partition = [-1:.1:.9];
codebook = [-1:.1:1];
t = [0:pi/50:2*pi];
x = sawtooth(3*t);                       % 原始信号
% 使用 DPCM 方法对原始信号进行编码
encodedx = dpcmenco(x,codebook,partition,predictor);
% 对编码信号进行解码
decodedx = dpcmdeco(encodedx,codebook,predictor);
plot(t,x,t,decodedx,'--')
legend('原始信号','解码信号');
```

程序运行结果如图 5-2 所示。

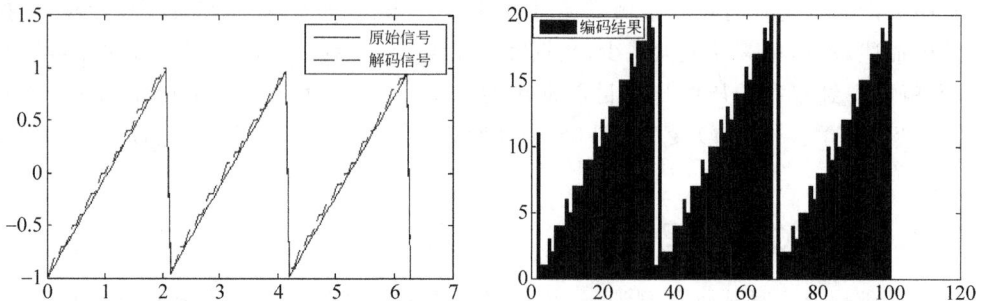

图 5-2 锯齿信号和 DPCM 编解码结果

【例 5-4】 对彩色图像进行 DPCM 编码。

```
%% example5_4.m %
clc; clear; close all;
I = imread('zebra.jpg');
i = double(I);
[m,n,k] = size(i);
p = zeros(m,n,k);
t = zeros(m,n,k);
q = zeros(m,n,k);
```

```
% 使用每个像素和周围四个像素进行预测,预测系数为[1/5,1/5,1/5,1/5,1/5]
% 取整函数 round 起对预测值编码作用
for x = 2:m - 1;
    for y = 2:n - 1;
        for z = 1:k
            t(x,y,z) = i(x,y,z)/5 + i(x,y - 1,z)/5 + i(x,y + 1,z)/5 + i(x - 1,y,z)/5 + i(x + 1,y,
                      z)/5;
            p(x,y,z) = i(x,y,z) - t(x,y,z);
            q(x,y,z) = round(p(x,y,z));
            end
        end
end

subplot(1,3,1),imshow(I);title('原始图像');
subplot(1,3,2),imshow(uint8(t));title('编码图像');
subplot(1,3,3),imshow(uint8(abs(p)));title('残差图像');
```

程序运行结果如图 5-3 所示。

图 5-3　原始图像及其 DPCM 编码图像和残差图像

5.3.2　离散余弦变换编码

离散余弦变换(Discrete Cosine Transform,DCT)是数码率压缩常用的一个变换编码方法。任何连续的实对称函数的傅里叶变换中只含余弦项,因此余弦变换与傅里叶变换一样有明确的物理意义。

图像信息一般都具有高度的相关性,因此任何压缩机制的目的在于除去数据中存在的相关性。相关性就是根据给出的一部分数据来判断出其相邻的数据,在实际中存在很多数据相关性,常见的有:空间相关性、频率相关性、时间相关性等。

在图像压缩编码中,减少空间相关性的主要方法是正交变换。图像经过正交变换后,能够实现图像数据压缩的物理本质在于经过多维坐标系中的适当的坐标旋转和变换,能够把散布在各个坐标轴上的原始图像数据在新的坐标系中集中到少数坐标轴上,因而能够用较少的编码比特数来表示一幅图像,实现图像的压缩编码。

从数学上看,用于图像压缩编码的正交变换有很多种,如 K-L 变换、DCT 变换、Fourier 变换、Walsh 变换等。根据均方差最小准则,K-L 变换具有最佳变换特性,DCT 变换次之。但是实现 K-L 变换时的计算量很大,因此常用 DCT 变换替代。

图像数据经过 DCT 变换,可实现用一个和原来不同的数学基来表示数据,其数据的相关性能够显露出来或被拆开。在这种情况下,大部分的系数都接近于零,可以忽略,于是可以将余下的信息存储在一个较小的数据包里。由此实现了图像的压缩。

1. 一维 DCT 变换原理

设 $\{X(m)\mid m=0,1,\cdots,N-1\}$ 是对带宽有限信号 $x(t)$ 取样得到的数据序列,共 N 个样值,其一维离散余弦变换定义为:

$$Y(u) = C(u)\sqrt{\frac{2}{N}}\sum_{m=0}^{N-1}X(m)\cos\frac{(2m+1)u\pi}{2N}, \quad u=1,2,\cdots,N-1 \qquad (5\text{-}6)$$

其中,$C(u)=\begin{cases}1/\sqrt{2} & (u=0)\\ 1 & (\text{其他})\end{cases}$。

一维离散余弦的逆变换(1D-IDCT)定义为:

$$X(m) = \sqrt{\frac{2}{N}}\sum_{m=0}^{N-1}C(u)Y(u)\cos\frac{(2m+1)u\pi}{2N}, \quad m=1,2,\cdots,N-1 \qquad (5\text{-}7)$$

两者的变换核都是:

$$a(u,m) = C(u)\sqrt{\frac{2}{N}}\cos\frac{(2m+1)u\pi}{2N}, \quad \{a(u,m)\mid u=0,1,\cdots,N-1\} \qquad (5\text{-}8)$$

2. 二维 DCT 变换原理

一维离散余弦变换的定义可推广到二维离散余弦变换(2D-DCT)。设 $\{X(m,n)\mid m=0,1,\cdots,M-1;n=0,1,\cdots,N-1\}$ 为二维图像信号数据矩阵,而二维离散余弦变换定义为:

$$Y(u,v) = \frac{2}{\sqrt{MN}}C(u)C(v)\sum_{m=0}^{M-1}\sum_{n=0}^{N-1}X(m,n)\cos\frac{(2m+1)u\pi}{2M}\cos\frac{(2n+1)v\pi}{2N} \qquad (5\text{-}9)$$

其中,$u=0,1,\cdots,M-1;v=0,1,\cdots,N-1;$

$$C(u),C(v) = \begin{cases}1/\sqrt{2} & (u,v=0)\\ 1 & (\text{其他})\end{cases}$$

二维离散余弦变换逆变换(2D-IDCT)定义为:

$$X(m,n) = \frac{2}{\sqrt{MN}}\sum_{u=0}^{M-1}\sum_{v=0}^{N-1}C(u)C(v)Y(u,v)\cos\frac{(2m+1)u\pi}{2M}\cos\frac{(2n+1)v\pi}{2N} \qquad (5\text{-}10)$$

其中,$m=0,1,\cdots,M-1;n=0,1,\cdots,N-1;$

把变换核分离可得两次一维 DCT 变换:

$$a(u,v,m,n) = a_1(u,m)a_2(v,n) = C(u)\sqrt{\frac{2}{M}}\cos\frac{(2m+1)u\pi}{2M}C(v)\sqrt{\frac{2}{N}}\cos\frac{(2n+1)v\pi}{2N}$$

$$(5\text{-}11)$$

3. 图像压缩编码中的 DCT 变换

利用离散余弦变换进行视频压缩编码,首先要将输入的图像分解为 8 * 8 的块,然后对每个块进行二维离散变换把每个块转变成 64 个 DCT 系数值,最后将变换得到的 DCT 系数进行编码和传送,解码时对每个块进行二维 DCT 反变换。最后再将反变换后的块组合成图像。

因此二维 DCT 变换可具体化为:

$$Y(u,v) = \frac{1}{4}C(u)C(v)\sum_{m=0}^{7}\sum_{n=0}^{7}X(m,n)\cos\frac{(2m+1)u\pi}{16}\cos\frac{(2n+1)v\pi}{16} \qquad (5\text{-}12)$$

其中，$u=0,1,\cdots,7$；$v=0,1,\cdots,7$。即将 $8*8$ 的二维 DCT 变换转化为两个 $N=8$ 的一维 DCT 变换。

DCT 变换具有以下特点：

- DCT 为实的正交变换，变换核的基函数正交。
- 序列 DCT 是离散傅里叶变换（DFT）的对称扩展形式。
- 核可以分离，可以用两次一维变换来代替。
- 余弦变换的能量有向低频集中的趋势。
- 余弦变换有快速变换，和傅里叶变换一样，分奇偶组。

【例 5-5】 对一维序列进行 DCT 变换，并计算变换后多少个元素能量占全部的 99%。

```
%% example5_5.m %
clc; clear; close all;
x = (1:100) + 50 * cos((1:100) * 2 * pi/40); % 生成一维序列
X = dct(x);                                  % 对生成的序列进行一维 dct 变换
subplot(1,2,1);plot(x);
subplot(1,2,2);plot(X);
[XX,ind] = sort(abs(X));                      % 对变换后的结果从小到大进行排序
ind = fliplr(ind);                            % 对排序后结果的序号取反
i = 1;
%% 判断并显示变换后多少个元素的能量占全部的 99 %
while (norm([X(ind(1:i)) zeros(1,100 - i)])/norm(X)<.99)
    i = i + 1;
end
disp(i);
```

程序运行结果如图 5-4 所示。

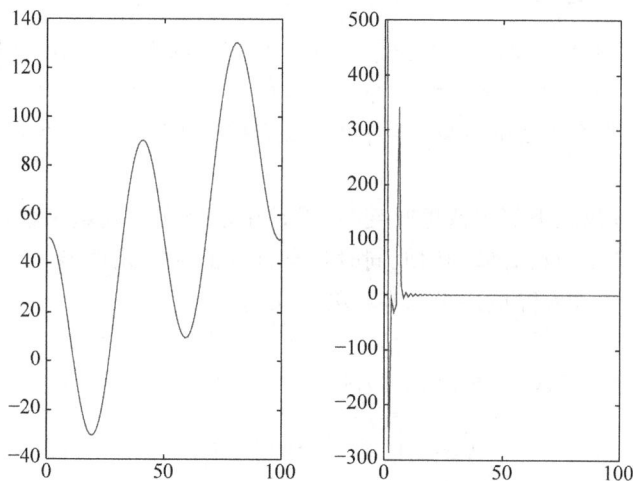

图 5-4　程序运行结果

【例 5-6】 对图像进行 DCT 变换，并通过 DCT 逆变换矩阵相关系数置零实现对图像的压缩。

```
%% example5_6.m %
```

```
clc; clear; close all;
I = imread('cameraman.tif');
I = im2double(I);
% 生成 8 * 8DCT 变换矩阵
T = dctmtx(8);
% 定义 dct 变换函数.block_struct 是 Matlab 的数据结构
dct = @(block_struct) T * block_struct.data * T';
% 对图像 I 的分割出的 8 * 8 图像块进行 DCT 变换,DCT 变换使用上一行定义的 dct 变换函数
B = blockproc(I,[8 8],dct);
% 定义前面 10 个元素非零的 8 * 8 矩阵 mask
mask = [ 1 1 1 1 0 0 0 0
         1 1 1 0 0 0 0 0
         1 1 0 0 0 0 0 0
         1 0 0 0 0 0 0 0
         0 0 0 0 0 0 0 0
         0 0 0 0 0 0 0 0
         0 0 0 0 0 0 0 0
         0 0 0 0 0 0 0 0];
% 定义块处理函数
B2 = blockproc(B,[8 8],@(block_struct) mask .* block_struct.data);
% 定义 DCT 逆变换函数,只取每个块变换的前十个相关系数
invdct = @(block_struct) T' * block_struct.data * T;
% 对图像进行 DCT 逆变换
I2 = blockproc(B2,[8 8],invdct);
imwrite(I2,'DCTcam.jpg');
```

从保存的文件可以看出,逆变换后图像变小了。

5.3.3 小波变换的基本原理

小波变换是傅里叶(Fourier)变换之后又一里程碑式的发展,解决了很多傅里叶变换不能解决的困难问题。傅里叶变换虽然已经广泛地应用于信号处理领域,较好地描述了信号的频率特性,取得了很多重要的成果,但傅里叶变换却不能较好地解决突变信号与非平稳信号的问题。

小波变换的基本思想类似于傅里叶变换,就是用信号在一簇基函数构成的空间上的投影表征该信号。小波变换在时域和频域同时具有良好的局部化性能,有一个灵活可变的时间—频率窗,这在理论和实际应用中都有重要意义。

其定义如下:

$\psi(t)$ 若是一个实值函数,其频谱 $\psi(w)$ 满足:

$$C_\psi = \int_{-\infty}^{\infty} \frac{|\psi_{(w)}|}{|w|} dw < \infty \tag{5-13}$$

其中,$\psi(w)$ 表示 $\psi(t)$ 的傅里叶变换,称 $\psi(t)$ 的一个基小波,称上式为"容许性"条件。对于基小波有 $\psi(0) = \int_R \psi(t) d(t) = 0$。$\psi(t)$ 通过平移和伸缩而产生一个函数簇 $\{\psi_{ab}(t)\}$。

$$\psi_{ab}(t) = |a|^{-\frac{1}{2}} \psi\left(\frac{t-b}{a}\right) \quad a \in R, b \in R, a \neq 0 \tag{5-14}$$

其中,$\psi_{ab}(t)$ 为分析小波;a 为伸缩的尺度;b 为平移的距离。

小波变换与经典的傅里叶变换不一样,傅里叶变换基是固定的,而函数只要满足容许性条件,就可以称为小波基。因此,在各个学科应用领域中若要采用小波变换,就有一个变换基的选择问题。在具体应用中需要根据具体应用要求和被处理的原函数 $f(t)$ 的特点来选择小波变换基 $\psi(t)$,使得小波变换能更好地反映 $f(t)$ 的特征。下面给出几个小波基的例子。

Haar 正交小波基:

$$\psi(t) = \begin{cases} 1, & 0 \leqslant t < 0.5 \\ -1, & 0.5 \leqslant t < 1 \\ 0, & \text{其他} \end{cases} \tag{5-15}$$

二阶墨西哥草帽小波基:

$$\psi(t) = (1 - t^2) \frac{1}{\sqrt{2\pi}} e^{-\frac{t^2}{2}} \quad -\infty < t < +\infty \tag{5-16}$$

三阶墨西哥草帽小波基:

$$\psi(t) = (3T - t^3) \frac{1}{\sqrt{2\pi}} e^{-\frac{t^2}{2}} \quad -\infty < t < +\infty \tag{5-17}$$

小波变换用于图像编码的一般步骤就是把图像进行多分辨率分解,分解成不同空间、不同频率的子图像,然后再对子图像进行系数编码。系数编码是小波变换用于压缩的核心,压缩的实质是对系数的量化压缩。根据 S. Mallat 的塔式分解算法,图像经过小波变换后被分割成 4 个频带:水平、垂直、对角线和低频,低频部分还可以继续分解。

图像经过小波变换后生成的小波图像的数据总量与原图像的数据量相等,即小波变换本身并不具有压缩功能。之所以将它用于图像压缩,是因为生成的小波图像具有与原图像不同的特性,表现在图像的能量主要集中于低频部分,而水平、垂直和对角线部分的能量则较少;水平、垂直和对角线部分表征了原图像在水平、垂直和对角线部分的边缘信息,具有明显的方向特性。低频部分可以称做亮度图像,水平、垂直和对角线部分可以称做细节图像。对所得的 4 个子图,根据人类的视觉生理和心理特点分别作不同策略的量化和编码处理。人眼对亮度图像部分的信息特别敏感,对这一部分的压缩应尽可能减少失真或者无失真,例如采用无失真 DPCM 编码;对细节图像可以采用压缩比较高的编码方案,例如矢量量化编码,DCT 等。以下说明几种函数及应用。

(1) wcompress:使用小波对灰度或彩色图像进行压缩或解压缩。
语法说明:

```
wcompress('c',X,SAV_FILENAME,COMP_METHOD);
```

对图像 X 使用 COMP_METHOD 表示的方法进行压缩,SAV_FILENAME 表示压缩后保存文件的名字。

```
wcompress(…,'ParName1',ParVal1,'ParName2',ParVal2,…)
```

改变压缩方法参数的取值。

```
[COMPRAT,BPP] = wcompress('c',…)
```

返回压缩比例 COMPRAT 和每像素比特数 BPP。

```
XC = wcompress('u',SAV_FILENAME)
```

解压缩文件 SAV_FILENAME 并返回图像 XC。

```
XC = wcompress('u',SAV_FILENAME,'plot')
```

（2）dwt2：单级离散二维小波变换。

语法说明：

```
[cA,cH,cV,cD] = dwt2(X,'wname');
```

进行二维小波变换，计算近似互相关矩阵 cA 和水平、垂直、对角方向的互相关矩阵 cH、cV、cD。

```
[cA,cH,cV,cD] = dwt2(X,Lo_D,Hi_D);
```

基于指定的滤波器进行小波分解，Lo_D 和 Hi_D 分别表示低通滤波器和高通滤波器。

```
[cA,cH,cV,cD] = dwt2(…,'mode',MODE)
```

基于 MODE 表示的扩展模式计算小波分解。

（3）wavedec2：多级二维小波分解。

语法说明：

```
[C,S] = wavedec2(X,N,'wname');
```

返回矩阵 X 的第 N 级小波分解，'wname' 表示使用的小波的名字，N 为正整数。

```
[C,S] = wavedec2(X,N,Lo_D,Hi_D);
```

Lo_D 是分解的低通滤波器，Hi_D 是分解的高通滤波器。

（4）waverec2：多级二维小波重构。

语法说明：

```
X = waverec2(C,S,'wname');
```

对小波分解数据[C,S]进行多维小波重构，得出矩阵 X。

```
X = waverec2(C,S,Lo_R,Hi_R);
```

使用 Lo_R 和 Hi_R 指定的低通和高通滤波器进行重构。

```
waverec2(wavedec2(X,N,'wname'),'wname');
```

对 X 小波分解的结果进行重构。

（5）wdencmp：对一维或二维信号使用小波进行降噪或压缩。

语法说明：

```
[XC,CXC,LXC,PERF0,PERFL2] = wdencmp('gbl',X,'wname',N,THR,SORH,KEEPAPP);
```

返回输入信号 X 的降噪或压缩结果 XC，该值是通过对小波互相关系数用正值门限 THR 限幅得来的。[CXC,LXC]是 XC 的小波分解结果，PERF0 和 PERFL2 是重构和压缩得分的 2-范数，以百分比表示。SORH 表示软限幅还是硬限幅，KEEPAPP 等于 1 时，不对近似互相关系数限幅。

```
wdencmp('gbl',C,L,'wname',N,THR,SORH,KEEPAPP);
```

直接对信号小波分解结果[C,L]在第 N 级使用'wname'小波进行降噪或压缩。

```
[XC,CXC,LXC,PERF0,PERFL2] = wdencmp('lvd',X,'wname',N,THR,SORH);
```

降噪或限幅过程使用级数相关的向量门限 THR，THR 长度为 N。解压缩并显示图像。

【例 5-7】 对图像进行 DCT 变换，并通过 DCT 逆变换矩阵相关系数置零实现对图像的压缩。

```
%% example5_7.m %
clc; clear; close all;
X = imread('wpeppers.jpg');
% 用小波对彩色图像进行压缩,存为文件 wpeppers.mtc
% spiht 指使用分层树集合划分的压缩方法
[cr,bpp] = wcompress('c',X,'wpeppers.mtc','spiht','maxloop',12);
% 对'wpeppers.mtc'解压缩
Xc = wcompress('u','wpeppers.mtc');
delete('wpeppers.wtc');
% 保存解压缩文件
imwrite(Xc,'wavePeper.jpg');
subplot(1,2,1); image(X); title('原始图像');axis square;
subplot(1,2,2); image(Xc); title('压缩图像');axis square;
% 计算均方误差 MSE(Mean Square Error)
D = abs(double(X) - double(Xc)).^2;
mse = sum(D(:))/numel(X);
% 计算峰值信噪比(Peak Signal to Noise Ratio)
psnr = 10 * log10(255 * 255/mse);
```

程序运行结果如图 5-5 所示。比较压缩前后文件大小可见，该图像从 150KB 压缩为 23KB。

图 5-5　原始图像和 DCT 压缩图像

【例 5-8】 对图像进行小波分解和重构。

```
%% example5_8.m %
clc; clear; close all;
I = imread('zebrag.jpg');
subplot(2,2,1);
```

```
imshow(I);title('原始图像');
Id = double(I);
% 对图像进行二维小波变换
[cA,cH,cV,cD] = dwt2(Id,'db1');
cX = [cA,cH;cV,cD];
subplot(2,2,2);
image(cX);title('小波分解结果');
% 对图像进行二维小波分解
wname = 'db1';n = 2;
[c,s] = wavedec2(I,n,wname);
% 返回级别相关的门限 THR
alpha = 1.5; m = 2.7 * prod(s(1,:));
[thr,nkeep] = wdcbm2(c,s,alpha,m)
% 对小波分解结果进行压缩
[Id,cxd,sxd,perf0,perfl2] = wdencmp('lvd',c,s,wname,n,thr,'h');
subplot(2,2,3);
% 对 double 类型的图像数据进行显示
image(Id);title('压缩图像');
% 将图像数据转换为 uint8 类型并存为文件
imwrite(uint8(Id),'压缩图像.jpg');
% 对小波分解结果进行重构
R = waverec2(c,s,wname);
subplot(2,2,4);
imshow(uint8(R)); title('重构图像');
imwrite(uint8(R),'重构图像.jpg');
```

程序运行结果如图 5-6 所示。从保存文件大小可以看出,图像得到了压缩。

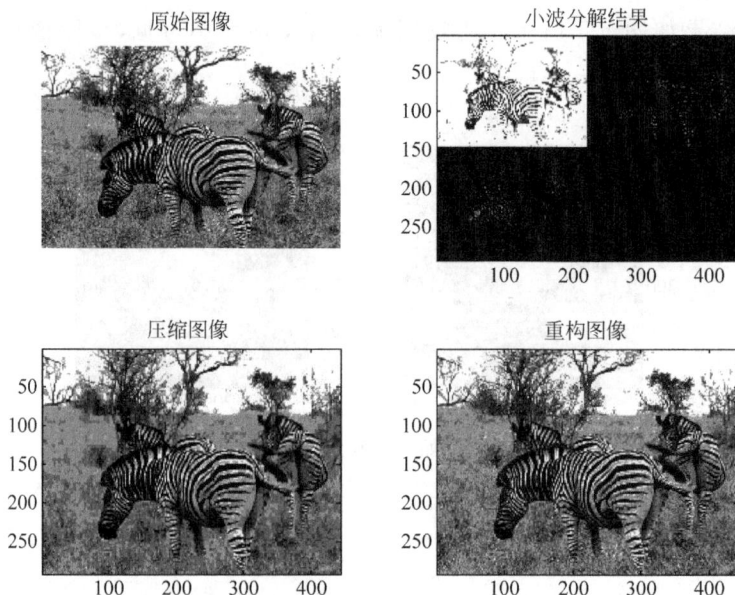

图 5-6 原始图像及其小波分解图像、压缩图像和重构图像

5.4　图像压缩标准

近年来,图像编码的国际标准的制定之后,图像编码技术得到了迅速发展和广泛应用,主要的编码标准有:国际标准化组织(ISO)和国际电工委员会(IEC)关于静止图像的编码标准 JPEG、JPEG 2000 和关于活动图像的编码标准 MPEG-1、MPEG-2 和 MPEG-4 等,国际电信联盟(ITU-T)关于电视电话/会议电视的视频编码标准 H.261、H.263 等。这里简要介绍以下图像编码标准 JPEG 和 JPEG 2000。

5.4.1　JPEG

JPEG(Joint Photographic Experts Group,联合图像专家组)本身只有描述如何将一个影像转换为字节的数据串流,但并没有说明这些字节如何在任何特定的储存媒体上被封存起来。JPEG 是最常用的图像文件格式,是一种有损压缩格式,能够将图像压缩在很小的储存空间,图像中重复或不重要的资料会被丢失,因此容易造成图像数据的损伤。尤其是使用过高的压缩比例时,将使最终解压缩后恢复的图像质量明显降低,如果追求高品质图像,不宜采用过高压缩比例。JPEG 压缩技术十分先进,它使用有损压缩方式去除冗余的图像数据,在获得极高的压缩率的同时能展现十分丰富生动的图像,换句话说,就是可以用最少的磁盘空间得到较好的图像品质。而且 JPEG 是一种很灵活的格式,具有调节图像质量的功能,允许用不同的压缩比例对文件进行压缩,支持多种压缩级别,压缩比率通常在 10∶1 到 40∶1 之间,压缩比越大,品质就越低。当然也可以在图像质量和文件尺寸之间找到平衡点。JPEG 格式压缩的主要是高频信息,对色彩的信息保留较好,适合应用于互联网,可减少图像的传输时间,可以支持 24 位真彩色,也普遍应用于需要连续色调的图像。

JPEG 算法共有 4 种运行模式,其中一种是基于空间预测(DPCM)的无损压缩算法,另外 3 种是基于 DCT 的有损压缩算法:

(1) 无损压缩算法,可以保证无失真地重建原始图像。

(2) 基于 DCT 的顺序模式,按从上到下,从左到右的顺序对图像进行编码,称为基本系统。

(3) 基于 DCT 的递进模式,指对一幅图像按由粗到细对图像进行编码。

(4) 分层模式。以各种分辨率对图像进行编码,可以根据不同的要求,获得不同分辨率的图像。这以上 4 种模式中,最常用的是基于 DCT 变换的顺序型模式,它又称为基线系统(Baseline)。其编码器的流程见图 5-7。

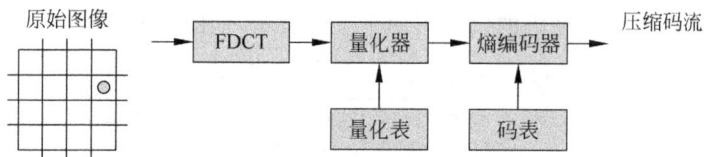

图 5-7　JPEG 压缩编码流程

解码器流程基本为上述过程的逆过程,见图 5-8。

8×8 的图像经过 DCT 变换后,其低频分量都集中在左上角,高频分量分布在右下角

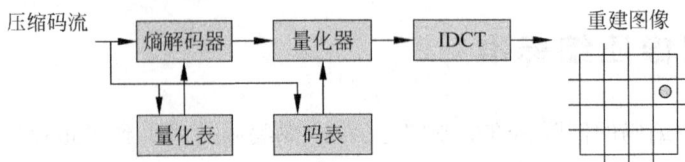

图 5-8　JPEG 解码流程

(DCT 变换实际上是空间域的低通滤波器)。由于该低频分量包含了图像的主要信息(如亮度),而高频分量与之相比,不那么重要,所以可以忽略高频分量,从而达到压缩的目的。

如何将高频分量去掉,这就要用到量化,它是产生信息损失的根源。这里的量化操作,就是将某一个值除以量化表中对应的值。由于量化表左上角的值较小,右上角的值较大,这样就起到了保持低频分量,抑制高频分量的目的。JPEG 使用的颜色是 YUV 格式,Y 分量代表了亮度信息,U、V 分量代表了色差信息。Y 分量相对更为重要。因此,可以对 Y 采用细量化,对 U、V 采用粗量化,可进一步提高压缩比。所以,量化表通常有两个,一个是针对 Y 的;一个是针对 UV 的。

经过 DCT 变换后,低频分量集中在左上角,其中 F(0,0)(即第一行第一列元素)代表了直流(DC)系数,即 8×8 子块的平均值,要对它单独编码。由于两个相邻的 8×8 子块的 DC 系数相差很小,所以对它们采用差分编码 DPCM,可以提高压缩比。其他 63 个元素是交流(AC)系数,采用行程编码。为了保证低频分量先出现,高频分量后出现,以增加行程中连续"0"的个数,这 63 个元素采用了"之"字形(Zig-Zag)的排列方法,如图 5-9 所示。

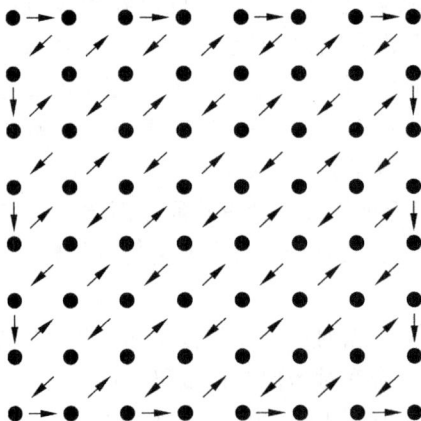

图 5-9　Zig-Zag 排列示意图

这 63 个 AC 系数行程编码的码字用两个字节表示,如图 5-10 所示。

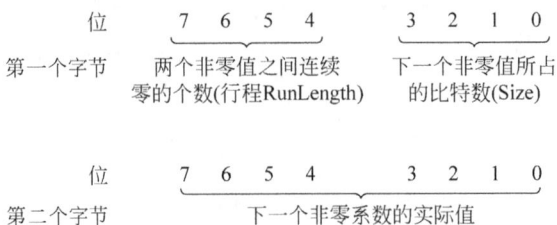

位	7 6 5 4	3 2 1 0
第一个字节	两个非零值之间连续零的个数(行程RunLength)	下一个非零值所占的比特数(Size)

位	7 6 5 4	3 2 1 0
第二个字节	下一个非零系数的实际值	

图 5-10　行程编码

得到 DC 码字和 AC 行程码字后,为了进一步提高压缩比,需要对其再进行熵编码,这里选用 Huffman 编码,分成两步:

(1) 熵编码的中间格式表示。

对于 AC 系数,有两个符号。符号 1 为行程和尺寸,即上面的(RunLength,Size)。(0,0)和(15,0)是两个比较特殊的情况。(0,0)表示块结束标志(EOB),(15,0)表示 ZRL,当行程长度超过 15 时,用增加 ZRL 的个数来解决,所以最多有 3 个 ZRL(3×16+15=63)。符号 2 为幅度值(Amplitude)。

对于 DC 系数,也有两个符号。符号 1 为尺寸(Size);符号 2 为幅度值(Amplitude)。

(2) 熵编码。

对于 AC 系数,符号 1 和符号 2 分别进行编码。零行程长度超过 15 个时,有一个符号(15,0),块结束时只有一个符号(0,0)。

对符号 1 进行 Huffman 编码(亮度,色差的 Huffman 码表不同)。对符号 2 进行变长整数 VLI 编码。举例来说:Size=6 时,Amplitude 的范围是 −63~−32,以及 32~63,对绝对值相同,符号相反的码字之间为反码关系。所以 AC 系数为 32 的码字为 100000,33 的码字为 100001,−32 的码字为 011111,−33 的码字为 011110。符号 2 的码字紧接于符号 1 的码字之后。

对于 DC 系数,Y 和 UV 的 Huffman 码表也不同。

例如,下面为 8×8 的亮度(Y)图像子块经过量化后的系数:

```
15    0   −1   0   0   0   0   0
−2   −1    0   0   0   0   0   0
−1   −1    0   0   0   0   0   0
 0    0    0   0   0   0   0   0
 0    0    0   0   0   0   0   0
 0    0    0   0   0   0   0   0
 0    0    0   0   0   0   0   0
 0    0    0   0   0   0   0   0
```

可见量化后只有左上角的几个点(低频分量)不为零,这样采用行程编码就很有效。

第 1 步,熵编码的中间格式表示:先看 DC 系数。假设前一个 8×8 子块 DC 系数的量化值为 12,则本块 DC 系数与它的差为 3,根据下表:

Size	Amplitude
0	0
1	−1,1
2	−3,−2,2,3
3	−7~−4,4~7
4	−15~−8,8~15
5	−31~−16,16~31
6	−63~−32,32~63
7	−127~−64,64~127
8	−255~−128,128~255

9	$-511\sim-256,256\sim511$
10	$-1023\sim512,512\sim1023$
11	$-2047\sim-1024,1024\sim2047$

查表得 Size＝2,Amplitude＝3,所以 DC 中间格式为(2)(3)。

下面对 AC 系数编码。经过 Zig-Zag 扫描后,遇到的第一个非零系数为−2,其中遇到零的个数为1(即 RunLength),根据下面这张 AC 系数表:

Size	Amplitude
1	$-1,1$
2	$-3,-2,2,3$
3	$-7\sim-4,4\sim7$
4	$-15\sim-8,8\sim15$
5	$-31\sim-16,16\sim31$
6	$-63\sim-32,32\sim63$
7	$-127\sim-64,64\sim127$
8	$-255\sim-128,128\sim255$
9	$-511\sim-256,256\sim511$
10	$-1023\sim512,512\sim1023$

查表得 Size＝2。所以 RunLength＝1,Size＝2,Amplitude＝3,所以 AC 中间格式为(1,2)(−2)。

其余的点类似,可以求得这个 8×8 子块熵编码的中间格式为
(DC)(2)(3),(1,2)(−2),(0,1)(−1),(0,1)(−1),(0,1)(−1),(2,1)(−1),(EOB)(0,0)

第2步,进行熵编码。

对于(2)(3)：2 查 DC 亮度 Huffman 表得到 11,3 经过 VLI 编码为 011;

对于(1,2)(−2)：(1,2)查 AC 亮度 Huffman 表得到 11011,−2 是 2 的反码,为 01;

对于(0,1)(−1)：(0,1)查 AC 亮度 Huffman 表得到 00,−1 是 1 的反码,为 0;

……

最后,这一 8×8 子块亮度信息压缩后的数据流为 11011,1101101,000,000,000,111000,1010。总共 31 比特,其压缩比是 64×8/31＝16.5,大约每个像素用半个比特。

5.4.2 JPEG 2000

与以往的 JPEG 标准相比,JPEG 2000 压缩率比 JPEG 高约 30％,它有许多原先的标准所不可比拟的优点。JPEG 2000 与 JPEG 最大的不同在于它放弃了 JPEG 所采用的以 DCT 变换为主的分块编码方式,而改为**以小波变换为主**的多分辨率编码方式。

JPEG 2000 能实现无损压缩。在实际应用中,有一些重要的图像,如卫星遥感图像、医学图像、文物照片等,通常需要进行无损压缩。对图像进行无损编码的经典方法——预测法已经发展成熟,并作为一个标准写入了 JPEG 2000 中。JPEG 2000 对比特错误具有鲁棒性,抗干扰性好,易于操作。

JPEG 2000 的一个重要特性是能实现渐进传输,即它可以先传输图像的轮廓,然后逐步

传输数据,不断提高图像质量,这在网络传输中具有重要的意义。使用 JPEG 2000 下载一个图片,用户可先看到这个图片的轮廓或缩影,然后再决定是否下载。而且,下载时可以根据用户需要和带宽来决定下载图像质量的好坏,从而控制数据量的大小。

JPEG 2000 另一个优点就是感兴趣区域特性。用户在处理的图像中可以指定感兴趣区域,对这些区域进行压缩时可以指定特定的压缩质量,或在恢复时指定特定的解压缩要求。在有些情况下,图像中只有一小块区域对用户是有用的,对这些区域采用高压缩比。在保证不丢失重要信息的同时,又能有效地压缩数据量,这就是感兴趣区的编码方案所采取的压缩策略。基于感兴趣区压缩方法的优点,在于它结合了接收方对压缩的主观要求,实现了交互式压缩。

JPEG 2000 一个最大改进是它采用小波变换代替了余弦变换。余弦变换是经典谱分析的工具,它考察的是整个时域过程的频域特征,或者整个频域过程的时域特征,因此对于平稳过程具有很好的效果,但是对于非平稳过程有明显不足。小波变换是现代谱分析工具,它既能考察局部时域过程的频域特征,又能考察局部频域过程的时域特征,因此即使对于非平稳过程,它也是强有力的工具。

近年来离散小波变换在包括压缩在内的图像处理与图像分析的各个领域中得到了广泛应用。这主要因为小波的时频局域化使它在信号分析中有着优良的性质,而且由于它对高频成分采用由粗到细渐进的时空域上的取样间隔,从而能像物理上自动调焦看清远近不同景物一样放大任意细节。因此,小波分析被誉为数学上的显微镜,是构造图像多分辨率表示的有力工具。它的快速算法又使它如虎添翼,它的多分辨率分析提供了我们进行渐进式压缩的基础。

小波在空间和频率域上的局域性,是统计意义上的局域性。这里说的局域性,指的是一个变换系数实际涉及的图像空间范围是局部的。因而,要完全恢复图像中的某个局部,并不需要所有的编码都被精确保留,只需要对应于它的一部分编码没有误差就可以了。所以,我们能实现无损压缩和感兴趣区域压缩。

JPEG 2000 还考虑了人的视觉特性,增加了视觉权重和掩膜。这样在不损害视觉效果的情况下,大大提高了效率。

5.5　综合实例:MATLAB 实现 JPEG 图像压缩

JPEG 编码压缩图像步骤如下:

(1) 读入图像,将源数据图像分成 8×8 大小的子块,然后进行 DCT 变换,见图 5-11。DCT 有相应的快速交换,它把 8×8 块不断分成更小的无交叠子块,直接对数据块进行运算操作。原始的图像数据块经过 DCT 变换后,输出 64 个 DCT 变换系数。

用 f 表示像素值的数组,$f(i,j)$ 表示第 i 行第 j 列的值,则 DCT 变换之后定义一个新的数组 $F(u,v)$ 表示第 u 行 v 列的值。DCT 变换通过下面公式完成:

$$F(u,v) = \frac{1}{4}C(u)C(v)\sum_{i=0}^{7}\sum_{j=0}^{7}f(i,j)\cos\frac{(2i+1)u\pi}{16}\cos\frac{(2j+1)v\pi}{16} \tag{5-18}$$

其中,$C(u),C(v)\begin{cases}1/\sqrt{2} & u,v=0 \\ 1 & \text{其他}\end{cases}$。

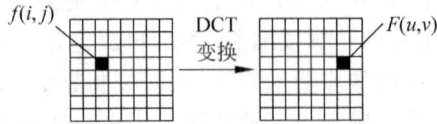

图 5-11   DCT 变换示意图

经过 DCT 变换之后得到了 $F(u,v)$，其中 $F(0,0)$ 是直流系数，称为 DC 系数，其他的为交流系数，称为 AC 系数。

（2）对经过 DCT 变换后的频率系数进行量化，目的是减小非"0"系数的幅度以及增加"0"值系数的数目。本文采用标准量化值表进行量化，量化公式为：

$$Q(i,j) = \text{INT} \frac{F(i,j)}{U(i,j)} \tag{5-19}$$

其中，$U(i,j)$ 为量化表中第 i 行 j 列的值。也就是说，要用数组 F 中的每一个元素除以量化表中对应位置的值。

（3）按照 Z 字形的式样对量化后的系数进行重新编排，把 8×8 的矩阵变成了 1×64 的向量，见图 5-12。

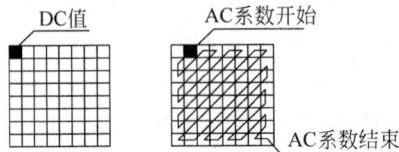

图 5-12   Z 形编排示意图

（4）对经过 DCT 编码的图像块的直流系数进行差分编码，公式如下：

$$\text{Delta} = DC\,(0,0)_k - DC\,(0,0)_{k-1} \tag{5-20}$$

其中，Delta 为差值，即差值为当前图块 DC 系数减去上一个图块的 DC 系数。

（5）对经过 DCT 编码的图像块的交流系数进行行程编码。

（6）使用霍夫曼编码进行熵编码。

（7）保存数据流。

（8）对上述过程进行逆变换来得到压缩图像。逆 DCT 公式为：

$$f(i,j) = \frac{1}{4}C(u)C(v)\sum_{u=0}^{7}\sum_{v=0}^{7}F(u,v)\cos\frac{(2u+1)u\pi}{16}\cos\frac{(2v+1)v\pi}{16} \tag{5-21}$$

其中，$C(u),C(v) = \begin{cases} 1/\sqrt{2} & u,v=0 \\ 1 & \text{其他} \end{cases}$。

【例 5-9】 对图像 JPEG 编码。

```
% example5_9.m %
clc; clear; close all;
A = imread(s);
fun = @DCT_Measure;
B = blkproc(A,[8,8],fun);    % 得到量化后的系数矩阵，与原始图像尺寸相同，需要进一步处理
                             % 将 B 分成 8×8 矩阵重新排列，并对直流系数做差分
n = length(B)/8;             % 对每个维度分成的块数
```

```
% 创建一个 8×(8×n^2)的二维数组存放待编码数据
C = zeros(8);                   % 初始化为 8×8 的全 0 矩阵
for y = 0:n - 1
    for x = 0:n - 1
        T1 = C(:,[end - 7:end]); % 取出上一组数据做差分
        T2 = B(1 + 8 * x:8 + 8 * x,1 + 8 * y:8 + 8 * y);
        T2(1) = T2(1) - T1(1);  % 直流系数做差分
        C = [C,T2];
    end
end
C = C(:,[9:end]);
% 依次对每一块编码
JPGCode = {''};                 % 存储编码的元胞初始化为空的字符串
for a = 0:n^2 - 1
    T = Code_Huffman(C(:,[1 + a * 8:8 + a * 8]));
    JPGCode = strcat(JPGCode,T);
end
 % J = JPGCode;
 sCode = cell2mat(JPGCode);     % 将元胞转化为数组
 Fid = fopen('JPGCode.txt','w'); % 将压缩码保存到文本文件中
 fprintf(Fid,'%s',sCode);
 fclose(Fid);
 % 计算压缩比和压缩效率
 [x y] = size(A);
 b = x * y * 8/length(sCode);
 v = 8/b;
 disp('JPEG 压缩数据已保存至 JPGCode.txt 中!');
 disp(['压缩比为: ',num2str(b),'; 压缩效率: ',num2str(v)]);
```

该例使用的子函数如下所示。

1. DCT 量化函数

```
function B = DCT_Measure(A)
% 对输入的 8×8 图像矩阵进行 DCT 变化和量化
% 定义 Y 分量系数量化矩阵
Y_Matrix = [16 11 10 16 24 40 51 61;
            12 12 14 19 26 58 60 55;
            14 13 16 24 40 57 69 56;
            14 17 22 29 51 87 80 62;
            18 22 37 56 68 109 103 77;
            24 35 55 64 81 104 113 92;
            49 64 78 87 103 121 120 101;
            72 92 95 98 112 100 103 99];
%% 图像为 8 位无符号数,将其减去 128 转化为有符号数
% 先化为 double 型,DCT 变换后化为 int8 型
C = double(A) - 128;
B = round(DCT2D(C)./Y_Matrix);
```

2. 二维 DCT 变换函数

```
function C = DCT2D(B)
```

```
% 将图像数据进行快速傅里叶变换,返回幅度和相位信息
a = length(B);
% 依次对每一行进行 FFT 操作
C = zeros(a);
for b = 1:a
    C(b, :) = DCT1D(B(b, :));
end
% 依次对每一列进行 FFT 操作
for b = 1:a
    T = C(:, b);
    T1 = DCT1D(T');
    C(:, b) = T1';
end
%%%% ---------- SubFunction -------------
function B = DCT1D(A)
% 一维离散余弦变换
n = length(A);
% 对变换数组延拓
T = zeros(1, n);
C = [A, T];
C = FFT1D(C) * 2 * n;
T = C(1:n);
T(1) = T(1)/n^0.5;
for u = 2:n
    T(u) = (2/n)^0.5 * T(u) * exp( - i * (u - 1) * pi/2/n);
end
B = real(T);
%%% ------------- Subfunction -------
function B1 = FFT1D(A1)
%% - - - 对 A1 中的数据进行奇偶分解排序 -----
B = SortOE(A1);
n = length(B); m = log2(n);
for s = 1:n
    T(s) = double(B(s));            % 将图像数据转换为 double 型
end

for a = 0:m - 1
    M = 2 ^ a; nb = n/M/2;          % 每一块的半长度和分成的块数
    for j = 0:nb - 1                % 对每一块依次进行操作
        for k = 0:M - 1             % 对每一块中的一半的点依次操作
            t1 = double(T(1 + k + j * 2 * M)); t2 = double(T(1 + k + j * 2 * M + M)) * exp( - i * pi *
                k/M);
            T(1 + k + j * 2 * M) = 0.5 * (t1 + t2);
            T(1 + k + j * 2 * M + M) = 0.5 * (t1 - t2);
        end
    end
end
B1 = T;
%% -------------- Subfunction -------------
% 奇偶分解排序函数
function B = SortOE(T)
```

```
        n = length(T);m = log2(n/2);
for i = 1:m
    nb = 2 ^ i;lb = n/nb;          % 分成的块数和每一块的长度
    lc = 2 * lb;                   % 操作间隔
        for j = 0:nb/2 - 1        % 进行排序操作的次数
            t = T(2 + j * lc:2:2 * lb + j * lc);
            T(1 + j * lc:lb + j * lc) = T(1 + j * lc:2:(2 * lb - 1) + j * lc);
            T(lb + 1 + j * lc:2 * lb + j * lc) = t;
        end
    end
B = T;
```

3. Huffman 编码函数

```
function B = Code_Huffman(A)
% 根据 huffman 编码表对量化后的数据编码
% 依次输入 DC 系数差值(A 中 DC 系数已做过差分)和 AC 系数的典型 Huffman 表
% 只处理 8 × 8DCT 系数量化矩阵
DC_Huff = {'00','010','011','100','101','110','1110','11110','111110','1111110','11111110',
        '111111110'};
% 由于 AC 系数数据量较大,我们将它保存在 AC_Huff.txt 文件中,将它读入元胞数组中
fid = fopen('AC_Huff.txt','r');
AC_Huff = cell(16,10);
for a = 1:16
    for b = 1:10
        temp = fscanf(fid,' % s',1);
        AC_Huff(a,b) = {temp};
    end
end
fclose(fid);
% 对 A 中的数据进行 Zig - Zag 扫描
i = 1;
for a = 1:15
    if a < = 8
        for b = 1:a
            if mod(a,2) == 1
                Z(i) = A(b,a + 1 - b);
                i = i + 1;
            else
                Z(i) = A(a + 1 - b,b);
                i = i + 1;
            end

        end
    else
        for b = 1:16 - a
            if mod(a,2) == 0
                Z(i) = A(9 - b,a + b - 8);
                i = i + 1;
            else
                Z(i) = A(a + b - 8,9 - b);
```

```
                    i = i + 1;
                end
            end
        end
end
%%% 先对 DC 差值系数编码: 前缀码 SSSS + 尾码
% dc 为其 Huffman 编码
if Z(1) == 0
    sa.s = DC_Huff(1);                    %%% size 分量存放前缀码
    sa.a = '0';                           %%% amp 分量存放尾码
    dc = strcat(sa.s,sa.a);
else
    n = fix(log2(abs(Z(1)))) + 1;
    sa.s = DC_Huff(n);
    sa.a = binCode(Z(1));
    dc = strcat(sa.s,sa.a);
end
%%% 再对 AC 系数进行行程编码,保存在结构体数组 rsa 中
if isempty(find(Z(2:end)))                % 如果 63 个交流系数全部为 0,rsa 系数全部为 0
    rsa(1).r = 0;                         % 行程 runlength
    rsa(1).s = 0;                         % 码长 size
    rsa(1).a = 0;                         % 二进制编码
else
    T = find(Z);                          % 找出 Z 中非零元素的下标
    T = [0 T(2:end)];                     % 为统一处理将第一个下标元素置为 0
    i = 1;                                % i 为 rsa 结构体的下标
    % 从第二个元素即第一个交流元素开始处理
    j = 2;
    while j <= length(T)
        t = fix((T(j) - 1 - T(j-1))/16);  % 判断下标间隔是否超过 16
        if t == 0                         % 如果小于 16,较简单
            rsa(i).r = T(j) - T(j-1) - 1;
            rsa(i).s = fix(log2(abs(Z(T(j))))) + 1;
            rsa(i).a = Z(T(j));
            i = i + 1;
        else                              % 如果超过 16,需要处理(15,0)的特殊情况
            for n = 1:t                   % 可能出现 t 组(15,0)
                rsa(i) = struct('r',15,'s',0,'a',0);
                i = i + 1;
            end
            % 接着处理剩余的那部分
            rsa(i).r = T(j) - 1 - 16 * t;
            rsa(i).s = fix(log2(abs(Z(T(j))))) + 1;
            rsa(i).a = Z(T(j));
            i = i + 1;
        end
        j = j + 1;
    end
    % 判断最后一个非零元素是否为 Z 中最后一个元素
    if T(end) < 64
        rsa(i).r = 0;
```

```
            rsa(i).s = 0;
            rsa(i).a = 0;
        end                                    % 以 EOB 结束
end
%%%%%%%% --------- 通过查表获取 AC 系数的 Huffman 编码
B = dc;                                         % B 初始化为直流系数编码
for n = 1:length(rsa)
    if rsa(n).r == 0&rsa(n).s == 0&rsa(n).a == 0
        ac(n) = {'1010'};
    elseif rsa(n).r == 15&rsa(n).s == 0&rsa(n).a == 0
        ac(n) = {'11111111001'};
    else
        t1 = AC_Huff(rsa(n).s + 1,rsa(n).s);
        t2 = binCode(rsa(n).a);
        ac(n) = strcat(t1,t2);

    end
    B = strcat(B,ac(n));
end
%%% --------- Subfunction ---------- %%%%%%----------
function s = binCode(a)
% 求任意整数的二进制码
if a >= 0
    s = dec2bin(a);
else
% 求 a 的反码,返回"01"字符串,按位取反
    s = dec2bin(abs(a));
    for t = 1:numel(s)
        if s(t) == '0'
            s(t) = '1';
        else s(t) = '0';
        end
    end
end
```

程序运行结果显示：

JPEG 压缩数据已保存至 JPGCode.txt 中!
压缩比为：5.7305; 压缩效率: 1.396

第 6 章

数字图像分割

在图像的研究和应用中,人们往往只对一幅图像中的某些部分感兴趣,例如对于一幅遥感图像,从军事的角度可能只对机场、兵工厂、导弹基地等军事目标比较感兴趣;而从其他的角度如环境生态方面考虑,则只对森林、草地、湿地等目标感兴趣。这些感兴趣的部分一般对应图像中特定的、具有特殊性质的区域(可以对应单个区域,也可以对应多个区域),称为**目标**,而其他部分称为图像的**背景**。为了辨识和分析目标,需要把目标从一幅图像中分离出来,这就是图像分割要研究的问题。

6.1 图像分割概述

图像处理分为两个层次:

(1) Low-Level:人作为图像的接收者(Human Readable),输入输出均为图像,图像处理研究的目的(包括对比度增强、图像锐化、重构等)为更好满足人类视觉感知的要求,帮助人类改善其视觉能力。

(2) high-Level:计算机代替人作为图像的接收者(Machine Readable),输入为图像,输出为图像中提取出来的某种属性。由计算机实现人类视觉感知的功能,解决计算机视觉问题。利用模式识别和人工智能方法,分析、理解和辨识图像的内容,解决图像认知问题。

图像分割是 high-Level 图像处理的重要步骤。

6.1.1 图像分割定义

图像分割是依据图像的灰度、颜色或几何性质将图像中具有特殊含义的不同区域区分开来,这些区域是互不相交的,每一个区域都满足特定区域的一致性。比如对同一物体的图像,一般需要将图像中属于该物体的像素(或物体特征像素点)从背景中分割出来,将属于不同物体的像素点分离开。广义来说,是根据图像的某些特征或特征集合(例如灰度、颜色、纹理等)的相似性准则对图像像素进行分组聚类,把图像平面划分成若干个具有某些一致性的不重叠区域。这使得同一区域中的像素特征是类似的,即具有一致性;而不同区域间像素的特征存在突变,即具有非一致性。

分割出来的区域应该同时满足:

(1) 分割出来的图像区域的均匀性和连通性。**均匀性**是指该区域中的所有像素点都满足基于灰度、纹理、彩色等特征的某种相似性准则;**连通性**是指该区域内存在连接任意两点的路径。

（2）相邻分割区域之间针对选定的某种差异显著性。

（3）分割区域边界应该规整，同时保证边缘的空间定位精度。

假设一幅图像中所有像素的集合为 F，有关均匀性的假设为 $P(\cdot)$。分割定义把 F 划分为若干子集 $\{S_1,S_2,\cdots,S_n\}$，其中每个子集都构成一个空间连通区域，数学描述为：

- $\bigcup\limits_{j=1}^{n} S_j = F$；
- $S_i \bigcap S_j = \Phi,(i \neq j)$；
- $P(S_j) = \mathrm{TRUE},(\forall j)$；
- $P(S_i \bigcup S_j) = \mathrm{FALSE},(i \neq j)$。

其中，Φ 为空集。

图像处理和机器视觉界的研究者们为了研究满足上述定义的分割算法做了长期的努力。图像分割的算法都是针对某一类型的图像或某一具体应用的，通用方法和策略仍面临巨大的困难，同时并不存在一个判断分割是否成功的客观标准，因此，图像分割被认为是计算机视觉中的一个"瓶颈"。

6.1.2 图像分割分类

图像区域内部的像素一般具有灰度相似性，而在区域之间的边界上一般具有灰度不连续性。所以分割算法可据此分为利用区域间灰度不连续性的边界方法和利用区域内灰度相似性的基于区域的算法。另外，根据分割过程中处理策略的不同，分割算法又可分为并行算法和串行算法。

区域和边界的表示是一个对偶问题，每个区域可以用封闭的边界来表示，而每个封闭的边界也表达了一个区域。但是由于各种基于边界和区域的算法的不同性质，它们就可能给出不同的结果和由此而来的不同信息。并行算法的优点是计算速度比较快，而串行算法对噪声的抵抗力比较强，见表 6-1。

表 6-1 图像分割分类表

分　类	边界（不连续性）（Boundary）	区域（相似性）（Region）
并行处理（Parallel）	PB	PR
串行处理（Serial）	SB	SR

6.2 边界分割技术

本节主要介绍边缘检测原理和一些典型的微分算子，如 Roberts 算子、Prewitt 算子、Sobel 算子等。

6.2.1 边缘检测

各类图像中，由于不同物体对电磁波的反射特性不同，在物体与背景、不同物体的交接处，图像的灰度将发生明显的变化，在图像中产生了边缘。边缘检测技术利用灰度的变化信息检测物体边缘,得到物体的轮廓,实现图像分割。边缘检测是所有基于边界的分割方法的第一步。

如图 6-1 所示,沿着剖面线从左到右经过时,在进入和离开斜面的变化点,一阶导数为正。在灰度级不变的区域,一阶导数为 0;在边缘与黑色一边相关的跃变点二阶导数为正数,在与亮色一边相关的跃变点二阶导数为负数,沿着斜坡和灰度为常数的区域为 0。

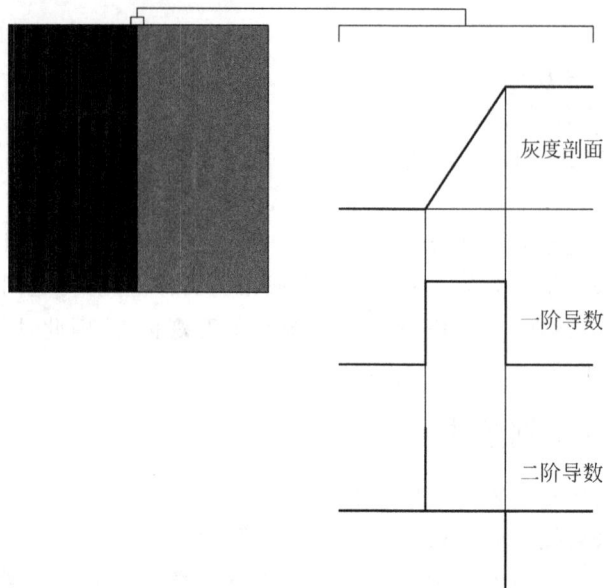

图 6-1　图像及其中间部分的灰度级剖平面和一阶与二阶导数的剖平面

一阶导数可以用于检测图像中的一个点是否是边缘点(数字图像中一阶导数用梯度计算);二阶导数可以用于判断一个边缘像素是在边缘亮的一边还是暗的一边(数字图像中二阶导数用拉普拉斯算子计算)。

为在噪声的影响下准确得到物体的边缘信息,需要先去噪,然后提取物体边缘。一般使用平滑模板或中值滤波等平滑滤波方法消除噪声;使用拉普拉斯、索贝尔等边缘提取模板突出物体的边缘,然后进行二值化处理,得到物体的边缘信息。

6.2.2　微分算子

边缘检测方法是人们研究得比较多的一种方法,人们通过检测图像中不同区域的边缘可以达到分割图像的目的。这种基于边缘检测的图像分割方法不依赖于已处理像素的结果,适于并行化,但缺点是对噪声敏感,而且当边缘像素值变化不明显时,容易产生假边界或不连续的边界。

边缘的检测可以借助空域微分算子通过卷积来完成,在数字图像中一般利用差分来近似微分,经常用到的一阶算子有 Sobel 算子等,二阶算子有 LOG 算子等。

1. 梯度算子

梯度对应于一阶导数,梯度算子是一阶导数算子。常用的梯度算子有 Roberts 算子、Prewitt 算子和 Sobel 算子等。

1) Roberts 算子

在阶跃边缘,对边缘点的一阶导数取极值。由此对数字图像 $f(i,j)$ 的每个像素取梯度值:

$$G(i,j) = \sqrt{\Delta_x f (i,j)^2 + \Delta_y f (i,j)^2} \tag{6-1}$$

适当取门限 TH_2 作如下判断:若 $G(i,j)>TH_2$,则 (i,j) 点为阶跃状边缘点,$G(i,j)$ 称为梯度算子的边缘图像。在有些问题中,只对边缘位置感兴趣,把边缘点标以"1",非边缘点标以"0",形成边缘二值图像。式(6-1)存在一种近似,称为 Roberts 算子。

Roberts 边缘检测算子是一种利用局部差分算子寻找边缘的算子。算子由式(6-2)给出:

$$g(i,j) = \{[f(i+1,j+1) - f(i,j)]^2 + [f(i+1,j) - f(i,j+1)]^2\}^{\frac{1}{2}} \tag{6-2}$$

Roberts 算子对于具有陡峭的低噪声的图像效果较好,它可以由以下两个 2×2 的模板共同实现,如图 6-2 所示。

$$\begin{bmatrix} 1 & 0 \\ 0 & -1 \end{bmatrix} \quad \begin{bmatrix} 0 & 1 \\ -1 & 0 \end{bmatrix}$$

图 6-2　Robert 模板

【例 6-1】 采用 Robert 算子进行图像的边缘检测。

```
% example6_1.m %
clear all; close all;
I = imread('rice.png');
I = im2double(I);
[J, thresh] = edge(I, 'roberts');
figure;
subplot(121); imshow(I);title('原图')
subplot(122); imshow(J);title('Roberts 边缘')
```

程序运行结果如图 6-3 所示。

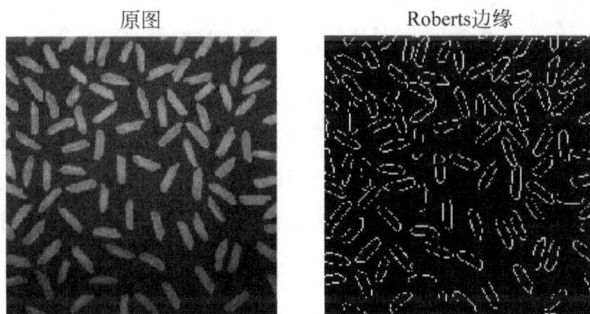

图 6-3　原图及 Robert 算子边缘提取图

2) Prewitt 算子

Prewitt 算子在 x 方向上的导数近似于它前后两行灰度之差,在 y 方向上的导数近似于上下两列灰度之差,定义 Prewitt 算子如下:

$$\begin{aligned} g_x(i,j) = &f(i+1,j+1) - f(i-1,j+1) + f(i+1,j) \\ &- f(i-1,j) + f(i+1,j-1) - f(i-1,j-1) \end{aligned} \tag{6-3}$$

$$g_y(i,j) = f(i+1,j+1) - f(i+1,j-1) + f(i,j+1)$$
$$- f(i,j-1) + f(i-1,j+1) - f(i-1,j-1) \tag{6-4}$$

它可以由以下两个 3×3 的模板共同实现,如图 6-4 所示。

$$\begin{bmatrix} -1 & -1 & -1 \\ 0 & 0 & 0 \\ 1 & 1 & 1 \end{bmatrix} \quad \begin{bmatrix} -1 & 0 & 1 \\ -1 & 0 & 1 \\ -1 & 0 & 1 \end{bmatrix}$$

图 6-4   Prewitt 模版

【例 6-2】 采用 Prewitt 算子进行图像的边缘检测。

```
% example6_2.m %
clear all; close all;
I = imread('cameraman.tif');
I = im2double(I);
[J, thresh] = edge(I, 'prewitt', [], 'both');
figure;
subplot(121); imshow(I);title('原图')
subplot(122); imshow(J);title('Prewitt 边缘')
```

程序运行结果如图 6-5 所示。

图 6-5   原图及 Prewitt 算子边缘提取图

3) Sobel 算子

Prewitt 算子对于噪声较小的阶跃形边界的提取非常有效。但是在实际的图像处理中有较大噪声的存在,Sobel 算子就是针对这个问题而提出的。

Sobel 算子对图像中的每个像素,考察上、下、左、右邻点灰度的加权差,与之接近的邻点的权值较大。据此,定义 Sobel 算子如下:

$$S(i,j) = |(f(i-1,j-1) - 2f(i-1,j) + f(i-1,j+1)) - (f(i+1,j-1)$$
$$- 2f(i+1,j) + f(i+1,j+1))| + |(f(i-1,j-1) - 2f(i,j-1)$$
$$+ f(i+1,j-1)) - (f(i+1,j+1) - 2f(i,j+1) + f(i+1,j+1))| \tag{6-5}$$

适当取门限 TH_S,作如下判断:若 $S(i,j) > TH_S$,则 (i,j) 为阶跃状边缘点,而 $\{S(i,j)\}$ 则是边缘图像。Sobel 算子具有一定的噪声抑制能力,检测效果较为理想,但所得边缘较粗,至少为两像素。

Sobel 算子通过对 Prewitt 模板的改进而产生,通过增加中心点的重要性而实现某种程度的平滑效果,如图 6-6 所示。

$$\begin{bmatrix} -1 & -2 & -1 \\ 0 & 0 & 0 \\ 1 & 2 & 1 \end{bmatrix} \quad \begin{bmatrix} -1 & 0 & 1 \\ -2 & 0 & 2 \\ -1 & 0 & 1 \end{bmatrix}$$

图 6-6　Sobel 模版

Prewitt 算子和 Sobel 算子是在实践中计算数字梯度时最常用的算法,Prewitt 模板实现起来比 Sobel 模板更为简单,但后者在噪声抑制特性方面比较好。

【例 6-3】 采用 Sobel 算子进行图像的边缘检测。

```
% example6_3.m %
clear all; close all;
I = imread('gantrycrane.png');
I = rgb2gray(I);
I = im2double(I);
[J, thresh] = edge(I, 'Sobel');
figure;
subplot(121); imshow(I);title('原图')
subplot(122); imshow(J);title('Sobel 边缘')
```

程序运行结果如图 6-7 所示。

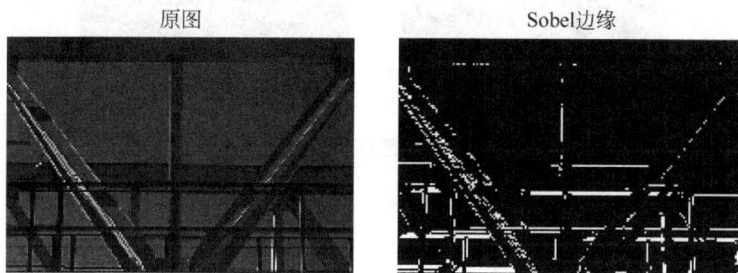

图 6-7　原图及 Sobel 算子边缘提取图

2. LOG 算子

拉普拉斯算子的性能虽然不错,但是要进行二阶微分的运算,会把图像中的噪声扩大。在实际应用中,通常都是先用高斯函数将图像进行预先平滑,然后用拉普拉斯算子找出图像中的陡峭边缘。这就是高斯型的拉普拉斯算子——LOG 算子。

图像的二阶导数使用拉普拉斯算子计算,对一个连续函数 $L(i,j)$,它在图像中位置 (i,j) 的拉普拉斯算子定义如下:

$$\nabla^2 L = \frac{\partial^2 L}{\partial i^2} + \frac{\partial^2 L}{\partial j^2} \tag{6-6}$$

拉普拉斯算子是无方向性的算子,它比前面几个梯度算子的计算量要小,因为只需用一个模板,且不必综合各模板的值。计算数字图像函数的拉普拉斯值也是借助各种模板卷积实现的。实现拉普拉斯算子的几种模板如图 6-8 所示:

$$\begin{vmatrix} 0 & 1 & 0 \\ 1 & -4 & 1 \\ 0 & 1 & 0 \end{vmatrix} \quad \begin{vmatrix} -1 & -1 & -1 \\ -1 & 8 & -1 \\ -1 & -1 & -1 \end{vmatrix}$$

图 6-8　LOG 模版

【例 6-4】 采用拉普拉斯算子进行图像的边缘检测。

```
% example6_4.m %
clear all; close all;
I = imread('cameraman.tif');
I = im2double(I);
J = imnoise(I, 'gaussian', 0, 0.005);
[K, thresh] = edge(J, 'log', [], 2.3);
figure;
subplot(121); imshow(J);title('原图')
subplot(122); imshow(K);title('拉普拉斯边缘')
```

程序运行结果如图 6-9 所示。

图 6-9　原图及拉普拉斯算子边缘提取图

6.3　区域分割技术

基于区域的分割方法,依赖于图像的空间局部特征,如灰度、纹理及其他像素统计特性的均匀性等。

6.3.1　原理与分类

基于阈值选取的图像分割方法是提取目标物体与背景在灰度上的差异,把图像分为具有不同灰度级的目标区域和背景区域的组合。阈值法对物体和背景对比较强的景物分割有着很强的优势,计算较为简单,并且可以用封闭和连通的边界定义不交叠的区域,是图像分割中最有效且实用的技术之一。根据获取最优分割阈值的途径可以把阈值法分为全局阈值法、动态阈值法、局部阈值法等。

最简单的利用取阈值方法来分割灰度图像的步骤如下:

(1) 为一幅灰度取值在 g_{min} 和 g_{max} 之间的图像确定一个灰度阈值 $T(g_{min}<T<g_{max})$;

(2) 将图像中的每个像素的灰度值与阈值 T 做比较,从而将图像区域分为两类,像素灰度值大于阈值的为一类,像素灰度值小于阈值的为另一类。

取阈值法输入图像到输出图像的映射如下:

$$g(i,j) = \begin{cases} 1 & f(i,j) \geqslant T \\ 0 & f(i,j) < T \end{cases} \tag{6-7}$$

其中，T 是阈值(threshold)。对于图像的目标像素 $g(i,j)=0$，对于图像的背景像素 $g(i,j)=1$。

以上算法采用一个阈值，称为**单阈值方法**，它将图像分为**目标**和**背景**两种区域。如果图像中有多个灰度值不同的区域，可以选择一系列阈值以将每个像素分到合适的类别中去，此时为**多阈值分割**。

在多阈值情况下，取阈值分割表示为：

$$g(x,y) = k \quad 当 \quad T_{k-1} < f(x,y) \leqslant T_k, \quad k = 0,1,\cdots K \tag{6-8}$$

其中，$T_0,T_1,\cdots,T_k$ 是一系列分割阈值；k 表示分割以后图像各个区域的标号。

多阈值分割后仍然包括多个(性质)不同的区域。阈值个数决定区域个数。

图 6-10 和图 6-11 分别给出了单阈值和多阈值示例。

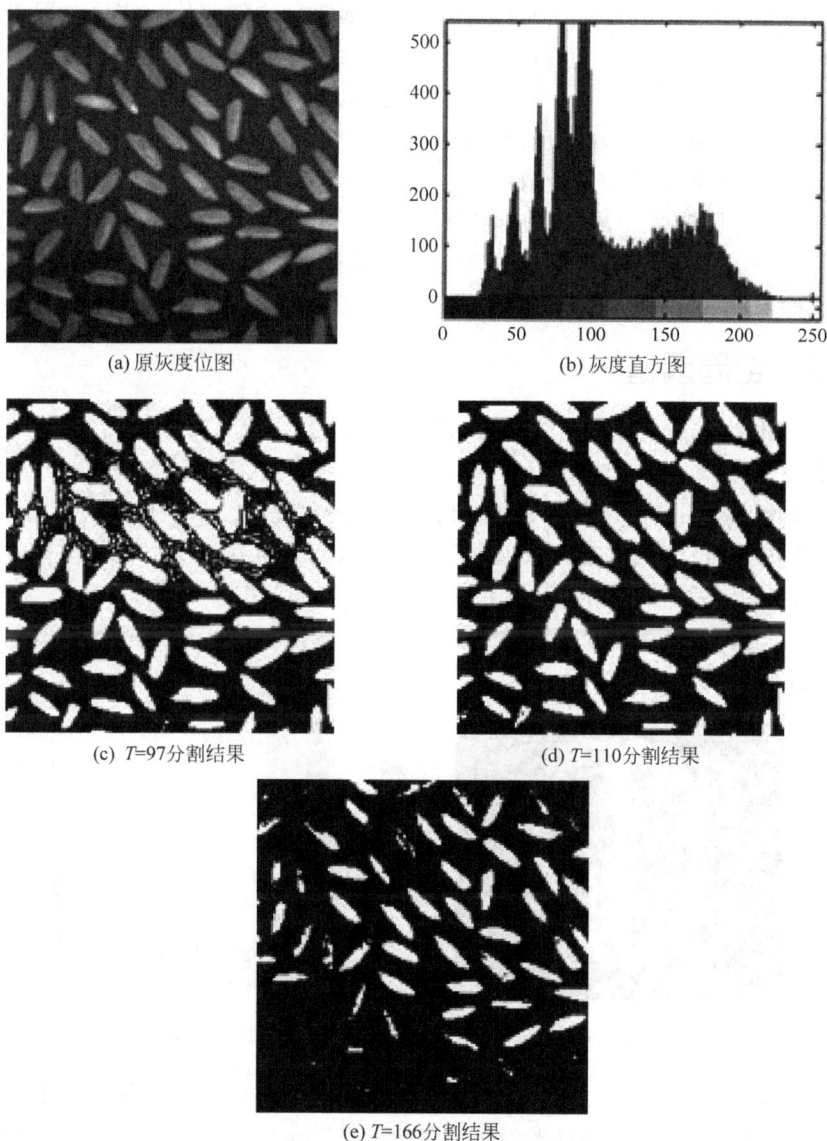

(a) 原灰度位图

(b) 灰度直方图

(c) $T=97$分割结果

(d) $T=110$分割结果

(e) $T=166$分割结果

图 6-10　单阈值分割效果图

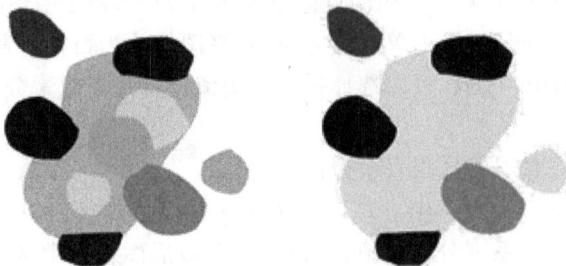

图 6-11　多阈值分割结果示意图

从上面的讨论可知,取阈值分割方法的关键是选取合适的阈值。阈值一般可写成如下形式:

$$T = T[x, y, f(x, y), p(x, y)] \tag{6-9}$$

其中, $f(x, y)$ 是在像素点 (x, y) 处的灰度值; $p(x, y)$ 是该点邻域的某种局部性质。借助式(6-9),可以将取阈值分割方法分成以下三类:

- 全局阈值:仅根据 $f(x, y)$ 来选取阈值;
- 局部阈值:根据 $f(x, y)$ 和 $p(x, y)$ 选取阈值;
- 动态阈值:除与 $f(x, y)$ 和 $p(x, y)$ 有关外,还与 x, y 有关。

6.3.2　全局阈值

对于全局阈值,本节主要介绍峰谷法和迭代阈值法。

1. 峰谷法

图像的灰度直方图是图像各像素灰度值的一种统计度量。最简单的阈值选取方法就是根据直方图来进行的。根据前面对图像模型的描述,如果对双峰直方图选取双峰之间的谷所对应的灰度值作为阈值,就可将目标和背景分开。

图 6-12 给出了一幅灰度位图和对应的灰度直方图,从直方图两峰之间可以选择一个阈值对图像进行分割。

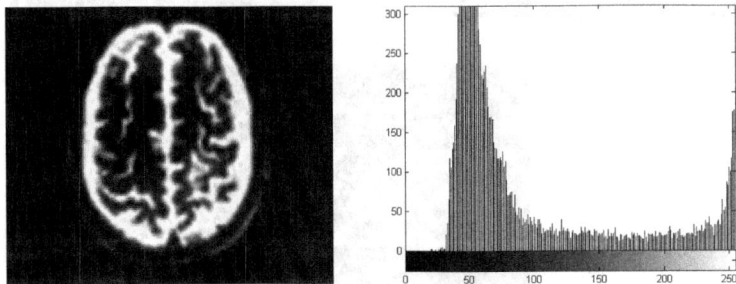

图 6-12　原始图像及灰度直方图分布结果示意图

峰谷法直接利用图像的灰度直方图,实现简单,运算量也小,但它有着自身固有的缺点:不适用于两峰值相差极大,有宽且平谷底的图像。在许多情况下,噪声干扰使谷的位置难以判定或者使结果不稳定。一种较为有效的改进方法是先对灰度直方图平滑,取两个峰值之间某个固定位置,如中间位置上。由于峰值代表的是目标区域内外的典型值,一般情况下,比选谷底更可靠,可排除噪音的干扰。

【例 6-5】 利用峰谷法实现图像 trees. tif 的目标分割。

```
% example6_5.m %
clear all; close all;
[X, map] = imread('trees.tif');
J = ind2gray(X, map);
K = im2bw(X, map, 0.4);
figure;
subplot(121); imshow(J); title('原图的灰度图像')
subplot(122); imshow(K); title('全局阈值分割图')
```

程序运行结果如图 6-13 所示。

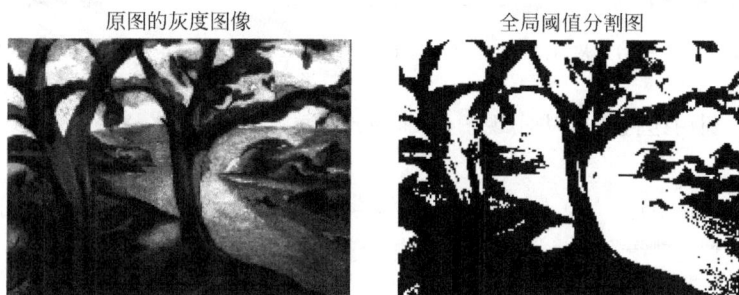

原图的灰度图像 全局阈值分割图

图 6-13 原始图像及峰谷法分割图

2. 迭代阈值法

迭代算法是一种全局阈值二值化方法。该方法首先选取一初始阈值,其值取为图像的最大灰度值与最小灰度值的均值,根据该阈值将图像二值化为目标与背景,然后以目标和背景的平均期望值作为新的阈值,对图像重新二值化,如此不断迭代。当阈值不再变化时,停止迭代。一般迭代几次后即可达到稳定状态。迭代算法具体过程如下:

首先计算初始阈值 $g_0 = \dfrac{(g_{\max} + g_{\min})}{2}$,其中,$g_{\max}$ 和 $g_{\min}$ 分别是文本图像的灰度最大值和灰度最小值。根据 g_0 把图像中的像素点分成大于 g_0 和小于 g_0 的两部分,分别求它们的期望值,取 g_1 为它们期望的平均值。如此反复迭代,当 $|g_n - g_{n-1}|$ 足够小时,取 $T = g_n$,T 即为全局二值化的阈值。有:

$$T = \lim_{n \to \infty} \frac{m_f(g_n) + m_b(g_n)}{2} \tag{6-10}$$

其中,$m_f(g_n) = \dfrac{\sum\limits_{g=0}^{g_n} g p(g)}{\sum\limits_{g=0}^{g_n} p(g)}$,$m_b(g_n) = \dfrac{\sum\limits_{g=g_n+1}^{G} g p(g)}{\sum\limits_{g=g_n+1}^{G} p(g)}$,$g$ 为图像的灰度值;G 为图像的最高灰度值;$m_f(g_n)$ 为目标期望值,$m_b(g_n)$ 为背景期望值。

图 6-14 和图 6-15 分别给出了灰度指纹图像及对其利用迭代阈值法的结果。

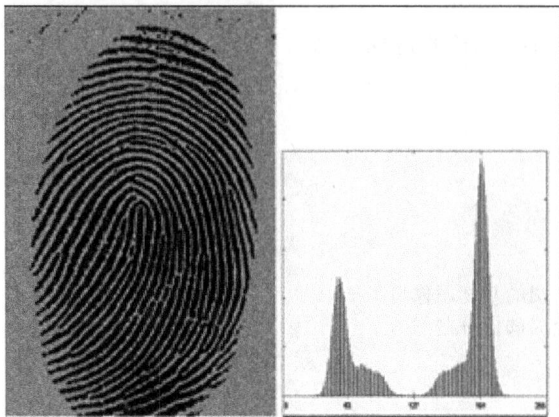

图 6-14　原始灰度位图及对应灰度直方图　　　　图 6-15　迭代阈值法结果

【例 6-6】　利用迭代阈值法实现图像 cameraman. tif 的目标分割。

```
% example6_6.m %
clear all; close all;
I = imread('cameraman.tif');
I = im2double(I);
T0 = 0.01;
T1 = (min(I(:)) + max(I(:)))/2;
r1 = find(I > T1);
r2 = find(I < = T1);
T2 = (mean(I(r1)) + mean(I(r2)))/2;
while abs(T2 - T1) < T0
    T1 = T2;
    r1 = find(I > T1);
    r2 = find(I < = T1);
    T2 = (mean(I(r1)) + mean(I(r2)))/2;
end
J = im2bw(I, T2);
figure;
subplot(121); imshow(I); title('原图')
subplot(122); imshow(J); title('迭代阈值分割图')
```

程序运行结果如图 6-16 所示。

图 6-16　原始图像及迭代阈值分割图

6.4 综合实例：红外车辆目标的分割

图像分割是一种将图像分割成为若干个有意义区域的图像处理技术。它是图像处理和分析的关键技术，也是一个经典难题，因为只有在分割完成后，才能对分割出来的目标进行识别、分类定位。红外车辆目标图像固有的特殊性使其分割更加困难，主要体现在：①红外成像为热源成像，图像中目标和边界均模糊不清；②目标自身并无明显形状、尺寸、纹理等信息可以利用；③目标的成像面积小，往往伴随着信号强度弱，目标分割要在低信噪比条件下进行；④车辆战场背景条件复杂，致使获得的红外车辆目标图像的对比度低，分割困难。

针对红外图像的特点，目前已经有很多学者提出了各种有效的方法，如分水岭算法、蚁群算法和模糊熵理论相结合法、基于二维 OTSU 和遗传算法的红外图像分割等。在参考大量文献的基础上，本节提出了一种基于遗传算法的红外车辆目标图像的自动分割方法；这种方法提取图像的感兴趣区域以大大提高运算速度；模糊增强图像以强调我们感兴趣的车辆区域；二维 OTSU 算法不仅考虑了图像的灰度信息，还关注邻域空间的相关信息，使图像的分割更加精确；确定一个最佳阈值范围再结合遗传算法全局搜索最优解的能力可以大大降低运算时间，提高分割效率；模糊边缘检测可以弥补二维 OTSU 图像分割的不足；最后把二维 OTSU 方法分割的图像与模糊边缘提取得到的边缘图像进行或运算后填充即得到最终的车辆目标分割图像[1]。本方法的总体框架示意图如图 6-17 所示。

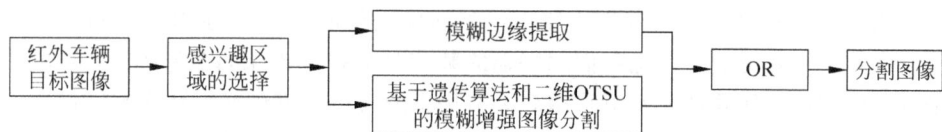

图 6-17 红外车辆目标图像自动分割的总体框架示意图

6.4.1 感兴趣区域的选择

所谓的感兴趣区域（Region Of Interest，ROI），就是包含目标的区域；毫无疑问，该区域越小，之后步骤的运算量就越小。本节参考文献[2]给出了简单且有效的 ROI 获取方法。目标和观测者的距离可利用安装在车辆上的激光测距机来测量，根据这个距离能够估计目标的最小和最大高和宽。另外对于红外图像，一般假设目标亮度高于背景亮度，所以令 $His(g)$ 表示红外图像的直方图，其中 g 表示图像中像素点的灰度值，根据 P-Tile 阈值法可以确定全局阈值：

$$T_{\mathrm{global}} = \arg \max_t \sum_{g=0}^{t} His(g) \leqslant (HW - H_{\min}W_{\min}) \tag{6-11}$$

式（6-11）中 $H_{\min}$ 和 $W_{\min}$ 分别表示根据先验知识确定的目标的最小宽和高，H 和 W 分别为原始图像的高和宽。确定的全局阈值 T_{global} 对原始红外图像进行二值化后，再利用"8 邻域"法对阈值化后的二值图像进行标记，并选择其中最大区域作为参考区域 R_r。在感兴趣区域中，除了参考区域 R_r 外都是背景区域 R_b。然后根据 R_r 和给定的目标的最大高和宽 $H_{\max}$ 和 $W_{\max}$ 确定感兴趣区域，这个过程如图 6-18 所示。图 6-19 给出了一幅红外坦克图像感兴趣区域的选择过程,之后的图像处理就可以仅仅针对感兴趣区域,从而大大提高运算速度。

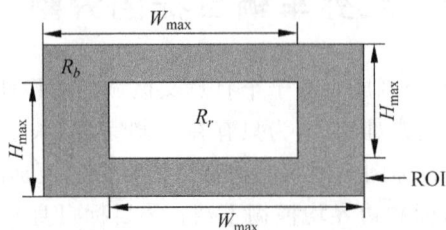

图 6-18　感兴趣区域的选择

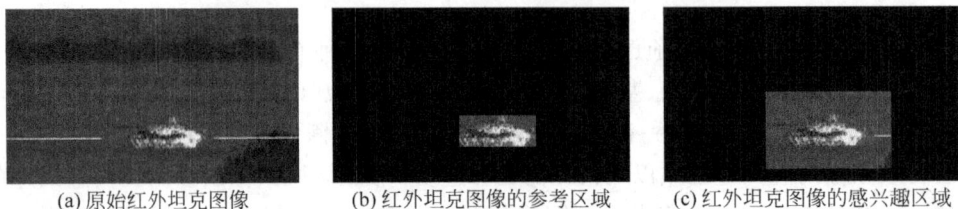

(a) 原始红外坦克图像　　　(b) 红外坦克图像的参考区域　　　(c) 红外坦克图像的感兴趣区域

图 6-19　红外坦克图像感兴趣区域的选择

6.4.2　基于遗传算法的二维 OTSU 的图像分割

1. 红外车辆目标图像的自适应模糊增强

图像增强就是通过一定的处理手段对原始图像进行加工,以得到质量更好的图像;将原来不清楚的图像变得清晰或把我们感兴趣的某些特征强调出来,以改善图像的视觉效果或便于对图像进行其他处理。本节采用 3.3 节提出的自适应模糊增强技术来增强红外车辆目标图像,实现红外车辆目标图像的自动对比度增强。其实验结果如图 6-20 所示。其中图 6-20(a)为输入图像,图 6-20(b)是自动搜索得到非线性变换曲线,其中 $\alpha = 8.3771$,$\beta = 9.2914$。图 6-20(c)是图 6-20(a)图增强效果图。图 6-20(d)～图 6-20(f)与图 6-20(a)～图 6-20(c)。依次对应,并且图 6-20(e)的 $\alpha = 4.1885$,$\beta = 9.8930$。

从图 6-20 的红外车辆目标图像的自适应模糊增强效果图可以看出,图 6-20(a)的图像增强效果特别明显,图 6-20(a)的炮塔在增强后更加清晰,坦克其他部位的对比度也特别明显。特别是对于图 6-20(d),其输入图像质量很差,人的视觉都无法清楚地看到左上角的炮塔,而从增强后的图 6-20(f)我们可以很清晰地看到。因此本节选择了首先采用此方法来进行红外车辆目标图像的预处理增强。

2. 基于二维 OTSU 和遗传算法的红外车辆目标分割

1) 二维 OTSU 方法分割

设图像的灰度范围为 0～$(L-1)$ 级,那么像素的邻域平均灰度范围也为 0～$(L-1)$ 级。令图像中坐标 (x,y) 的像素点的灰度值为 $f(x,y)$,定义点 (x,y) 的邻域平均灰度 $g(x,y)$ 为:

$$g(x,y) = \frac{1}{B \times B} \sum_{i=-(B-1)/2}^{(B-1)/2} \sum_{j=-(B-1)/2}^{(B-1)/2} f(x+i, y+j) \qquad (6-12)$$

其中,B 表示像素点 $f(x,y)$ 的正方形邻域的宽度,一般取奇数,本节取 B 为 5。

(a) 原图

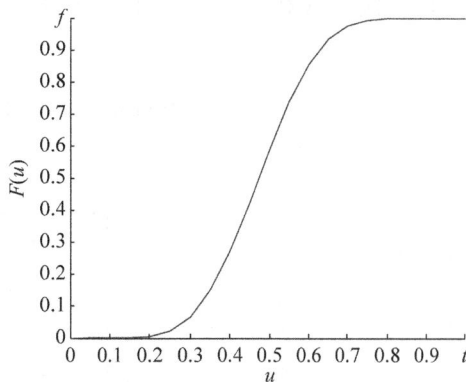

(b) 非线性变换曲线

(c) (a)图图像增强

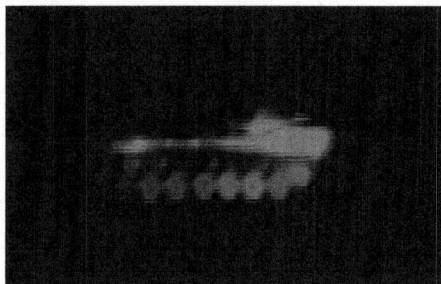

(d) 原图

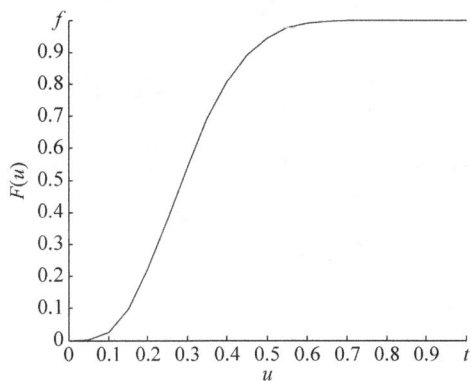

(e) 非线性变换曲线

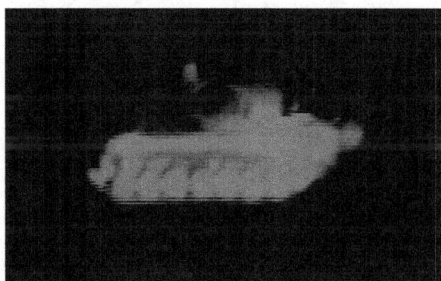

(f) (a)图图像增强

图 6-20 红外车辆目标图像的自适应模糊增强效果图

可以利用 $f(x,y)$ 和 $g(x,y)$ 组成的二元组 (i,j) 来表示图像。若二元组 (i,j) 出现的频数为 $f(i,j)$,则对于一幅 $M \times N$ 的图像来说,相应的联合概率密度 $p(i,j)$ 为:

$$p(i,j) = f(i,j)/(M \times N) \tag{6-13}$$

其中,$O < i, j < (L-1)$。则:

$$\sum_{i=0}^{L-1} \sum_{j=0}^{L-1} p_{ij} = 1 \tag{6-14}$$

令二维矢量 (S,T) 为阈值,可将图像的二维直方图分成 4 个区域,如图 6-21 所示。根据同态性,在目标和背景处,像素的灰度值和领域的平均灰度值接近,在目标和背景的分界领域,像素的灰度值和邻域的平均灰度值之差较大。因此目标和背景中的像素会出现在对角线周围。区域 A 代表背景,区域 B 代表目标;远离对角线的 C 和 D 代表可能的边缘和噪声。

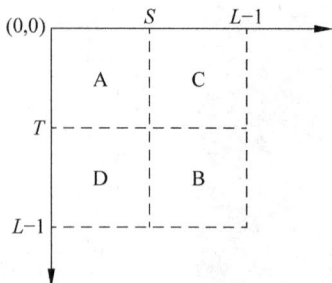

图 6-21   图像的二维直方图定义域

用两类 C_0 和 C_1 来代表背景和目标,则它们出现的概率分布分别为:

$$W_0 = P_r(C_0) = \sum_{i=0}^{S} \sum_{j=0}^{T} P_{ij} = W_0(S,T)$$

$$W_1 = P_r(C_1) = \sum_{i=S+1}^{L-1} \sum_{j=S+1}^{L-1} P_{ij} = W_1(S,T)$$

$(6\text{-}15)$

其中,W_0 表示背景发生的概率;W_1 表示目标发生的概率。背景和目标对应的均值矢量为:

$$u_0 = (u_{0i} u_{0j})^T = \left[\sum_{i=0}^{S} \sum_{j=0}^{T} i p_{ij}/W_0(S,T) \quad \sum_{i=0}^{S} \sum_{j=0}^{T} j p_{ij}/W_0(S,T) \right]^T$$

$$u_1 = (u_{1i} u_{1j})^T = \left[\sum_{i=S+1}^{L-1} \sum_{j=T+1}^{L-1} i p_{ij}/W_1(S,T) \quad \sum_{i=S+1}^{L-1} \sum_{j=T+1}^{L-1} j p_{ij}/W_1(S,T) \right]^T$$

$(6\text{-}16)$

由于远离直方图的对角线的概率可忽略不计,则 $W_0 + W_1 \approx 1$,总体均值 u_z 可表示为:

$$u_z = (u_{zi} u_{zj})^T = \left[\sum_{i=0}^{L-1} \sum_{j=0}^{L-1} i p_{ij} \quad \sum_{i=0}^{L-1} \sum_{j=0}^{L-1} j p_{ij} \right]^T = W_0 u_0 + W_1 u_1 \qquad (6\text{-}17)$$

定义一个目标和背景类间的离散测度矩阵:

$$\sigma B = \sum_{k=0}^{L} P_r(C_k) \left[(u_k - u_z)(u_k - u_z)^T \right]$$

$$= W_0 \left[(u_0 - u_z)(u_0 - u_z)^T \right] + W_1 \left[(u_1 - u_z)(u_1 - u_z)^T \right]$$

$(6\text{-}18)$

则采用矩阵 σB 的迹 $\mathrm{tr}\sigma B$ 作为目标和背景的距离测度函数:

$$\mathrm{tr}\sigma B = W_0 \left[(u_{0i} - u_{zi})^2 + (u_{0j} - u_{zj})^2 \right] + W_1 \left[(u_{1i} - u_{zi})^2 + (u_{1j} - u_{zj})^2 \right]$$

$$= \left[(W_0(S,T)u_{zi} - u_i(S,T))^2 + (W_0(S,T)u_{zj} \right.$$

$$\left. - u_j(S,T))^2 \right] / \left[W_0(S,T)(1 - W_0(S,T)) \right]$$

$(6\text{-}19)$

显然,$\mathrm{tr}\sigma B(S,T)$ 只和 $W_0(S,T)$,$u_i(S,T)$, $u_j(S,T)$ 三个量有关,其中:

$$W_0(S,T) = \sum_{i=0}^{S} \sum_{j=0}^{T} p_{ij}; \quad u_i(S,T) = \sum_{i=0}^{S} \sum_{j=0}^{T} i p_{ij}; \quad u_j(S,T) = \sum_{i=0}^{S} \sum_{j=0}^{T} j p_{ij} \quad (6\text{-}20)$$

二维 OTSU 图像分割法的阈值 (S_0, T_0) 取在 $\mathrm{tr}\sigma B(S,T)$ 为最大时,即:

$$\mathrm{tr}\sigma B(S_0, T_0) = \mathrm{Max}\{\mathrm{tr}\sigma B(S,T)\} \quad 0 \leqslant S, T \leqslant 1 \qquad (6\text{-}21)$$

用二维 OTSU 法分割图像,不足之处在于计算量太大,对任意 (S,T),测度函数中三个

变量 $W_0(S,T)$，$u_i(S,T)$，$u_j(S,T)$ 都要累积求和，且遍历全部 S 和 T，计算复杂度大约为 $O(L^4)$。故本节寻找出了 ROI 的最佳阈值范围，并利用遗传算法全局搜索最优解的能力，来降低运算时间，提高分割效率。

2）ROI 分割的最佳阈值范围的确定

如果能够确定 ROI 的最佳阈值范围，在此范围内用遗传算法寻找最佳的分割阈值 (S_0,T_0) 将大大加快遗传算法的速度。

假设一幅图像大小为 $M\times N$，灰度值分为 $0,1,\cdots,L-1$ 级，则初始阈值为：

$$T_0 = \frac{\sum_{x=0}^{M-1}\sum_{y=0}^{N-1} f(x,y)}{K} \tag{6-22}$$

式中，$f(x,y)$ 为点 (x,y) 的灰度值；$K=M\times N$ 为总像素数。

初始阈值 T_0 将图像分割成两部分，基于红外图像的特点，目标的亮度一般高于背景，设大于 T_0 的部分为目标区域 B，计算 B 的灰度均值，即：

$$T_{B_1} = \frac{\sum\sum f_{B_1}(x,y)}{N_{B_1}} \tag{6-23}$$

式中，$f_{B_1}(x,y)$ 为经初始阈值 T_0 分割后区域 B 的各点的灰度值；N_{B_1} 为区域 B 的总像素数。对于红外图像的实际复杂场景中，背景的灰度还可能高于某些目标灰度，利用初始阈值分割图像，可能将部分亮背景错判为目标，即目标的灰度值必高于初始阈值 T_0，所以可将 T_0 设定为阈值的下限，这样可以保证目标分割的完整性。阈值上限的确定，我们希望可以利用初始阈值 T_0 分割后的图像，使得目标所占比例增大，分割区域灰度均值 T_B 增高。通过实际实验情况，可以看到，图像灰度高于 T_B 值的点必为目标点。因此，可以将阈值的上限确定为 T_B，至此确定了最佳的阈值范围为 $[T_0 \quad T_B]$。

求出图像最佳的阈值范围，不仅能减少运算量，而且由于下限除去了大量暗背景，上限除去了部分亮目标，在所剩下的目标或背景的像素中，目标和背景所占比例相差不大，可以结合二维 OTSU 原理并利用遗传算法在此阈值范围内自动搜索最佳分割阈值以进行红外车辆目标图像的自动分割。

3）遗传算法与二维 OTSU 结合确定最佳分割阈值

遗传算法（Genetic Algorithm，GA）是模拟自然界生物进化过程的计算模型，依据优胜劣汰的原则，对需要优化的群体进行基于遗传学的操作，不断生成新的优化了的群体，以求得满足要求的最优解。遗传算法通过目标函数进行计算，对问题的依赖性小，而且对适应度函数基本无限制，适用范围广；它从多个初始点进行并行操作，大大提高计算速度，搜索效率高。对二维 OTSU 法求解阈值的过程其实就是寻找使式（6-21）取最大值时的分割阈值 (S_0,T_0)，因此这一搜索最优解的过程完全可以使用把式（6-21）作为适应度函数的遗传算法来完成。遗传算法的 3 种基本算子是：选择、交叉和变异。

（1）选择。本节采用轮盘赌法选择，用式（6-24）计算种群中个体 i 的选择概率：

$$P_i = \frac{f_i}{\sum_{i=1}^{N} f_i} = \frac{f_i}{f_{\text{sum}}} \tag{6-24}$$

式中，f_i 为个体 i 的适应度；f_{sum} 为种群的总适应度；P_i 为个体的选择概率。可见，适应度

f 高的个体,被复制的可能性就大。

(2) 交叉和变异。交叉就是在个体串中找到一个交叉点,实行交叉时,该点前或后的两个个体的部分结构进行互换,并生成两个新个体。就二值码串而言,变异操作就是把某些基因座上的基因值取反,即 1 取为 0 或将 0 取为 1。

(3) 交叉率与变异率的自适应选择。

交叉概率 P_c 和变异概率 P_m 的选择是影响算法行为和性能的关键,直接影响算法的收敛性。一般的遗传算法 P_c 和 P_m 在初始化时根据具体的情况选择适当的大小,而此处采用自适应的方法针对不同的染色体采用不同的 P_c 和 P_m,计算公式如下:

$$P_c = \begin{cases} P_{c1} - [(P_{c1} - P_{c2})(f' - f_{avg})]/(f_{max} - f_{avg}), & f' \geqslant f_{avg} \\ P_{c1} & f' < f_{avg} \end{cases} \tag{6-25}$$

$$P_m = \begin{cases} P_{m1} - [(P_{m1} - P_{m2})(f_{max} - f_{avg})]/(f_{max} - f_{avg}), & f \geqslant f_{avg} \\ P_{m1} & f < f_{avg} \end{cases} \tag{6-26}$$

其中,f_{max} 表示群体中最大的适应度值;f_{avg} 表示每代群体的平均适应度值;f' 表示要交叉的两个个体中较大的适应度值;f 表示要变异个体的适应度值;P_{c1}、P_{c2}、P_{m1}、P_{m2} 为常数,其中 $P_{c1} > P_{c2}$,$P_{m1} > P_{m2}$。由式(6-25)和式(6-26)可看出,当个体的适应度较小时,采用较大的交叉概率和变异概率,鼓励通过交叉和变异操作产生新的个体;当个体的适应度较大时,采用较小的交叉概率和变异概率,从而可保留优良的个体。

遗传算法的算子有很多,为简单起见,实验仅选择上述 3 个基本算子,而且它们已经满足了实验要求;另外,在遗传算法的编码问题上,本节采用浮点实数进行编码,精度为 $1 \times e^{-6}$,每条染色体包含两个基因段 S 和 T。种群数设定为 $M = 30$,进化代数为 30 代。其中其设定值主要是考虑到 ROI 本身已经包含大量数据,而每一代群体的 M 个个体又关系到 M 幅图像,大大增加的数据量会造成运算速度缓慢,因此选取较小的 M 取值,此时的遗传算法种群是小种群,实验发现一般情况下进化几代遗传算法就能找到最优解。

6.4.3 红外车辆目标图像的模糊边缘检测

本节采用缩短模糊边缘宽度的方法来提取模糊边缘,它不需要进行图像的模糊增强,而是基于灰度图像形态学的原理,以缩短模糊边缘宽度来提取模糊边缘。为了更清晰地说明其算法原理,以一维信号为例,如图 6-22 所示。

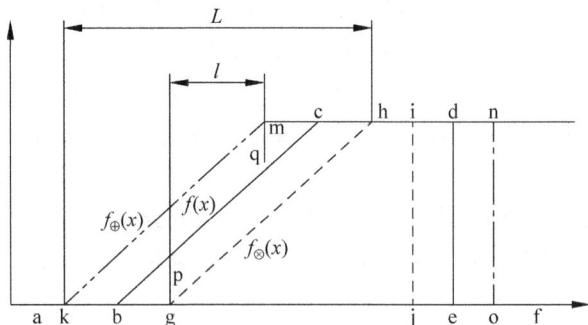

图 6-22 算法原理示意图

在图 6-22 中,设斜坡边缘为 bc,阶跃边缘为 de,结构元素为 B,原始信号 $f(x)$ 为 abcdef,即图中的实线。腐蚀后的斜坡边缘为 gh,阶跃边缘为 ij,腐蚀后的信号为 aghijf,即图中的虚线。膨胀后的斜坡边缘为 km,阶跃边缘为 no,膨胀后的信号为 akmnof,即图中的点线。

从图 6-22 可以看出:膨胀和腐蚀都没有改变斜坡边缘的斜率,这意味着如果对膨胀或腐蚀后的斜坡边缘进行边缘提取和对原来的斜坡边缘进行边缘提取是一样的,但是如果进行以下操作:

$$f'(x) = \begin{cases} f_{\oplus}(x) & f(x) \geqslant (f_{\oplus}(x) + f_{\otimes}(x))/2 \\ f_{\otimes}(x) & f(x) \leqslant (f_{\oplus}(x) + f_{\otimes}(x))/2 \end{cases} \qquad (6\text{-}27)$$

则得到的信号 $f'(x)$ 为图 6-22 中的 agpqmdef,进行上述操作时我们把斜坡边缘的宽度 L 减小到了 l,提高了斜坡边缘的斜率,更有利于进行边缘提取。

操作得到的 $f'(x)$ 在 pq 段很有可能不会刚好是 $f'(x) = f(x)$,得到的结果有可能是在 pq 段,有的点取的值是 $f_{\oplus}(x)$,有的点取的值是 $f_{\otimes}(x)$。不过这没有关系,我们只考虑斜坡的两端,可以看出,如果再次进行上述操作,斜坡接近平坦区域的两端都将变成平坦区域,而阶跃边缘不会受到操作的影响,因此,我们有足够的理由相信经过有限次上述操作后,斜坡边缘将变成阶跃边缘。这个操作有两个明显的优点:

(1) 使得模糊边缘能够更容易提取出来。

(2) 使得原来提取出的较粗的边缘得到细化。

为了提高计算效率,在第一次操作中,如果在某点 x,$f_{\oplus}(x) - f_{\otimes}(x) < \delta$,则认为该点附近不存在边缘,该点应是位于平坦区域中的点,没有必要再对它进行处理,毕竟边缘点的个数相对于整幅图像的所有点的个数是很小的。

6.4.4 实验结果

综上所述,本节先提取红外车辆目标图像的 ROI 区域,然后对感兴趣区域图像进行模糊增强,借助于二维 OTSU 原理和遗传算法在选定阈值范围内自动搜索最佳分割阈值以对提前的感兴趣区域进行自动分割;为了弥补单独利用二维 OTSU 方法分割的不足,采用缩短模糊边缘宽度的方法来提取感兴趣区域红外车辆目标图像的边缘;最后把二维 OTSU 方法分割的图像与模糊边缘提取得到的边缘图像进行或运算后进行填充以得到最终的车辆目标分割图像。为了证明此新算法的分割效果,把它与一维 OTSU 分割方法和本章参考文献[3]提出的分割方法进行实验对比分析。

在图 6-23 中,图 6-23(a)为对输入的红外车辆目标图像提取的 ROI 的区域,其大小仅为 87×142,数据量只有原输入图像的 1/4;图 6-23(b)为进行一维 OTSU 分割后的图像;图 6-23(c)为基于二维 OTSU 算法得到的分割图像;图 6-23(d)为应用本节提出的算法得到的红外目标车辆分割图像。

从实验结果可以看出一维 OTSU 算法得到的分割图像效果最差,虽然它对普通图像甚至对直方图没有明显双峰的图像一般都能取得较好的分割结果,但在此处分割效果较差,未能分割出目标的主体;图 6-23(c)的分割效果较好,分割出了红外车辆目标图像的主体,但它却没有分割出坦克的炮塔;图 6-23(d)所示的分割效果显然是最好的,坦克主体得到了最

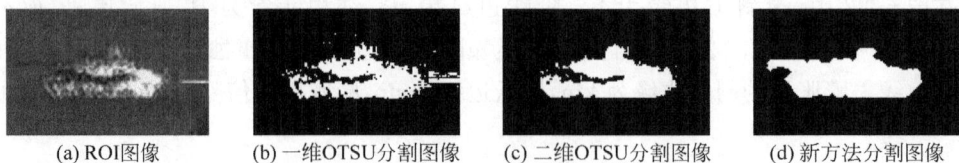

(a) ROI图像   (b) 一维OTSU分割图像   (c) 二维OTSU分割图像   (d) 新方法分割图像

图 6-23　分割效果图 1

完整的分割。

为了进一步说明本节方法对红外车辆目标图像的分割效果,再选取一幅图像进行实验,如图 6-24 所示。其输入的红外车辆目标图像质量更差,如图 6-24(a)所示。新方法依然对其主体进行了较完整的分割,分割效果很好,如图 6-24(d)所示。

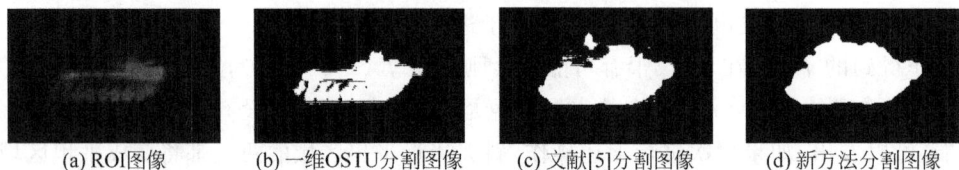

(a) ROI图像   (b) 一维OSTU分割图像   (c) 文献[5]分割图像   (d) 新方法分割图像

图 6-24　分割效果图 2

限于篇幅,只列举这两幅红外车辆目标图像的分割效果图,实际上对大量的红外车辆目标图像进行实验都证明本节提出的新方法是一个很好的红外车辆目标图像分割方法。

6.4.5　MATLAB 程序实现

根据前面的理论分析,整个程序主要包括 6 大部分:图像感兴趣区域的选择;遗传分割适应度函数的设计;基于遗传算法的模糊分割的主调函数;遗传算法分割后的图像;边缘分割图像;结合模糊分割和边缘信息进行图像分割。具体代码如下:

1. 图像感兴趣区域的选择

```
%% example6_4_5_1.m %
clear all; close all;
%% 对于一幅图像的感兴趣区域获取
  Input_Image1 = imread('tank300.bmp');

  Input_Image = Input_Image1(3:end - 3,3:end - 3);
  figure(1);
  imshow(Input_Image);
  % title('原始图像');
  [h g] = imhist(Input_Image);          % h 为像素个数,g 为灰度级
  ff = double(Input_Image);
  %/////////选择感兴趣区域具体程序段/////////////////////
  [M N] = size(Input_Image);

  % 输入 300,得到初始阈值 tg
  tg = 0;
  for a = 1:255
      if (h(a)>300)&(h(a + 1)<300)
```

```
            if tg < a
                tg = a;
            end
        end
end

%%%%%%%%%%%%%%%%%%%%%%%//查找[tg,tg+10]之间的最小值,确定阈值 tg
sign = 1000;
for a = tg:tg + 10
    if h(a) < sign
        sign = h(a);
        tg = a;
    end
end

    % 根据所确定的全局阈值将原图像变成二值图像
    X = zeros(M, N);
    for i = 1:M
        for j = 1:N
            if Input_Image(i, j) >= tg
                X(i, j) = 1;
            else
                X(i, j) = 0;
            end
        end
    end
    X = X~ = 0;

    % 标记连接成分(8 邻域)
    [LX XNum] = bwlabeln(X, 8);
    size(LX);

    % 以伪彩色的形式显示标记图像
    RGBX = label2rgb(LX, @jet, 'k');

    figure(2);
    subplot(221); imshow(Input_Image); title('原始图像');
    subplot(222); imhist(Input_Image); title('原始图像直方图');
    subplot(223); imshow(X); title('原始图像二值图');
    subplot(224); imshow(RGBX); title('标记图像');
    % //////////////////////////////////////////////////////////////
    % 寻找最大区域作为参考区域
    [r1 c1] = find(LX == 1);
    [a b] = size(r1);
    MaxRegion = a;
    Max_Region_flag = 1;
    Max_Region_r = r1;
    Max_Region_c = c1;
    for i = 2:XNum
        [r,c] = find(LX == i);
        [a b] = size(r);
```

```
        if a > MaxRegion
            MaxRegion = a;
            Max_Region_flag = i;
            Max_Region_r = r;
            Max_Region_c = c;
        end
    end
end
% 确定参考区域的四个顶点坐标

rmin = min(min(Max_Region_r));
rmax = max(max(Max_Region_r));
cmin = min(min(Max_Region_c));
cmax = max(max(Max_Region_c));

% 确定参考区域的行数和列数
Ref_row = rmax - rmin + 1;
Ref_column = cmax - cmin + 1;

% 将参考区域图像赋给一个新的图像矩阵 Ref_Image
Ref_Image = zeros(M,N);
for i = 1:M
    for j = 1:N
        if(i > rmin & i < rmax & j > cmin & j < cmax)
        Ref_Image(i,j) = Input_Image(i,j);
        else
        Ref_Image(i,j) = 0;
        end
    end
end
figure(3);
imshow(uint8(Ref_Image));
% title('参考区域');

% 确定参考区域的宽和高
Ref_Height = rmax - rmin + 1;
Ref_Width = cmax - cmin + 1;

% 确定感兴趣区域的宽和高以及四个顶点的坐标
ROI_Height = 0.7 * Ref_Height;
ROI_Width = 0.3 * Ref_Width;
ROIminr = rmin - ROI_Height;
ROImaxr = rmax + ROI_Height;
ROIminc = cmin - ROI_Width;
ROImaxc = cmax + ROI_Width;

% 转换为整数
ROImaxr = round(ROImaxr);
ROIminr = round(ROIminr);
ROImaxc = round(ROImaxc);
ROIminc = round(ROIminc);
% 处理边界问题
```

```
if ROIminr < 0
    ROIminr = 1;
end
if ROImaxr > M
    ROImaxr = M;
end
if ROIminc < 0
    ROIminc = 1;
end
if ROImaxc > N
    ROImaxc = N;
end

% 将感兴趣区域图像赋给一个新的图像矩阵 ROI_Image
ROI_Image = zeros(M, N);
for i = 1:M
    for j = 1:N
        if(i > ROIminr & i < ROImaxr & j > ROIminc & j < ROImaxc)
        ROI_Image(i, j) = Input_Image(i, j);
        else
        ROI_Image(i, j) = 0;
        end
    end
end

% 显示感兴趣区域图像
figure(4);
ww = uint8(ROI_Image);
imshow(ww);
title('感兴趣区域');
imwrite(ww(ROIminr + 1:ROImaxr − 1, ROIminc + 1:ROImaxc − 1), 'tank333.bmp');
% /////////////////////////////////////
TWO_Image = zeros(M, N);
for i = 1:M
    for j = 1:N
        if(i > ROIminr & i < ROImaxr & j > ROIminc & j < ROImaxc)
            if Input_Image(i, j)> = tg
             TWO_Image(i, j) = 255;
            else
             TWO_Image(i, j) = 0;
            end
        else
        TWO_Image(i, j) = 0;
        end
    end
end
figure(5);
imshow(uint8(TWO_Image));
title('二值化感兴趣区域');
```

2. 遗传分割适应度函数的设计

```matlab
%%fitnessOtsu1.m%
clear all; close all;
function [sol eval] = fitnessOtsu1(sol,options)
%%遗传分割的适应度函数,example6_4_5_3.m的调用函数
s = sol(1);
t = sol(2);
s = round(s);
t = round(t);

%选择的增强图像 X,增强后的图像进行分割效果更好
  X = imread('tank11wo8pic1.bmp');                        %遗传增强后的 tank11 图片

F = double(X);
[m,n] = size(F);
G = zeros(size(F));
M = 5;                                                     %可以为 3 5 7
N = 5;
for x = 1:m
    for y = 1:n
        if(x == 1|x == 2|y == 1|y == 2|x == m|x == m-1|y == n|y == n-1)    %M = 5 时
          %if(x == 1|y == 1|x == m|y == n)
            Blur_F(x,y) = F(x,y);
        else
          %Blur_F(x,y) = sum(sum(F(x-3:x+3,y-3:y+3)))/(M*N);
            Blur_F(x,y) = sum(sum(F(x-2:x+2,y-2:y+2)))/(M*N);             %M = 5 时
          %Blur_F(x,y) = sum(sum(F(x-1:x+1,y-1:y+1)))/(M*N);
        end
    end
end
F1 = F';
F2 = F1(:);
Blur_F1 = Blur_F';
Blur_F2 = Blur_F1(:);
T = [F2,Blur_F2];
k = m*n;
A = zeros(255,255);

for i = 1:k
    %i;
    a = round(F2(i));
    b = round(Blur_F2(i));
    A(a,b) = A(a,b) + 1;
end
%A
P = A/k;
ops = rand(1,1)*1.0e-008;
%与 6.4.2 节的理论分析对应代码
W0 = sum(sum(P(1:s,1:t)));                                %%%%%%%%WO(s,t)
W1 = sum(sum(P(s+1:255,t+1:255)));
```

```
WW = W0 + W1;
U0i = 0;U0j = 0;U1i = 0;U1j = 0;
for i = 1:s
U0i = U0i + i * sum(P(i,1:t));
end
for j = 1:t
U0j = U0j + j * sum(P(1:s,j));
end
U0 = [U0i/(W0 + ops),U0j/(W0 + ops)]';
for i = s + 1:255
U1i = U1i + i * sum(P(i,t + 1:255));
end
% U1i
for j = t + 1:255
U1j = U1j + j * sum(P(s + 1:255,j));
end
% U1j
U1 = [U1i/(W1 + ops),U1j/f(W1 + ops)]';
Uz = W0 * U0 + W1 * U1;
Uzi = Uz(1);
Uzj = Uz(2);

Max = ((W0 * Uzi - U0i).^2 + (W0 * Uzj - U0j).^2)./(W0 * (1 - W0) + ops);
eval = Max
```

3. 基于遗传算法的模糊分割的主调函数

```
%% 基于遗传算法的模糊分割的主调函数
%% example6_4_5_3.m %
clear
clc
X = imread('tank11.bmp');
% X = imread('tank300.bmp');

[m,n] = size(X);
k = m * n;
X = double(X);
TT = sum(sum(X))./k;
T0 = floor(TT);
sum = 0;num = 0;
for i = 1:m
    for j = 1:n
        if X(i,j)> T0
            sum = sum + X(i,j);
            num = num + 1;
        end
    end
end
Tc1 = ceil(sum./num) ;                      % 193
a = T0;b = Tc1;                             % 求得最佳域值 a,b
bounds = [a b;a b]                          % 108 193 % 141 182
```

```
% figure(1)
hold on
initPop = initializega(10, bounds, 'fitnessOtsu1');                    % 方差适应度
[x, endPop, bpop, trace] = ga(bounds, 'fitnessOtsu1', [], initPop, [1e-6 1 1], 'maxGenTerm', 30)
initPop
% 需要先把 GA 文件夹先载入预设路径
% 程序较复杂, 运算时间有点长, 5 分钟左右
```

4. 遗传算法分割后的图像

```
%% example6_4_5_4.m %
% 遗传算法分割后图像
clear
clc
% sol = [ 0.0748   0.0757]. * 1000;                    % 1.6652 tank300pic
sol = [ 0.1333   0.1379 ]. * 1000;                     % 1.7309 tank11pic1
%% 效果好, 类似模糊分割

s = sol(1);
t = sol(2);
s = round(s);
t = round(t);
X = imread('tank11wo8pic1.bmp');
% X = imread('tank300wopic1.bmp');
F = double(X);
% W = [1 1 1;1 1 1;1 1 1];
% W = 1/9 * W;
[m, n] = size(F);
G = zeros(size(F));
M = 5; % 3 5 7
N = 5;
for x = 1:m
    for y = 1:n
        % if (x == 1|x == 2|x == 3|y == 1|y == 2|y == 3|x == m|x == m-1|x == m-2|y == n|y == n-
            1|y == n-2)
        if(x == 1|x == 2|y == 1|y == 2|x == m|x == m-1|y == n|y == n-1)
        % if(x == 1|y == 1|x == m|y == n)
            Blur_F(x, y) = F(x, y);
        else
            % Blur_F(x, y) = sum(sum(F(x-3:x+3, y-3:y+3)))/(M * N);
            Blur_F(x, y) = sum(sum(F(x-2:x+2, y-2:y+2)))/(M * N);
            % Blur_F(x, y) = sum(sum(F(x-1:x+1, y-1:y+1)))/(M * N);
        end
    end
end
A = zeros(m, n);
sum = 0;
kk = 0;
for i = 1:m
    for j = 1:n
        if F(i, j) < s&Blur_F(i, j) < t
```

```
                A(i,j) = 0;
            elseif F(i,j)> s&Blur_F(i,j)> t
                A(i,j) = 1;
            else A(i,j) = 1;
%           sum = sum + F(i,j);
%           kk = kk + 1;
            end
        end
end
figure(6),imshow(A)
sum
kk
ave = sum/kk
holes_Image = A;
[LX XNum] = bwlabeln(holes_Image,4);
size(LX);

% 以伪彩色的形式显示标记图像
RGBX = label2rgb(LX,@jet,'k');

figure(30);
imshow(RGBX);
title('标记图像');
% 寻找最大区域作为参考区域
[r1 c1] = find(LX == 1);
[a b] = size(r1);
MaxRegion = a;
Max_Region_flag = 1;
Max_Region_r = r1;
Max_Region_c = c1;
for i = 2:XNum
    [r,c] = find(LX == i);
    [a b] = size(r);
    if a > MaxRegion
        MaxRegion = a;
        Max_Region_flag = i;
        Max_Region_r = r;
        Max_Region_c = c;
    end
end
% 确定参考区域的四个顶点坐标

rmin = min(min(Max_Region_r));
rmax = max(max(Max_Region_r));
cmin = min(min(Max_Region_c));
cmax = max(max(Max_Region_c));

% 确定参考区域的行数和列数
Ref_row = rmax - rmin + 1;
Ref_column = cmax - cmin + 1;
```

%将参考区域图像赋给一个新的图像矩阵 Ref_Image

```
[M,N] = size(A);
Ref_Image = zeros(M,N);
for i = 1:M
    for j = 1:N
        if(i > rmin & i < rmax & j > cmin & j < cmax)
        Ref_Image(i,j) = holes_Image(i,j);
        else
        Ref_Image(i,j) = 0;
        end
    end
end
figure(50);
imshow(Ref_Image);                                          %%%图像类型
save woa Ref_Image
```

5. 边缘分割图像

```
% example6_4_5_5.m %
% 边缘分割图像
X0 = imread('G:\红外图片\我\tank11wo8pic1.bmp');
figure(1),imshow(X0)

X0 = double(X0);
X = double(X0);
% se = strel('diamond',1);
se = strel('disk',1);
[m,n] = size(X);
gd0 = imdilate(X,se);
ge0 = imerode(X,se);
FF = (gd0 - ge0) > 50;
FF1 = ~FF;
for i = 1
gd = imdilate(X,se);
ge = imerode(X,se);

flag = [FF.*(X >= ((gd + ge)/2)).*gd + FF.*(X < ((gd + ge)/2)).*ge];

X = flag;
end
XX = FF.*flag + FF1.*X0;
XX0 = uint8(XX);
figure(5),imshow(XX0)
XX2 = medfilt2(XX0);
figure(6),imshow(XX2)
% XX2 = XX0;
bw = edge(XX2,'canny',0.16);
figure(8),imshow(bw)
% save wobw2 bw
se6 = strel('line',2,0);
```

```
se5 = strel('line',2,45);
se4 = strel('line',2,90);
se3 = strel('line',3,135);
bw1 = imdilate(bw,se6);
bw2 = imdilate(bw1,se5);
bw3 = imdilate(bw2,se4);
bw4 = imdilate(bw3,se3);
figure(10),imshow(bw4)

gray = im2uint8(bw4);
B = thinning(bw4);
save wobw4 bw4
save woB B
```

6. 结合模糊分割和边缘信息进行图像分割

```
%% example6_4_5_6.m %
% ///////////////综合模糊分割和遗传分割后图像/////////////
load wobw4 bw4
load woB B
load woa Ref_Image
bw = bw4;
[M,N] = size(Ref_Image);
ROIminr = 1;
ROImaxr = M;
ROIminc = 1;
ROImaxc = N;
ROI_Seg = zeros(M,N);

ROI_edge = bw;
u = Ref_Image;

for i = ROIminr:ROImaxr
    for j = ROIminc:ROImaxc
        if ((ROI_edge(i,j) == 0) & (u(i,j) == 0))|(i < ROIminr + 2 | i > ROImaxr - 2 | j <
            ROIminc + 2 | j > ROImaxc - 2)
        % 为了去掉边缘检测产生的方框,所以 - 2 或 + 2
            ROI_Seg(i,j) = 0;
        else
            ROI_Seg(i,j) = 255;
        end
    end
end
figure(20);
imshow(ROI_Seg);
title('OR 运算分割图像');

se = strel('disk',2);
Fina_Seg = imerode(ROI_Seg,se);
figure(25);
imshow(Fina_Seg);
```

```
    title('去断边后图像');
% Fina_Seg = ROI_Seg;
  % 去除断边后重新再填充一下图像中的洞
  holes_Image = zeros(M,N);
  holes_Image = imfill(Fina_Seg,4,'holes');
  figure(26);
  imshow(holes_Image);
  title('填充后图像');

  %%%%%%%%%%%%%%%%%%%%%%%%%%%%%%%%%%%%%%%%%%%%%%%%%%%%%%%%%%%%%%%
  % 标记连接成分(4 邻域)
  [LX XNum] = bwlabeln(holes_Image,4);
  size(LX);

  % 以伪彩色的形式显示标记图像
  RGBX = label2rgb(LX,@jet,'k');

  figure(30);
  imshow(RGBX);
  title('标记图像');
  % ///////////////////////////////////////////////////////////
  % 寻找最大区域作为参考区域
  [r1 c1] = find(LX == 1);
  [a b] = size(r1);
  MaxRegion = a;
  Max_Region_flag = 1;
  Max_Region_r = r1;
  Max_Region_c = c1;
  for i = 2:XNum
      [r,c] = find(LX == i);
      [a b] = size(r);
      if a > MaxRegion
          MaxRegion = a;
          Max_Region_flag = i;
          Max_Region_r = r;
          Max_Region_c = c;
      end
  end
  % 确定参考区域的四个顶点坐标

  rmin = min(min(Max_Region_r));
  rmax = max(max(Max_Region_r));
  cmin = min(min(Max_Region_c));
  cmax = max(max(Max_Region_c));

  % 确定参考区域的行数和列数
  Ref_row = rmax - rmin + 1;
  Ref_column = cmax - cmin + 1;

  % 将参考区域图像赋给一个新的图像矩阵 Ref_Image
  Ref_Image = zeros(M,N);
```

```
for i = 1:M
    for j = 1:N
        if(i > rmin & i < rmax & j > cmin & j < cmax)
        Ref_Image(i,j) = holes_Image(i,j);
        else
        Ref_Image(i,j) = 0;
        end
    end
end
figure(50);
se1 = strel('disk',2);
Ref_Image = imopen(Ref_Image,se1);
imshow(uint8(Ref_Image));
```

6.5 综合实例：车牌定位

车牌识别技术和系统在我国已经有了十几年的发展历程,目前系统的应用还处于起步阶段,大规模投入使用的成熟系统还没有出现,汽车牌照识别系统作为改进交通管理的有效工具,技术水平仍需完善。车牌识别系统的成功设计、开发和应用具有相当大的社会效益、经济效益和学术意义。

车牌定位主要包括车牌图像的灰度化和去噪等预处理,车牌图像的边缘提取和车牌图像的区域定位等。考虑到车牌的颜色和形状特征,车牌定位系统流程框图如图 6-25 所示。

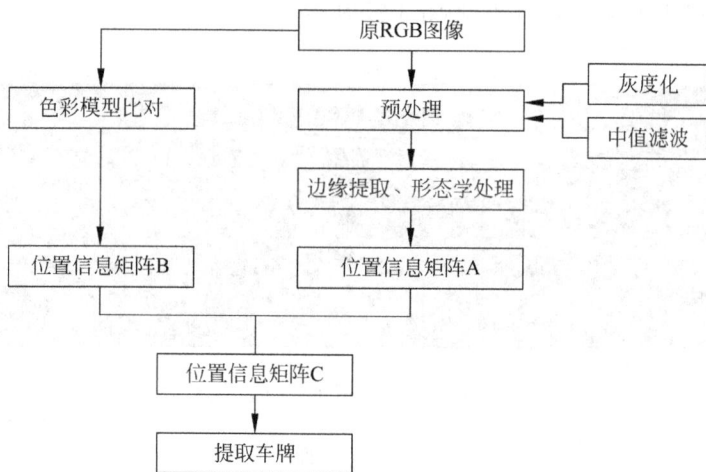

图 6-25 车牌定位系统流程框图

6.5.1 车牌图像预处理

车牌图像的预处理主要包括图像的灰度化和噪声去除。采用加权平均值的方法对原图像进行灰度化处理,即 $g = \dfrac{W_R R + W_G G + W_B B}{3}$。其中,$W_R$、$W_G$、$W_B$ 分别为 RGB 三分量的权重。这里分别取 0.9、1.77、0.33。

空域滤波是经典的噪声去除方法,其中的线性平滑滤波可以有效地消除噪声,但同时将使图像中的细节产生模糊,清晰度下降,低通滤波效应明显。非线性平滑滤波可以在消除图像孤立噪声的同时,较好地保持图像的细节信息,所以本节选取中值滤波方法来实现噪声消除。

其 MATLAB 实现程序如下:

```
% example6_5_1.m %
clear all ;
close all;
clc;
pic = imread ('1.bmp');                          %读入车牌图像
figure(1);
imshow (pic);
title('原图');
picR = pic (:,:,1);                              %R 通道
picG = pic (:,:,2);                              %G 通道
picB = pic (:,:,3);                              %B 通道
%灰度化权重
wr = 0.9 ; wg = 1.77; wb = 0.33;
g = (wr * picR + wg * picG + wb * picB)/3;
gmed = medfilt2 (g);
[r,c] = size (g);
figure(2);
imshow (gmed);
title('预处理后图像');
```

处理前后的车牌图像如图 6-26 和图 6-27 所示。

原图

图 6-26　原始车牌图像

预处理后图像

图 6-27　预处理后车牌图像

6.5.2 车牌边缘提取与形态学处理

用 MATLAB 的边缘提取函数 edge 来提取灰度图像的边缘信息,再利用开运算、闭运算、膨胀、腐蚀等算法,得出包含有车牌位置信息的矩阵 A。

MATLAB 实现代码如下:

```
% example6_5_2.m %
% 边缘提取
edgpic = edge (gmed,'roberts',0.07);                  % roberts 提取车牌边缘
edgpic = edgpic * 255;
figure ;
imshow (edgpic);
data = edgpic;

% 形态学处理
pic2 = bwmorph(edgpic ,'clean');                      % 去除图像中的孤立点
pic2 = imclose(pic2,strel('rectangle',[5,19]));       % 形态学闭运算
pic2 = imopen(pic2,strel('rectangle',[5,19]));        % 形态学开运算
pic2 = bwmorph (pic2,'dilate',3);
```

边缘信息提取及处理结果分别如图 6-28 和图 6-29 所示。

灰度图的边缘

图 6-28 车牌边缘信息提取

形态学处理图像

图 6-29 车牌形态学处理结果

6.5.3 车牌区域位置确定

通过车牌边缘信息能够得到多个潜在的车牌区域,我们综合利用车牌的颜色信息来辅

助确定车牌位置信息。这里只用了夜晚和白天蓝底车牌的色彩模型,通过对原 RGB 图像中的像素分析可得蓝底车牌的 RGB 分量范围大致如下:

(1) 白天:$17 < R < 25, 25 < G < 50, 35 < B < 90$。

(2) 夜晚:$0 < R < 45, 45 < G < 80, 55 < B < 150$。

这样满足以上值域的部分会被选出来,再进行孤立点去除,与形态学处理就可以得到包含车牌位置信息的矩阵 B。

将通过边缘提取及形态学处理得到的位置信息矩阵 A 与通过色彩模型得到的位置信息矩阵 B 进行交运算就可以比较准确地得到车牌的位置信息。再根据此位置信息同样再进行去除孤立点,与形态学处理后可以得到包含车牌位置信息矩阵 C。

MATLAB 实现代码如下:

```
% example6_5_3.m %
% 车牌定位
for i = 1 : 3
    red(i) = 0;gre(i) = 0;blu(i) = 0;
end
poz = zeros(r,c,3);
dayblue = 0;
nightblue = 0;                                    %% 记录色彩比对像素点

%% 利用色彩模型比对
for i = 1 : r
    for j = 1 : c
        if (picR(i,j)> 17&&picR(i,j)< 35)
            red(1) = 1;
        end
        if (picR(i,j)< 45)
            red(2) = 1;
        end
        if (picG(i,j)> 25&&picG(i,j)< 50)
            gre(1) = 1;
        end
        if (picG(i,j)> 45&&picG(i,j)< 80)
            gre(2) = 1;
        end
        if (picB(i,j)> 35&&picB(i,j)< 90)
            blu(1) = 1;
        end
        if (picB(i,j)> 55&&picB(i,j)< 150)
            blu(2) = 1;
        end
        if (red(1) == 1&&gre(1) == 1&&blu(1) == 1)
            poz(i,j,1) = 255; dayblue = dayblue +1;
        end
        if (red(2) == 1&&gre(2) == 1&&blu(2) == 1)
            poz(i,j,2) = 255; nightblue = nightblue + 1;
        end
        for k = 1 : 3
```

```
                    red(k) = 0;gre(k) = 0;blu(k) = 0;
            end
        end
end
if (dayblue > nightblue)
    dilatenum = 2; pozth = 1;
end
if (dayblue < nightblue)
    dilatenum = 6; pozth = 2;
end
figure;
imshow (poz(:,:,pozth));
title('位置信息矩阵 B');
pic3 = zeros(r,c);
for i = 1 : r
    for j = 1 : c
        if (pic2(i,j) == 1&&poz(i,j,pozth) == 255)
            pic3(i,j) = 1;
        end
    end
end
% figure;
% imshow (pic3);

pic3 = bwmorph(pic3 ,'clean',3);
pic3 = bwmorph (pic3,'dilate',1);
pic3 = imclose(pic3,strel('rectangle',[5,19]));
pic3 = imopen(pic3,strel('rectangle',[5,19]));
pic3 = bwmorph (pic3,'dilate',dilatenum);
%% 计算联通区域面积
% Karea = regionprops (pic3,'Area');

figure ;
imshow (pic3);
title('位置信息矩阵 C');
% 确定端点坐标
pozitionR1 = 0;
pozitionR2 = 0;
for i = 1 : r
    RR(i) = sum(pic3(i,:));
end
%% 判断值

judgeR = 30;
k = 0;
for i = 1 : r
    if (pozitionR1 == 0&&RR(i)~ = 0)
        pozitionR1 = i;
    end
    if (pozitionR1~ = 0&&pozitionR2 == 0&&RR(i) ==  0)
      pozitionR2 = i;
```

```
            k = pozitionR2 - pozitionR1;
        end
        if (k~ = 0&&k < judgeR)
            pozitionR1 = 0;
            pozitionR2 = 0;
            k = 0;
        end
        if (k > judgeR)
            break;
        end
    end

    pozitionC1 = 0;
    pozitionC2 = 0;
    for i = 1 : c
        CC(i) = sum(pic3(:,i));
    end
    judgeC = 120;
    k = 0;

    for i = 1 : c
        if (pozitionC1 == 0&&CC(i)~ = 0)
            pozitionC1 = i;
        end
        if (pozitionC1~ = 0&&pozitionC2 == 0&&CC(i) == 0)
          pozitionC2 = i;
          k = pozitionC2 - pozitionC1;
        end
          if (k~ = 0&&k < judgeC)
            pozitionC1 = 0;
            pozitionC2 = 0;
            k = 0;
        end
                if (k > judgeC)
            break;
            end
    end
    chepaitu = zeros([pozitionR2 - pozitionR1,pozitionC2 - pozitionC1,3],'uint8');
    chepaitugray = zeros([pozitionR2 - pozitionR1,pozitionC2 - pozitionC1],'uint8');
    for i = pozitionR1 : pozitionR2
        for j = pozitionC1 : pozitionC2
            chepaitu(i - pozitionR1 + 1,j - pozitionC1 + 1,1) = picR (i , j);
            chepaitu(i - pozitionR1 + 1,j - pozitionC1 + 1,2) = picG (i , j);
            chepaitu(i - pozitionR1 + 1,j - pozitionC1 + 1,3) = picB (i , j);
            chepaitugray(i - pozitionR1 + 1,j - pozitionC1 + 1) = gmed (i,j);
        end
    end

    figure;
    imshow(chepaitu);
```

```
level = graythresh(chepaitugray);
imgbw = im2bw(chepaitugray,level);
figure;
imshow(imgbw);
```

处理结果分别如图 6-30～图 6-32 所示。

位置信息矩阵B

图 6-30 基于颜色信息的车牌位置信息

位置信息矩阵C

图 6-31 最终车牌定位结果

图 6-32 最终车牌图像

6.6 习题

(1) 任意选择一幅灰度图像,采用 Robert 算子对图像进行边缘检测。

(2) 任意选择一幅灰度图像,采用 Sobel 算子对图像进行分割。

(3) 任意选择一幅灰度图像,采用阈值法对图像进行分割,分割阈值为图像灰度的均值,试编程实现。

(4) 任意选择一幅灰度图像,采用迭代阈值法对图像进行分割,并与一般阈值法的分割效果进行比较,试编程实现。

(5) 任意选择一幅视觉效果不佳的图像,对其进行模糊分割,并与一般阈值法的分割效果进行比较,试编程实现。

参考文献

[1] 魏晗,张长江.基于遗传算法的红外车辆目标自动模糊分割.光电工程,2008,35(8):119-123.

[2] 金梅,张长江.一种有效的红外图像中人造目标分割方法.光电工程,2005,32(4):82-85.

[3] 魏晗,张长江,胡敏.基于遗传算法的图像自适应模糊增强.光电子·激光,2007,18(12):1482~1485.

[4] Gonzalez, Rafael C. Digital image processing using MATLAB[M]. Beijing: Pub. House of Electronics Industry: Pearson Education (Asia) Co,2004.

第 7 章

数字图像特征分析与提取

图像特征分析与提取是后续图像识别等智能图像处理的基础。本章主要介绍颜色、形状(轮廓)纹理等图像特征的分析与提取技术。

7.1 图像颜色特征

颜色特征属于图像的内部特征,与其他视觉特征相比,它对图像的尺寸、方向、视角等变化不敏感,因此颜色特征被广泛应用于图像识别。本节主要介绍图像的颜色模型、颜色直方图、颜色矩。

7.1.1 图像颜色模型

颜色模型是用来精确标定和生成各种颜色的一套规则和定义。某种颜色模型所标定的所有颜色就构成了一个颜色空间。

对于人来说,可以通过色调、饱和度和亮度来定义颜色(HSL 颜色模型);对于显示设备来说,可以用红、绿、蓝发光体的发光量来描述颜色(RGB 颜色模型,见图 7-1);对于打印设备来说,可以使用青色、品红、黄色和黑色颜料的用量来指定颜色(CMYK 颜色模型)。

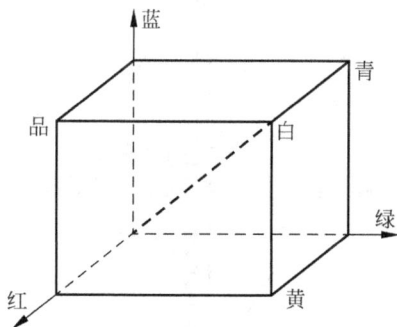

图 7-1 RGB 颜色模型

1. RGB 模型

理论上绝大部分可见光谱都可用红、绿和蓝(RGB)三色光按不同比例和强度的混合来表示:

$$颜色 C = R(红色百分比) + G(绿色百分比) + B(蓝色百分比)$$

RGB 模型称为相加混色模型,适合于光照、视频和显示器。例如,显示器通过红、绿和蓝荧光粉发射光线产生彩色。

2. CMY 和 CMYK 模型

CMY 指的是基于颜料三基色(光源的三补色):

- 青色(Cyan,绿加蓝)
- 品红(Magenta,红加蓝)
- 黄色(Yellow,红加绿)

RGB 与 CMY 对应转换表见表 7-1。

表 7-1　RGB 与 CMY 对应转换表

RGB	CMY	生成的颜色
000	111	黑色
001	110	蓝色
011	100	青色
100	011	红色
110	001	黄色

CMYK 模型称为**相减混色模型**,适合于印刷、打印等情况。

3. HSI 模型

RGB 和 CMY 模型构成的彩色系统对硬件实现很理想,尤其 RGB 系统与人眼在红绿蓝三个颜色出现吸收峰值相匹配,但是,这种极其类似的模型不能很好地适应人类主观理解的颜色(如前所述,当人观察一个彩色物体时,通常用色调、饱和度和亮度来描述)。

HSI 模型(有时也称为 HSV 模型,见图 7-2)可以在彩色图像中从携带的彩色信息(色调和饱和度)里消除强度分量的影响,对于开发基于彩色描述的图像处理方法是一个理想的工具,因为这种彩色的描述更加直观和自然。

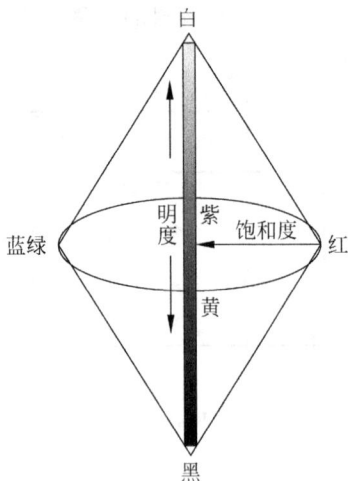

图 7-2　HSI 模型

在 HSI 模型中,H(Hue)定义色调,S(Saturation)定义颜色的深浅程度或饱和度,I(Intensity)定义亮度。其中:

（1）I 分量与图像的彩色信息无关，它确定了像素的整体亮度，而不管其颜色是什么。

（2）H 分量表示色度，由角度表示。反映了该颜色最接近什么样的光谱波长。0°为红色，120°为绿色，240°为蓝色。0°～240°覆盖了所有可见光谱的颜色，240°～300°是人眼可见的非光谱色（紫色）。

（3）S 分量是色环的原点到彩色点的半径长度。在环的外围圆周是纯的（或称为饱和的颜色），其饱和度值为 1。在中心是中性（灰色）影调，即饱和度为 0。

（4）H 分量和 S 分量与人感受颜色的方式相关。

RGB 与 HSI 模型可以相互转化。

1. 从 RGB 到 HSI

转化公式如下：

$$I = \frac{1}{3}(R + G + B) \tag{7-1}$$

$$S = 1 - \frac{3}{R + G + B}\big[\min(R, G, B)\big] \tag{7-2}$$

$$H = \arccos\left\{\frac{[(R - G) + (R - B)]/2}{[(R - G)^2 + (R - B)(G - B)]^{1/2}}\right\} \tag{7-3}$$

2. 从 HSI 到 RGB

（1）当 0°≤H≤120°时，有：

$$R = \frac{I}{\sqrt{3}}\left[1 + \frac{S\cos(H)}{\cos(60° - H)}\right] \tag{7-4}$$

$$G = \sqrt{3}I - R - B \tag{7-5}$$

$$B = \frac{I}{\sqrt{3}}(1 - S) \tag{7-6}$$

（2）当 120°≤H≤240°时，有：

$$R = \frac{I}{\sqrt{3}}(1 - S) \tag{7-7}$$

$$G = \frac{I}{\sqrt{3}}\left[1 + \frac{S\cos(H - 120°)}{\cos(180° - H)}\right] \tag{7-8}$$

$$B = \sqrt{3}I - R - G \tag{7-9}$$

（3）当 240°≤H<300°时，有：

$$R = \sqrt{3}I - G - B \tag{7-10}$$

$$G = \frac{I}{\sqrt{3}}(1 - S) \tag{7-11}$$

$$B = \frac{I}{\sqrt{3}}\left[1 + \frac{S\cos(H - 240°)}{\cos(300° - H)}\right] \tag{7-12}$$

【例 7-1】 把图像 Lena_color.bmp 的 RGB 颜色空间值转换为 HSV 颜色空间，并显示 H、S、V 三个分量。

```
% example7_1.m %
clc;clear all;close all;
RGB = imread('Lena_color.bmp');          % 读入图像 Lena_color.bmp
```

```
HSV = rgb2hsv(RGB);                  % 把 RGB 颜色空间值转换成为 HSV 颜色空间
H = HSV(:, :, 1);                    % H 分量
S = HSV(:, :, 2);                    % S 分量
V = HSV(:, :, 3);                    % V 分量
figure;
subplot(2, 2, 1); imshow(RGB);
subplot(2, 2, 2); imshow(H);title('H 通道')
subplot(2, 2, 3); imshow(S);title('S 通道')
subplot(2, 2, 4); imshow(V);title('V 通道')
```

程序运行结果如图 7-3 所示。

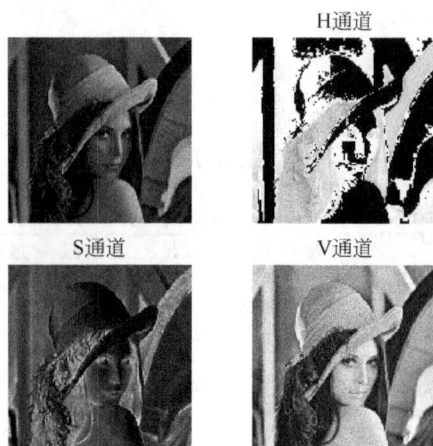

图 7-3   Lena_color. bmp 图像及 HSV 三个分量

提示：可以看到，V 分量的图像实际上就是图像 Lena_color. bmp 的灰度图。

【例 7-2】   把彩色图像 Lena_color. bmp 的 HSV 分量中 V 分量进行直方图增强，并把增强前后的彩色图像显示出来。

```
% example7_2.m %
clc;clear all;close all;
RGB = imread('Lena_color.bmp');       % 读入图像 Lena_color.bmp
HSV = rgb2hsv(RGB);                    % 把 RGB 颜色空间值转换成为 HSV 颜色空间
V = HSV(:, :,3);                       % V 分量
Vnew = histeq(V);                      % 对 V 分量进行直方图均衡
HSV(:, :, 3) = Vnew;                   % 新的 V 分量
RGB2 = hsv2rgb(HSV);                   % 为了显示需要，把 HSV 颜色空间值转换成为 RGB 颜色空间
figure;
subplot(1, 2, 1); imshow(RGB);        % 显示原图
subplot(1, 2, 2); imshow(RGB2);       % 显示 V 分量增强后的图像
```

程序运行结果如图 7-4 所示。

提示：对比 Lena_color 原图像及 V 分量进行增强后的图像可以看到，增强后图像的明暗更加明显，对比度更清晰。这种方法可以进行彩色图像的增强。

图 7-4　Lena_color. bmp 图像及 HSV 分量中 V 分量进行增强后的图像

7.1.2　颜色直方图

颜色直方图反映图像中色彩的分布比例,对图像的旋转、伸缩和平移具有不变性。

1. 普通直方图

设 $S(x_i)$ 是图像 P 中某一特征(例如,亮度 I)取值为 $x_i(i=1,2,\cdots,n)$ 的像素的个数,则 P 中的总像素数为 $N = \sum\limits_{j=1}^{n} S(x_j)$。对 $S(x_i)$ 做归一化处理,可得:

$$h(x_i) = \frac{S(x_i)}{N} = \frac{S(x_i)}{\sum\limits_{j=1}^{n} S(x_j)} \quad (i = 1,2,\cdots,n) \tag{7-13}$$

图像 P 的该特征的直方图定义为:

$$H(P) = [h(x_1), h(x_2), \cdots, h(x_n)] \tag{7-14}$$

由式(7-13)可知,直方图就是某一特征的概率分布。对于灰度图像,直方图就是灰度的概率分布。

根据信息熵的定义,图像的信息熵定义为:

$$E(P) = -\sum\limits_{i=1}^{n} h(x_i) \log h(x_1) \tag{7-15}$$

2. 累加直方图

设 $H(P) = [h(x_1), h(x_2), \cdots, h(x_n)]$ 是图像 P 某一特征的普通直方图,令:

$$\lambda(x_i) = \sum\limits_{j=1}^{i} h(x_j) \tag{7-16}$$

则该特征的累加直方图定义为:

$$\lambda(P) = [\lambda(x_1), \lambda(x_2), \cdots, \lambda(x_n)] \tag{7-17}$$

事实上,累加直方图是普通直方图的变形,没有增加新的信息,它们可以互换。

【例 7-3】　画出彩色图像 Lena_color. bmp 的 HSV 分量中 V 分量的直方图。

```
% example7_3.m %
clc;clear all;close all;
RGB = imread('Lena_color.bmp');      % 读入图像 Lena_color.bmp
HSV = rgb2hsv(RGB);                   % 把 RGB 颜色空间值转换成为 HSV 颜色空间
V = HSV(:, :,3);                       % V 分量
figure;                               % 显示原图
subplot(1, 2, 1); imshow(RGB); title('原彩色图')
subplot(1, 2, 2); imshow(V); title('HSV 分量中的亮度分量')
```

```
figure;
imhist(V);
title('亮度分量的直方图')              % 显示亮度分量的直方图
```

程序运行结果如图 7-5 和图 7-6 所示。

原彩色图   HSV分量中的亮度分量

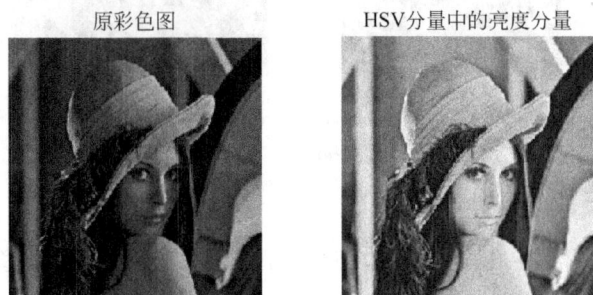

图 7-5   Lena_color. bmp 图像及 HSV 分量中 V 分量

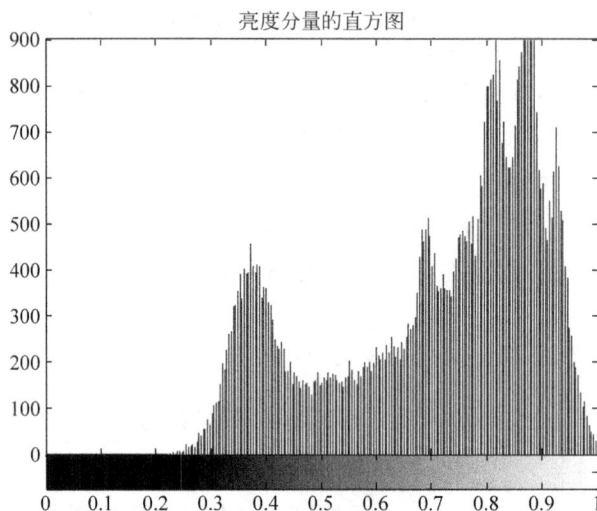

图 7-6   亮度分量的直方图

7.1.3   颜色矩

颜色矩是一种简单有效的颜色特征。图像 P 中第 i 个像素取某一特征(例如,亮度 I 为 $I(p_i)$),定义其前三阶颜色矩(中心矩)为:

$$M_1 = \frac{1}{N}\sum_{i=1}^{N} I(p_i) \tag{7-18}$$

$$M_2 = \left[\frac{1}{N}\sum_{i=1}^{N} (I(p_i) - M_1)^2\right]^{1/2} \tag{7-19}$$

$$M_3 = \left[\frac{1}{N}\sum_{i=1}^{N} (I(p_i) - M_1)^3\right]^{1/3} \tag{7-20}$$

其中,N 为像素的个数。

一阶矩定义了每个颜色分量的平均强度；二阶矩反映了待测区域的颜色方差，即不均匀性；三阶矩定义了颜色分量的偏斜度，即颜色的不对称性。

【例 7-4】　画出彩色图像 Lena_color. bmp 的 HSV 分量中 V 分量的直方图。

```
% example7_4.m %
clc;clear all;close all;
I = imread('Lena.bmp');                          % 原图
J = histeq(I);
figure;
subplot(121),imshow(I); title('原图')             % 显示原图
subplot(122),imshow(J); title('直方图增强后图像')   % 显示增强后图像
[m,n] = size(I)
% mm = round(m/2);
% nn = round(n/2);
I = double(I);
J = double(J);
Iavg = mean2(I);                                 % 一阶矩
Javg = mean2(J);                                 % 直方图增强后图像一阶矩
Istd = std(std(I));                              % 二阶矩
Jstd = std(std(J));                              % 直方图增强后图像二阶矩
colorsum1 = 0;
for i = 1:m
    for j = 1:n
        colorsum1 = colorsum1 + (I(i,j) - Iavg)^3;
    end
end
Iske = (colorsum1/(m * n))^(1/3);                % 三阶矩

colorsum2 = 0;
for i = 1:m
    for j = 1:n
        colorsum2 = colorsum2 + (J(i,j) - Iavg)^3;
    end
end
Jske = (colorsum2/(m * n))^(1/3);                % 直方图增强后图像三阶矩
[Iavg,Istd,Iske;Javg,Jstd,Jske]
```

程序运行结果如图 7-7 所示。

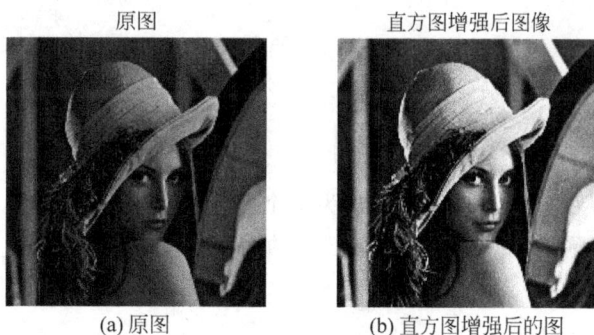

原图　　　　　　　　直方图增强后图像

(a) 原图　　　　　　　　(b) 直方图增强后的图

图 7-7　原图和直方图增强后的图

表 7-2 给出了原图和直方图增强后图的颜色矩。

表 7-2　原图和直方图增强后图的颜色矩

图　　像	颜 色 矩		
	一阶矩（均值）	二阶矩（方差）	三阶矩（偏度）
原图	99.0616	14.2330	32.1239
直方图增强后的图	127.4979	19.0097	79.3422

提示：颜色一阶矩运行结果显示图 7-7(a)值小于图 7-7(b)值，也就是说图 7-7(a)比图 7-7(b)暗一些，从原图也可以看出来；颜色二阶矩运行结果显示图 7-7(a)值小于图 7-7(b)值，也就是说图 7-7(a)的灰度分布比图 7-7(b)更加集中，也就是说图 7-7(b)的对比度更好。颜色三阶矩运行结果显示图 7-7(a)值小于图 7-7(b)值，也就是说图 7-7(a)的偏度小于图 7-7(b)。

7.2　图像形状特征

图像经过边缘提取和图像分割，就会得到目标的边缘和区域，进而获得目标的形状。形状描述方法一般分为基于轮廓的和基于区域两类。本节主要介绍一些简单的形状特征和不变矩。

7.2.1　简单的形状特征

常用的形状特征有周长（perimeter）、形状参数（form factor）、偏心率（eccentricity）、长轴方向（major axis orientation）与弯曲能量（bending energy）等。它们的定义如下：

（1）整个边界的长度称为**周长**。

（2）**形状参数**是周长与面积的函数：

$$F = \frac{C^2}{4\pi A} \tag{7-21}$$

其中，C 为边界的周长；A 为区域的面积。

（3）边界上距离最远的两点的连线称为**长轴**；边界上与长轴垂直的连线中最长的线段称为**短轴**。

（4）边界长轴长度与短轴长度的比值称为**偏心率**，也叫**伸长度**（elongation）。

（5）**弯曲能量** B 是曲率函数的函数：

$$B = \frac{1}{P} \int_0^P |\kappa(p)|^2 \mathrm{d}p \tag{7-22}$$

其中，$\kappa(p)$是曲率函数；p 是弧长参数；P 为整个曲线的长度。

【例 7-5】　利用函数 regionprops()求区域的面积。

```
% example7_5.m %
clc;clear all;close all;
I = imread('rice.tif');                    % 读入图像
J = im2bw(I);                              % 转换为二值图像
figure,
```

```
subplot(121),imshow(I),title('原图')
subplot(122),imshow(J),title('二值化后的图')
C = bwlabel(J,4);                          % 对二值图像进行 4 连通的标记
[Lab,num] = bwlabel(C,8);
D = regionprops(Lab,'all');
c1 = [D. Area];                            % 白色区域像素数目
sum(c1)
```

程序运行结果见图 7-8。

原图　　　　　　　　　　　二值化后的图

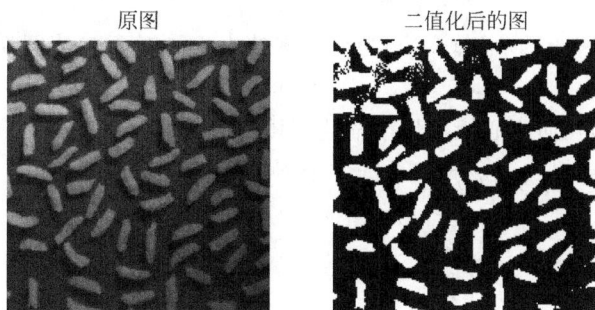

图 7-8　原图和二值化后的图

提示：运行结果可以看出，这是一幅 600×600 大小的图像，白色区域像素数目为 108 222。

7.2.2　不变矩

如果一幅数字图像满足分段连续，且在 XY 平面上只有有限个非零点，则可以证明该数字图像的各阶矩存在。

令 $f(x,y)$ 是图像的分布函数，则规则矩 m_{pq} 定义为：

$$m_{pq} = \iint x^p y^q f(x,y)\mathrm{d}x\mathrm{d}y \tag{7-23}$$

对于二维图像而言，在连续情况下 $p+q$ 阶矩变换定义为：

$$m_{pq} = \int_{-\infty}^{\infty} \int_{-\infty}^{\infty} x^p y^q f(x,y)\mathrm{d}x\mathrm{d}y \tag{7-24}$$

其中，$p,q=0,1,2,\cdots$。

为了满足平移不变性，将矩函数的坐标原点移到图像的中心位置，得到相应的图像中心矩的定义为：

$$u_{pq} = \iint (x-\bar{x})^p (y-\bar{y})^q f(x,y)\mathrm{d}x\mathrm{d}y \tag{7-25}$$

其中，$\bar{x}=m_{10}/m_{00}, \bar{y}=m_{01}/m_{00}$。

针对离散的数字图像，其离散的矩变换式为：

$$m_{pq} = \sum_{x=1}^{M} \sum_{y=1}^{N} x^p y^q f(x,y) \tag{7-26}$$

其中，M、N 分别为图像的行数和列数。

离散图像的中心矩的计算公式为：

$$\mu_{pq} = \sum_x \sum_y (x - \bar{x})^p (y - \bar{y})^q f(x,y) \qquad (7\text{-}27)$$

对于二值图像,由于其中像素的值只有 0 和 1 两种取值,如果假设目标区域像素值为
1,背景区域像素值为 0,则该二值图像的 $p+q$ 阶矩定义为:

$$m_{pq} = \sum_x \sum_y x^p y^q \qquad (7\text{-}28)$$

该区域的中心矩定义为:

$$\mu_{pq} = \sum_x \sum_y (x - \bar{x})^p (y - \bar{y})^q \qquad (7\text{-}29)$$

其中,$\bar{x}=m_{10}/m_{00}$,$\bar{y}=m_{01}/m_{00}$,$(\bar{x},\bar{y})$ 为该区域的中心。对于二值图像,m_{00} 即为该区内的
点数。

上述的几何矩和几何中心矩可用于描述区域的形状,但是都不具有不变性。因此,经过
一系列代数恒等变换,提出了 $p+q\leqslant 3$ 的 7 个不变矩,其公式如下:

$$\phi_1 = \eta_{20} + \eta_{02}$$
$$\phi_2 = (\eta_{20} - \eta_{02})^2 + 4\eta_{11}^2$$
$$\phi_3 = (\eta_{30} - 3\eta_{12})^2 + (3\eta_{21} - \eta_{03})^2$$
$$\phi_4 = (\eta_{30} + \eta_{12})^2 + (\eta_{21} + \eta_{03})^2$$
$$\phi_5 = (\eta_{30} - 3\eta_{12})(\eta_{30} + \eta_{12})[(\eta_{30} + \eta_{12})^2 - 3(\eta_{21} + \eta_{03})^2] + (3\eta_{21} - \eta_{03}) \qquad (7\text{-}30)$$
$$\quad (\eta_{21} + \eta_{03})[3(\eta_{30} + \eta_{12})^2 - (\eta_{21} + \eta_{03})^2]$$
$$\phi_6 = (\eta_{20} - \eta_{02})[(\eta_{30} + \eta_{12})^2 - (\eta_{21} + \eta_{03})^2] + 4\eta_{11}(\eta_{30} + \eta_{12})(\eta_{21} + \eta_{03})$$
$$\phi_7 = (3\eta_{21} - \eta_{03})(\eta_{30} + \eta_{12})[(\eta_{30} + \eta_{12})^2 - 3(\eta_{21} + \eta_{03})^2] + (3\eta_{12} - \eta_{30})$$
$$\quad (\eta_{21} + \eta_{03})[3(\eta_{30} + \eta_{12})^2 - (\eta_{21} + \eta_{03})^2]$$

其中,η 表示归一化中心矩,$\eta_{pq}=\mu_{pq}/\mu_{pq}^r$,$r=(p+q)/2+1$。

【例 7-6】 编程实现求 Lena.bmp 图像的 7 个不变矩。

```
% example7_6.m %
clc;clear all;close all;
%求七阶矩
I0 = imread('Lena.bmp');
A = double(I0);
[nc,nr] = size(A);
[x,y] = meshgrid(1:nr,1:nc);
x = x(:);
y = y(:);
A = A(:);
m00 = sum(A);
if m00 == 0
    m00 = eps;
end
m10 = sum(x. * A);
m01 = sum(y. * A);
xmean = m10/ m00;
ymean = m01/ m00;
cm00 = m00;
cm02 = (sum((y - ymean).^2. * A))/(m00^2);
```

```
cm03 = (sum((y - ymean).^3. * A))/(m00^2.5);
cm11 = (sum((x - xmean). * (y - ymean). * A))/(m00^2);
cm12 = (sum((x - xmean). * (y - ymean).^2. * A))/(m00^2.5);
cm20 = (sum((x - xmean).^2. * A))/(m00^2);
cm21 = (sum((x - xmean).^2. * (y - ymean). * A))/(m00^2.5);
cm30 = (sum((x - xmean).^3. * A))/(m00^2.5);
ju(1) = cm20 + cm02;                                    % 求七阶矩
ju(2) = (cm20 - cm02)^2 + 4 * cm11^2;
ju(3) = (cm30 - 3 * cm12)^2 + (3 * cm21 - cm03)^2;
ju(4) = (cm30 + cm12)^2 + (cm21 + cm03)^2;
ju(5) = (cm30 - 3 * cm12) * (cm30 + cm12) * ((cm30 + cm12)^2 - 3 * (cm21 + cm03)^2) + (3 * cm21 -
cm03) * (cm21 + cm03) * (3 * (cm30 + cm12)^2 - (cm21 + cm03)^2);
ju(6) = (cm20 - cm02) * ((cm30 + cm12)^2 - (cm21 + cm03)^2) + 4 * cm11 * (cm30 + cm12) * (cm21 +
cm03);
ju(7) = (3 * cm21 - cm03) * (cm30 + cm12) * ((cm30 + cm12)^2 - 3 * (cm21 + cm03)^2) + (3 * cm12 -
cm30) * (cm21 + cm03) * (3 * (cm30 + cm12)^2 - (cm21 + cm03)^2);
qijieju = abs(log(ju))
% 实验结果为
qijieju =
    6.4042   18.0547   26.1516   23.7934   49.3115   33.1720   48.9705
```

提示：上面 7 个矩不变式对于平移、旋转、尺度变化都不具有变性。由于 $\phi_5^2 + \phi_7^2 = \phi_3 \phi_4^3$，所以上面的 7 个矩不变式只有 6 个是独立的。

7.3　图像纹理特征

图像纹理就是由纹理基元按某种确定性的规律或者某种统计规律排列组成的,反映了图像亮度的空间变化情况,主要表现如下:

(1) 某种局部的序列性在比该序列更大的区域内不断重复出现。

(2) 序列是由纹理基元非随机排列组成的。

(3) 在纹理区域内各部分具有大致相同的结构。

纹理特征在计算机视觉、模式识别和数字图像处理中起着重要的作用,其分析方法主要有两类:统计纹理分析法和结构纹理分析法,描述纹理的特征参量包括:强度、密度、方向以及粗糙程度等。本节介绍常用的统计纹理分析法。

7.3.1　灰度差分统计法

纹理区域的灰度直方图作为纹理特征,利用图像直方图提取诸如均值、方差、能量及熵等特征来描述纹理。

相关的纹理特征有:

$$均值：mean = \frac{1}{m} \sum_i i p(i) \tag{7-31}$$

$$对比度：con = \sum_i i^2 p(i) \tag{7-32}$$

$$熵：Entropy = -\sum_i p(i) \log_2 [p(i)] \tag{7-33}$$

【例 7-7】 计算纹理图像的灰度差分统计特征。

```
% example7_7.m %
clc;clear all;close all;
% J = imread('wall.jpg');          % 输入纹理图像 wall.jpg
J = imread('stone.jpg');          % 读入纹理图像 stone.jpg 两幅图进行对比

A = double(J);
[m,n] = size(A);                  % 求 A 矩阵的大小,赋值给 m、n
B = A;
C = zeros(m,n);                   % 新建全零矩阵 C,以下求解归一化的灰度直方图
for i = 1:m - 1
    for j = 1:n - 1
        B(i,j) = A(i + 1,j + 1);
        C(i,j) = abs(round(A(i,j) - B(i,j)));
    end
end
h = imhist(mat2gray(C))/(m * n);
mean = 0;con = 0;ent = 0;         % 均值 mean、对比度 con 和熵 ent 初始值赋零
for i = 1:256                     % 循环求解均值 mean、对比度 con 和熵 ent
    mean = mean + (i * h(i))/256;
    con = con + i * i * h(i);
    if(h(i)> 0)
        ent = ent - h(i) * log2(h(i));
    end
end
    mean,con,ent
    figure,imshow(J)
```

程序运行结果如图 7-9 所示。

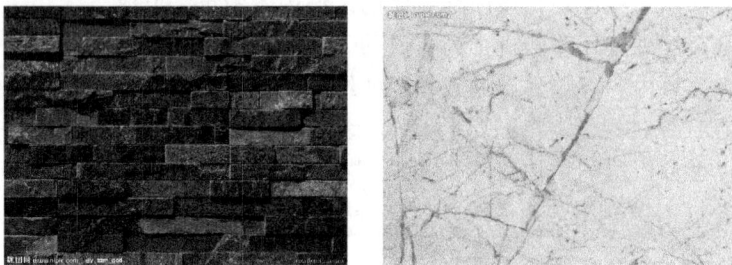

图 7-9 墙面纹理图和大理石纹理图

墙面和大理石的纹理特征如表 7-3 所示。

表 7-3 墙面和大理石的纹理特征

	均值(mean)	对比度(Con)	熵(Entropy)
墙面纹理图	0.0975	1.1585e+03	6.0439
大理石纹理图	0.0194	75.1650	3.1399

7.3.2　灰度共生矩阵

共生矩阵法的基本思想就是,利用图像中灰度的共生关系来描述纹理结构,即找出一个灰度的周围主要有哪些灰度。

灰度共生矩阵的生成方法如下：在图像中任意取一点(x,y)及偏离它的另一点$(x+a,y+b)$,设该点对的灰度值为(i,j),再令点(x,y)在整幅图像上移动,则会得到各种(i,j)值,因灰度值的级数为k,则i与j的组合共有$k*k$种。对于整幅图像统计出每一种(i,j)值出现的次数,然后排列成一个方阵即得到了图像的灰度共生矩阵。如图 7-10 所示,一个具有8 个灰度级的矩阵,其灰度共生矩阵为8×8的矩阵。也可以用(i,j)出现的总次数将它们归一化,得到归一化的灰度共生矩阵。距离差分值(a,b)取不同的数值组合,可以得到沿一定方向像元之间相隔一定距离$d=\sqrt{a^2+b^2}$的灰度共生矩阵。

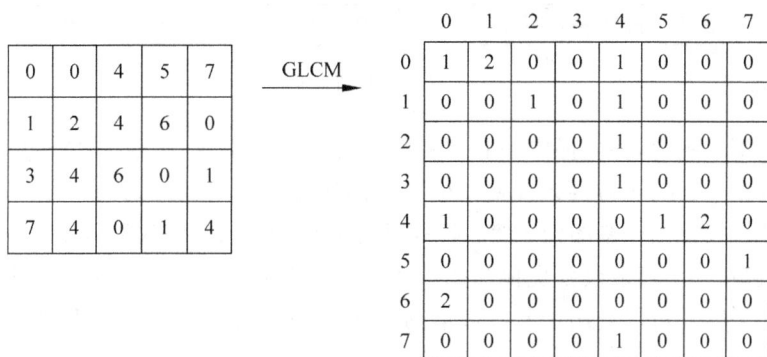

0	0	4	5	7
1	2	4	6	0
3	4	6	0	1
7	4	0	1	4

GLCM →

	0	1	2	3	4	5	6	7
0	1	2	0	0	1	0	0	0
1	0	0	1	0	1	0	0	0
2	0	0	0	0	1	0	0	0
3	0	0	0	0	1	0	0	0
4	1	0	0	0	0	1	2	0
5	0	0	0	0	0	0	0	1
6	2	0	0	0	0	0	0	0
7	0	0	0	0	0	0	0	0

图 7-10　原图及其灰度共生矩阵

【例 7-8】　编程以实现灰度共生矩阵的计算。

```
% example7_8.m %
clc;clear all;close all;
X = imread('E:\图片\wenben.bmp');
[m,n] = size(X);                      % 图像长 m 宽 n
a = 5;b = 5;                          % 自己定义灰度差分值(a,b)自己试验：1～15
P = zeros(256,256);
% 图像灰色级为 256 个,所以 i,j 组合共有 256 * 256。定义 P 为概率矩阵
% 简单设计,考虑到可能出界问题,考虑图像(m − a)(n − b)大小
for x = 1:m − a
    for y = 1:n − b
        i = X(x,y);                  % i,j 取值范围为 0～255
        j = X(x+a,y+b);              % 该点对的灰度值为(i,j)
         P(i+1,j+1) = P(i+1,j+1) + 1; % 该点对出现概率
    end
end
    P = P./((m−a) * (n−b));          % 归一化概率 P
```

提示：利用 MATLAB 提供的求灰度共生矩阵函数 graycomatrix()也可以实现。

7.4 综合实例：图像车辆目标的综合特征提取与识别

为适应未来高科技战争，军事智能化软件得到了广泛运用。计算机视觉技术的发展，尤其是模式识别的发展，使得军用图像判读智能化成为可能。利用计算机从图像上检测出目标，对陆地图像进行自动识别，对提高判读效率，减小误判率，提供快速、准确的军事情报具有十分重要的意义。

由于陆地坦克和各种车辆的识别要比对空中的飞机和海上舰船类目标的识别复杂得多，因此，自动目标识别研究主要以空中和海上舰船类目标识别为主。本节尝试提取陆地车辆目标的综合特征以便对车辆目标进行识别。其总体框架如图 7-11 所示，它由四个部分组成：图像预处理、图像分割、特征提取与选择及目标分类识别。

图像预处理 → 图像分割 → 特征提取与选择 → 目标分类识别

图 7-11 总体框架图

在目标识别系统中，特征提取是非常关键的问题，长期以来，它们倍受人们的关注，因此本节的工作也主要在这个方面。先对车辆目标图像先进行 Canny 边缘检测，再在此基础上进行形态学处理以得到分割图像；然后提取具有平移、旋转、尺度放缩等不变车辆目标的形状特征，其中包括 8 个离散余弦变换描述子，6 个独立的不变矩，3 个最能区别目标特征的区域描述子。如果需要可以利用这些参数借助于 RBF 网络进行车辆目标识别。

7.4.1 车辆目标阈值化分割

图像分割技术是图像处理一大经典难题，它们对进行高层次的图像处理如特征描述、目标识别等有着重要的意义。

所谓图像的边缘是指其周围像素灰度有阶跃变化或屋顶变化的那些像素的集合，图像的边缘包含了用于分类和识别物体的重要特征。经典的边缘提取方法是对整幅图像按像素在其邻域构造边缘检测算子，常用的算子如梯度算子（Roberts 算子）、Sobel 算子、Marr 算子等。因为 Canny 算子边缘检测是一种比较实用的边缘检测算子，具有很好的边缘检测性能。Canny 边缘检测法利用高斯函数的一阶微分，它能在噪声抑制和边缘检测之间取得较好的平衡，因此本节应用 Canny 边缘检测器。

其设计步骤如下：

（1）图像使用带有指定标准偏差 δ 的高斯滤波器来平滑，从而可以减少噪声。

（2）在每一点处计算局部梯度 $g(x,y)=[G_x^2+G_y^2]^{1/2}$ 和边缘方向 $\alpha(x,y)=\arctan(G_y/G_x)$。

（3）上一步中确定的边缘点会导致梯度幅度图像中出现脊。然后，算法跟踪所有脊的顶部，并将所有不在脊的顶部的像素设为零，以便在输出中给出一条细线，这就是非极大值的抑制处理。脊像素使用两个阈值 T_1 和 T_2 做阈值处理，其中 $T_1<T_2$。值大于 T_2 的脊像素称为**强边缘像素**，T_1 和 T_2 之间的脊像素称为**弱边缘像素**。

（4）最后，算法通过将 8 连接的弱像素集成到强像素，执行边缘连接。

进行了 Canny 边缘检测之后，基本能够得到连续的车辆目标边缘，对于不连续的边缘，进行下一步的形态学处理。

数学形态学是在集合论的基础上发展起来的,用具有一定结构和特征的结构元素来度量图像中的形态。数学形态学定义了两种基本的变换,即腐蚀(Erosion)和膨胀(Dilation),形态学的其他运算都是由这两种基本运算复合而成的。

综合应用 Canny 的边缘检测和形态学原理进行图像的分割。其步骤如下:

(1)进行 Canny 的边缘检测。

(2)对于像素可能产生的断边现象,进行形态学的闭运算,使不完全连续的部分形成连续的曲线。

(3)进行形态学的填充处理。

(4)图像的二值化得到车辆目标区域。

7.4.2 车辆目标特征提取

为了有效地识别目标,需要提取目标的特征。特征提取是指从目标的原始信息中提取和选择能够代表目标特征信息的过程。目标特征提取是目标识别的核心环节。目前目标形状识别的方法可以归纳为如下两类:(1)第一类是基于目标边缘形状的识别。**边缘特征**主要有周长、角、宽度、高度、直径等,其描述方法主要有边缘链码、自回归模型、傅里叶描述子等。(2)第二类是基于物体所覆盖区域的形状识别。**区域特征**主要有面积、圆度、矩特征等,其描述方法主要有行程编码、四叉树、矩描述子等。另外,对目标进行特征提取一般有以下几个基本要求:

(1)提取和选择的特征相对目标的可变参量具有不敏感性;

(2)特征要稳定易于提取;

(3)特征量的维数要明显小于目标的原始数据;

(4)特征量之间要具有尽量小的相关性。

另外,增加一些有助于把容易混淆的类别分开的特征,可以提高分类精度。

综上所述,本节拟提取车辆目标的混合特征,包括 8 个离散余弦变换描述子,6 个独立的不变矩,3 个最能区别目标特征的区域描述子。因为混合特征的性能优于单一特征的性能;特征项提取又比较容易实现,计算复杂度不太大。

1. 余弦变换描述子

目标图像经分割后进行边缘提取,获得其外形轮廓数据 $f(x[m],y[m])$,把 N 个点组成的闭合边缘曲线 $f(x[m],y[m])$ 放到复平面上,形成一维复序列,即:

$$f(m) = x(m) + jy(m) \quad (1 \leqslant m \leqslant N) \tag{7-34}$$

对式(7-34)进行离散余弦变换,因 $|F(0)|$ 是直流分量,仅表示图像所处的平移位置,故 $C(1) \equiv 1$ 舍弃。$C(k \geqslant 2)$ 即为离散余弦变换描述子。

$$X(k) = \frac{2}{\sqrt{N}} \sum_{n=0}^{N-1} x(n) \cos \frac{(2n+1)k\pi}{2N}$$

$$Y(k) = \frac{2}{\sqrt{N}} \sum_{n=0}^{N-1} y(n) \cos \frac{(2n+1)k\pi}{2N}$$

$$F(k) = X(k) + jY(k) \tag{7-35}$$

$$|F(k)| = \sqrt{X(k)^2 + Y(k)^2}$$

$$C(k) = |F(k)| / |F(1)|$$

余弦变换描述子对目标具有平移、旋转及比例不变性,对轮廓数据的起始点不敏感。余弦变换系数的低频部分反映了图像的整体轮廓,其高频部分仅刻划了外形的细节,而且DCT不需要进行复数运算和数据求模运算,用较少的特征量可获得较高的识别率,故提取其外形轮廓数据离散余弦变换的前8个系数作为目标识别的特征参数。

2. 6 个独立的不变矩

如果一幅数字图像满足分段连续,且在 XY 平面上只有有限个非零点,则可以证明该数字图像的各阶矩存在。

对于二值图像,由于其中像素的值只有 0 和 1 两种取值,如果假设目标区域像素值为1,背景区域像素值为 0,则该二值图像的 $p+q$ 阶矩定义为:

$$m_{pq} = \sum_x \sum_y x^p y^q \tag{7-36}$$

该区域的中心矩定义为:

$$\mu_{pq} = \sum_x \sum_y (x - \bar{x})^p (y - \bar{y})^q \tag{7-37}$$

其中,$\bar{x} = m_{10}/m_{00}$,$\bar{y} = m_{01}/m_{00}$,$(\bar{x}, \bar{y})$ 为该区域的中心。对于二值图像,m_{00} 即为该区内的点数。

3. 3 个典型的区域描述子

为了更好地进行车辆目标的识别,我们又选取了 3 个典型的区域描述子来作为目标识别的特征参数。

(1) 区域的偏心率。即与区域有着相同二阶矩的椭圆的偏心率,它是椭圆的焦距主轴长度间距离的比率。其值在 0 和 1 之间,0 和 1 是退化的情况(偏心率为 0 的椭圆是圆,偏心率为 1 的椭圆是线段)。

(2) 区域的短轴和长轴之比。

(3) 区域的紧凑性,即 $(4 \times \pi \times S)/(L^2)$,其中 S 表示区域的面积,L 表示区域的周长。

综上所述,本节提取的特征参数为:8 个离散余弦变换描述子,6 个独立的不变矩和 3个典型的区域描述子。

7.4.3 车辆识别的 RBF 网络设计

径向基函数(Radial Basis Function,RBF)神经网络是一种新型的神经网络,它是一种将输入矢量扩展或者预处理到高维空间中的神经网络学习方法。它不仅具有良好的推广能力,而且避免了像 BP 算法那样烦琐的计算,从而实现神经网络的快速学习。

对于本节的车辆目标识别问题,把提取的 17 个特征参数作为网络的输入矢量,因而网络的输入层需要 17 个神经元;要求网络能识别 3 类不同的目标:坦克、汽车、摩托车,因此建立的 RBF 网络具有 17 维输入和 3 个输出,RBF 网络结构如图 7-12 所示。

第一层为输入层,完成将特征向量 $\{S_1, S_2, \cdots, S_{17}\}$ 引入网络。第二层为隐层,它与输入层完全连接(权值=1),其作用相当于对输入模式进行一次变换,将低维的模式输入数据变换到高维空间内,以利于输出层进行分类识别。隐层结点选取基函数作为转移函数,一般采用高斯函数:

$$\phi(x, \rho) = \exp[-(s - C_h)^2 / \rho^2] \tag{7-38}$$

式中:C_h 表示基函数的中心;ρ 表示宽度。结点计算输入向量与中心的欧式距离,然后通

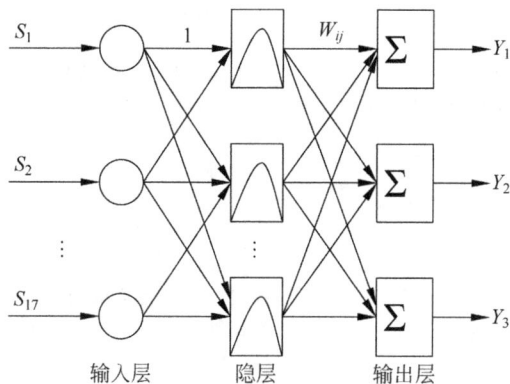

图 7-12　RBF 网络结构图

过转移函数进行变换。第三层为输出层,第 j 个输出结点的输出为:

$$y_j = \sum W_{ij} \phi_i (\parallel s - C_h \parallel, \rho) \tag{7-39}$$

式中: $h = 1, 2, \cdots, H$; $\parallel \cdot \parallel$ 表示欧式范数。

7.4.4　MATLAB 程序实现

程序实现主要包括两大部分:车辆目标特征的提取;基于径向基神经网络的车辆识别。具体代码如下:

1. 车辆目标特征提取

提取的车辆特征主要包括 8 个离散余弦变换描述子,6 个独立的不变矩和 3 个典型的区域描述子。

```
% 提取的车辆特征:3 最具有代表性的几个区域描述子 + 6 距描述 + 离散余弦描述(8 点)
% 依次自动提取 21 幅图像
% example7_4_4_1.m %
for kk = 1:21                          % 汽车 坦克 摩托
    p1 = ones(16,16);
    qq = strcat(int2str(kk),'.bmp');
    qq1 = strcat('图片\',qq);           % 读图片
    x = imread(qq1,'bmp');
    bw = x(3:end - 3,3:end - 3);         % 去除图像四周可能存在的噪声
    [i9,j9] = find(bw == 1);
    imin = min(i9);
    imax = max(i9);
    jmin = min(j9);
    jmax = max(j9);
    bw2 = bw(imin - 1:imax + 1,jmin - 1:jmax + 1);
    G = bw2;
    [Lab,num] = bwlabel(G,8);
    D = regionprops(Lab,'all');

    phi = Invariant(G);                 %% 矩描述 程序 7 - 6 作为子函数
    C = phi';
    HT = abs(log(C));
```

```
    HT = HT(1:6)./max(HT);                %% 矩描述
  [m,n] = size(G);
  BWoutline = bwperim(G);                 % 边缘（8 连接默认）
  BWgu = bwmorph(BWoutline,'skel',inf);   % 细化,骨骼化
  % figure(5),imshow(BWgu)
  b = boundaries(G);                      % 获得边界
  b = b{1};
  x = b(:,1);
  y = b(:,2);
   c1 = [D.Area];                         % 白色区域像素数目
  c2 = [D.MajorAxisLength];               % 长轴
  c3 = [D.MinorAxisLength];               % 短轴
  c4 = size(x,1) - 1;
   % k1 = [D.Solidity];                   % 突壳中的像素比例
  k2 = [D.Eccentricity];                  % 偏心率
  k3 = c3/c2;                             % 短长轴比
   % k4 = [D.Extent];                     % 面积比()
  % K = [k1,k2,k3,k4]';                   % (一些区域描述子)
  k5 = (4 * pi * c1)/(c4.^2);             % 面积周长比
  K = [k2,k3,k5]';                        % 最具有代表性的 3 个区域描述子


  % 离散余弦描述
  xx = dct(x);
  yy = dct(y);
  ping1 = sqrt(xx.^2. + yy.^2);
  E = ping1(2:9)./max(ping1);             % 取前 n 个系数
  XS(:,kk) = [K;HT;E];
end
XS
save E21wo6 XS                            % 最具有代表性的几个区域描述子 + 距描述 + 离散余弦描述(8 点)
```

% 汽车 1   坦克 2   摩托 3

2. 基于径向基神经网络车辆识别

利用前面提取的车辆特征,采用径向基神经网络进行车辆目标的识别,具体代码如下:

```
% 设计的径向基神经网络识别算法
% E21wo6 是 example7_4_4_1.m 文件中提取出来并保存在 E21wo6 中的图像特征
% example7_4_4_2.m %
load E21wo6 XS
% 离散余弦描述 + 距描述 + 最具有代表性的几个区域描述子
tic
tc = [1 2 3 1 2 3 1 2 3 1 2 3];
t = ind2vec(tc);
T = t;
P1 = [XS(:,10:21)];
P2 = XS(:,1:9);
net = newrb(P1,T,0.0001);
Y = sim(net,P1)
Y1 = compet(Y)
Y2 = vec2ind(Y1)
```

```
Y3 = sim(net,P2)
Y33 = compet(Y3)
Toc                                    % 统计运算时间
```

运行结果为:

```
Y3 =
  0.7272    0.3852   -0.4337    1.2278   0.1004   -0.3438    1.4990    0.2450   -0.8185
 -0.1890    0.6296   -0.0074   -0.3339   0.8304   -1.1560   -0.4554    0.9783   -1.0640
  0.4617   -0.0148    1.4411    0.1061   0.0691    2.4998   -0.0436   -0.2233    2.8825
 Y33 =
   1    0    0    1    0    0    1    0    0
   0    1    0    0    1    0    0    1    0
   0    0    1    0    0    1    0    0    1
```

时间已过 0.556 623 秒。

7.4.5 实验结果

如前所述,本节的设计思路为:①基于 Canny 和形态学的图像分割;②提取车辆目标的混合特征;③进行 RBF 网络的识别。为了验证算法的识别能力,对获得的 3 种车辆目标模型进行了测试。实验时每类目标的训练样本数为 36,它们是在 $0°\sim180°$ 角度范围内每隔 $5°$ 抽取的一个样本形成的。然后,3 种目标在任意角度分别成像,从而得到若干测试样本。表 7-4 给出部分测试样本车辆目标的混合特征参数。其中 $S_1\sim S_3$ 是 3 个典型的区域描述子,$S_4\sim S_9$ 是 6 个独立的不变矩,$S_{10}\sim S_{17}$ 是余弦变换描述子。

表 7-4 部分测试样本车辆目标的混合特征参数

特征向量	汽车1	汽车2	汽车3	汽车4	坦克1	坦克2	坦克3	坦克4	摩托1	摩托2	摩托3	摩托4
S_1	0.9169	0.8818	0.9088	0.8028	0.9094	0.9074	0.8984	0.9002	0.7703	0.8664	0.8235	0.7321
S_2	0.3992	0.4716	0.4173	0.5962	0.4159	0.4203	0.4392	0.4355	0.6377	0.4993	0.5674	0.6812
S_3	0.7158	0.7156	0.6812	0.8779	0.4359	0.5419	0.5580	0.4960	0.7840	0.6673	0.7113	0.8064
S_4	0.0656	0.0717	0.0818	0.0616	0.0702	0.0522	0.0664	0.0725	0.0799	0.0765	0.0792	0.0634
S_5	0.1609	0.1860	0.2043	0.1779	0.1744	0.1297	0.1677	0.1830	0.2445	0.2047	0.2255	0.2024
S_6	0.4073	0.3943	0.4177	0.4072	0.5248	0.4123	0.5205	0.4667	0.3312	0.3960	0.3678	0.2781
S_7	0.4888	0.4883	0.4906	0.4625	0.4682	0.4938	0.4780	0.4760	0.5080	0.5140	0.5095	0.4162
S_8	1.0000	0.9317	0.9534	0.9049	0.9712	1.0000	1.0000	0.9526	0.9424	0.9778	1.0000	0.7724
S_9	0.6655	0.5831	0.6037	0.5741	0.5555	0.5612	0.5619	0.5694	0.6544	0.6393	0.6866	0.5326
S_{10}	0.2439	0.2865	0.3072	0.3391	0.2281	0.2509	0.2269	0.2965	0.4423	0.2985	0.3099	0.3203
S_{11}	0.5399	0.5748	0.5762	0.5561	0.5185	0.5559	0.5096	0.5173	0.5056	0.5243	0.5392	0.5476
S_{12}	0.1353	0.1422	0.1543	0.2023	0.0858	0.2099	0.1053	0.2954	0.2617	0.1966	0.1921	0.2056
S_{13}	0.0266	0.0229	0.0072	0.0344	0.1122	0.0519	0.0864	0.0491	0.0491	0.0270	0.0337	0.0379
S_{14}	0.0156	0.0335	0.0606	0.0294	0.0381	0.0246	0.0375	0.0232	0.0721	0.0472	0.0503	0.0500
S_{15}	0.0508	0.0470	0.0771	0.0475	0.0514	0.0230	0.0218	0.0234	0.0647	0.0978	0.0911	0.0629
S_{16}	0.0538	0.0556	0.0398	0.0294	0.0273	0.0382	0.0327	0.0122	0.0352	0.0393	0.0315	0.0293
S_{17}	0.0170	0.0232	0.0091	0.0330	0.0682	0.0182	0.0566	0.0603	0.0491	0.0104	0.0222	0.0263

在利用 RBF 网络对车辆目标进行识别时,首先利用所有的训练样本对网络进行训练和学习,直到网络收敛,然后为了检验网络对未训练样本(测试集)的分类能力,用训练过的网络对测试样本(每种车辆的测试样本数为 50)进行识别。

仿真结果表明,混合特征的 RBF 网络识别精度高达 95.17%。根据本章参考文献[1],提取 17 个余弦变换描述子进行 BP 网络识别,精度仅为 85.71%;另外本节的运算时间为 0.125 秒,而 BP 网络需要 1.578 秒。图 7-13(a)是 RBF 网络的误差性能曲线;图 7-13(b) 是 BP 网络训练的误差性能曲线。图 7-13(a)中 RBF 仅需 11 步就达到了 1.989×10^{-28} 的训练误差;而 BP 网络训练需要 205 步才达到了 0.9×10^{-3} 的性能误差。

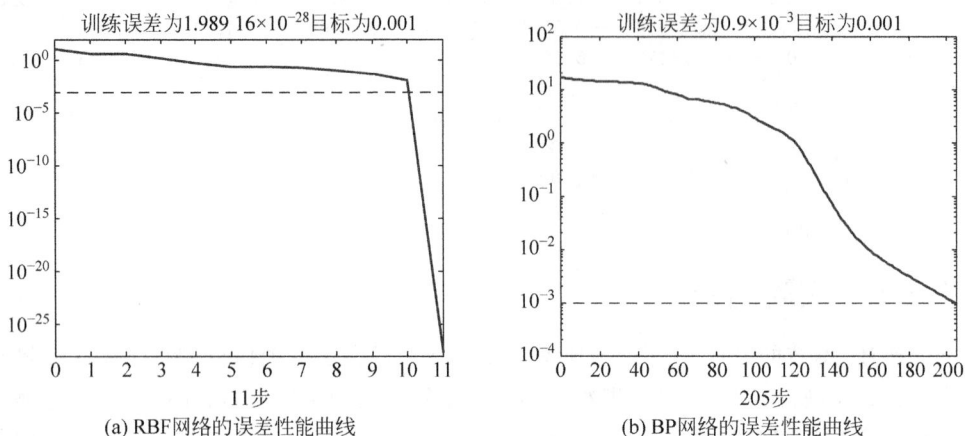

(a) RBF网络的误差性能曲线　　　(b) BP网络的误差性能曲线

图 7-13　两种网络的误差性能曲线

注:实线为训练曲线,虚线为目标曲线。

从实验结果明显可看出,本节提出的 RBF 网络的特征融合识别方法性能稳定,比 BP 网络具有更高的识别精度,网络速度更快。

7.5　综合实例:文本图像的特征分析与识别

随着互联网和多媒体技术的发展,数字图像的数量以惊人的速度增长,各种类型及内容的图像随处可见。在这些图像中,有一类是以文字、表格等为主要内容,这些图像是记录在纸张上的文字经过扫描、拍照等方式转化过来的,一般定义这类图像为**文本图像**。文本图像包含的文字具有较大的信息量,具有重要的应用价值。但文本图像通常和大量的非文本图像混杂在一起,一般需要采用人工的方法将文本图像挑选出来,这种方法不仅费时费力,而且由于理解不同容易出现错误分类,因此在图像数量巨大的情况下,需要利用计算机自动将文本图像从非文本图像中识别出来。

7.5.1　文本图像特征分析

在图像识别研究中,常用的图像特征主要包括颜色、形状和纹理等。文本图像与非文本图像在某些图像特征上存在一定的差异:与普通的连续色调图像相比,文本图像在视觉上灰度单调,数据反差明显,而普通连续色调的图像灰度层次丰富,分布相对均匀。这种差异使得我们有可能通过提取图像的底层特征将文本图像与非文本图像加以区分。又由于文本图像与一般图像在颜色和纹理上的差异相对明显,可以采用灰度共生矩阵纹理特征对文本图像和非文本图像进行区分。

纹理通常定义为图像的某种局部性质,或是对局部区域中像素之间关系的一种度量。纹理特征提取的一种有效方法是以灰度级的空间相关矩阵(即共生矩阵)为基础,进行灰度共生矩阵的计算。含大量文字的图像表现出来的纹理与其他一般图像的纹理有很大不同,对于前者,不论文字嵌入的图像内容如何,文字相对于背景的灰度对比度总是很高,而且文字总是由短小的线段(如横或竖等)组成的,这便构成了一种有周期性的纹理。

相对于连续色调图像,文本图像在纹理方面存在明显的特征。使用灰度共生矩阵描述图像纹理信息,并提取共生矩阵中 P_{ij} 分布特征用于文本图像的判别。在生成灰度共生矩阵时,取较小的灰度差分值 (a,b),这样得到的共生矩阵对一般图像有下面特性:数值大部分在对角线附近,且呈对称分布。图 7-14 和图 7-15 分别给出连续色调图像与文本图像的共生矩阵示意图[2]。

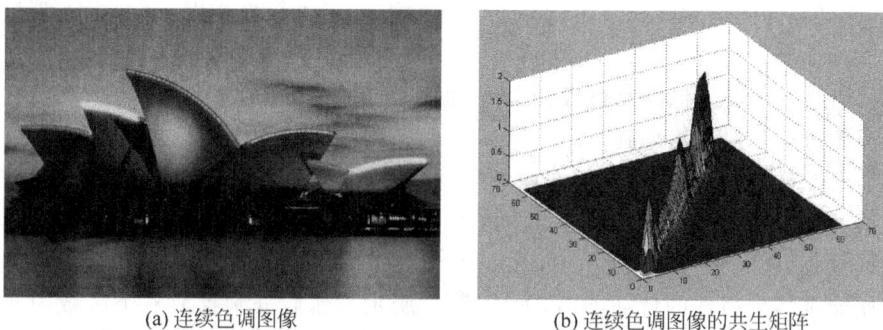

(a) 连续色调图像   (b) 连续色调图像的共生矩阵

图 7-14 连续色调图像及其共生矩阵图示意图

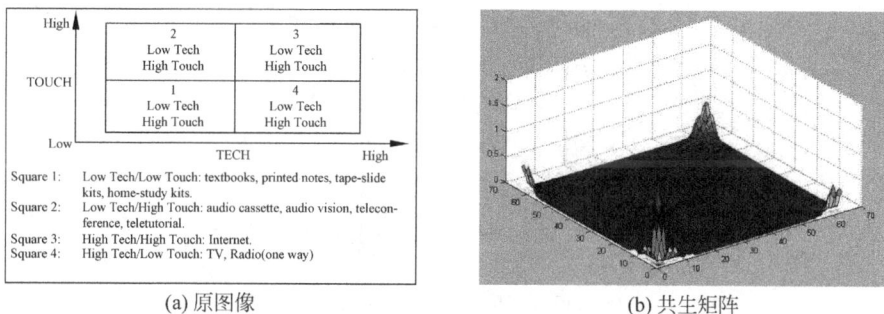

(a) 原图像   (b) 共生矩阵

图 7-15 文本图像及其共生矩阵示意图

需要说明的是,大量的文本图像的共生矩阵与图 7-15(b) 是相似的。这是因为文本图像的灰度构成一般只有高低两个范围,因而形成共生矩阵时,以下 4 种情况占了大多数:相邻低灰度(文字之间)、相邻高灰度(背景之间)、灰度从低到高(文字到背景)以及灰度由高到低(背景到文字)。这样的分布特征反映在三维的共生矩阵图中便形成了 4 个角落的集中分布。

7.5.2 文本图像识别算法

识别算法的关键是提取有效的纹理统计特征量。在这里,可以提取有效的统计特征量——灰度共生矩阵的灰度点对概率 P_{ij},并据此识别文本图像。图 7-16 为识别方法流程

图,一般的识别流程如下:

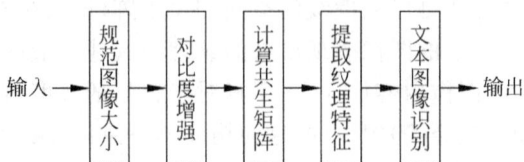

图 7-16 识别方法流程图

首先,把图像按原比例规范到大小 600×600 以下。在处理大量的图像时,图像尺寸过大影响计算的速度,因此在识别之前对图像大小做预处理是有必要的。灰度共生矩阵因图像的大小变化有微小的差异,但对文本图像而言,经规范大小后图像的共生矩阵特征更趋于一般化。这是因为图像太大会使由背景点生成的矩阵元素数量变大,影响矩阵所呈现出来的面貌。

其次,由于某些文本图像字迹较淡,为了提取到更好的纹理参数,在计算灰度共生矩阵前,先将图像进行了对比度增强。

最后,对图像作判决,分别计算图像水平、垂直两个方向的灰度共生矩阵,再计算它们的平均值,得到一个灰度共生矩阵。在此灰度共生矩阵的四个角及中间取五块区域:区域Ⅰ、区域Ⅱ、区域Ⅲ、区域Ⅳ和区域Ⅴ,其中Ⅴ是对角线上的一块区域,可以根据需要在对角线上移动,以便能选择到最佳的特征参数,如图 7-17 所示。然后分别提取五个区域中灰度点对出现的概率之和。

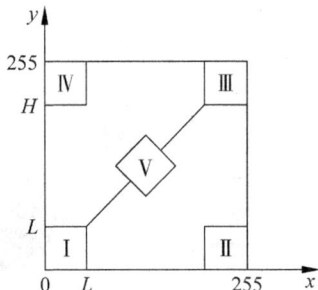

图 7-17 灰度共生矩阵分割示意图

图 7-17 中,用参数 L 和 H 决定共生矩阵的四个区域方框的大小,根据文本图像灰度共生矩阵三维图的特征和实验结果,一般取参数 L 和 H 的值为 56 和 200,取区域Ⅴ的边长为 $M\times N$。P_{I} 代表灰度共生矩阵左下角区域中所有灰度点对出现的概率 P_{ij} 的总和。同理,P_{II}、P_{III}、P_{IV}、P_{V} 分别代表另外四个区域的灰度点对出现概率 P_{ij} 的总和。计算 P_{V} 时,我们可以首先将区域Ⅴ转换至坐标原点,再计算 P_{V}。

$$P_{\mathrm{I}} = \sum_{i=0}^{L}\sum_{j=0}^{L}P_{ij}, \quad P_{\mathrm{II}} = \sum_{i=H}^{255}\sum_{j=0}^{L}P_{ij}, \quad P_{\mathrm{III}} = \sum_{i=H}^{255}\sum_{j=H}^{255}P_{ij},$$

$$P_{\mathrm{IV}} = \sum_{i=0}^{L}\sum_{j=H}^{255}P_{ij}, \quad P_{\mathrm{V}} = \sum_{i=0}^{M-1}\sum_{j=0}^{N-1}P_{ij} \tag{7-40}$$

得到上面五个数值后,通过共生矩阵特征和实验结果,有一种简单的方法判定图像为非文本图像：可以选取两个阈值 $\theta_1 = 0.5$ 和 $\theta_2 = 0.5$，令 $P_{sum} = P_{\mathrm{I}} + P_{\mathrm{II}} + P_{\mathrm{III}} + P_{\mathrm{IV}}$，如果 $P_{sum} > \theta_1$ 并且 $P_{\mathrm{V}} < \theta_2$，说明点对大部分集中在四个角，为文本图像；如果 $P_{sum} < \theta_1$ 并且 $P_{\mathrm{V}} > \theta_2$，说明点对大部分集中在中间，为非文本图像。

还有一种比较复杂但更具鲁棒性的判定方法，选取五个阈值 $\theta_1 < \theta_2 < \theta_3 < \theta_4$ 及 θ_5。当图像满足条件 $P_{\mathrm{III}} > \theta_4$、$P_{\mathrm{V}} > \theta_5$、$P_{\mathrm{II}} < \theta_1$ 或 $P_{\mathrm{IV}} < \theta_1$ 时，我们判定其为非文本图像。当图像满足条件 $P_{\mathrm{III}} > \theta_4$ 时，其共生矩阵中大部分数值分布在区域Ⅲ，即图像像素绝大部分是高灰度，我们判定图像为非文本图像。条件 $P_{\mathrm{III}} > \theta_4$ 可以将背景为白色、没有内容的图像筛选掉；当图像满足条件 $P_{\mathrm{V}} > \theta_5$ 时，即共生矩阵中大部分数值分布在对角线附近，我们判定其为非文本图像。条件 $P_{\mathrm{V}} > \theta_5$ 可以将绝大部分连续色调图像筛选掉，包括风景、人物等；当图像满足条件 $P_{\mathrm{II}} < \theta_1$ 或 $P_{\mathrm{IV}} < \theta_1$ 时，即图像缺少灰度从低到高及从高到低的特征，我们判定图像为非文本图像。条件 $P_{\mathrm{II}} < \theta_1$ 或 $P_{\mathrm{IV}} < \theta_1$ 可将背景简单的一些非文本图像筛选掉。

当图像满足条件 $P_{\mathrm{II}} > \theta_2$ 与 $P_{\mathrm{IV}} > \theta_2$ 与 $P_{\mathrm{III}} > \theta_3$ 时，其共生矩阵符合文本图像的特征，我们判定其为文本图像。

7.5.3 文本图像识别的 MATLAB 实现

利用灰度共生矩阵实现文本图像识别，主要包括两部分：①文本图像识别的主函数；②文本图像识别函数。程序代码如下。

1. 文本图像识别的主函数

```
% 读入一组 i 个图像(比如 12 幅),识别出这些图像是否为文本图像,如果是 v = 1,否为 0
% text_main.m
for i = 1:12
% 读取一组图像到 ima 元组
ima{i} = imread(['D:\图片\bmp2\',num2str(i),'.bmp']);
    v(i) = text_recog{i});
  end
v
```

2. 文本图像识别函数

```
% 文本图像识别函数
% text_recog.m
function v = text_recog(X)
[m,n] = size(X);                      % 图像长 m 宽 n
a = 5;b = 5;                          % 自己定义灰度差分值(a,b)自己试验：1~15
P = zeros(256,256);
% 图像灰色级为 256 个,所以 i,j 组合共有 256 * 256.定义 P 为概率矩阵
% 简单设计,考虑到可能出界问题,考虑图像(m - a)(n - b)大小
for x = 1:m - a
    for y = 1:n - b
        i = X(x,y);                   % i,j 取值范围为 0~255
        j = X(x + a,y + b);           % 该点对的灰度值为(i,j)
         P(i + 1,j + 1) = P(i + 1,j + 1) + 1;   % 该点对出现概率
    end
end
    P = P./((m - a) * (n - b));        % 归一化概率 P
```

```
    L = 56;H = 200;                                        % 根据经验设定的阈值
      M = 150;N = 150;                                      % 中间区域大小

      P1 = sum(sum(P(0 + 1:L + 1,0 + 1:L + 1)));           % 区域 1 中灰度点对出现概率之和
      P2 = sum(sum(P(H + 1:255 + 1,0 + 1:L + 1)));         % 区域 2 中灰度点对出现概率之和
      P3 = sum(sum(P(H + 1:255 + 1,H + 1:255 + 1)));       % 区域 3 中灰度点对出现概率之和
      P4 = sum(sum(P(0 + 1:L + 1,H + 1:255 + 1)));         % 区域 4 中灰度点对出现概率之和
      Psum = P1 + P2 + P3 + P4;                            % 四个角上的灰度点对之和
      P5 = sum(sum(P(128 - M/2:128 + M/2,128 - N/2:128 + N/2)));   % 区域 5 中灰度点对出现概率之和
if Psum > 0.5 && P5 < 0.5                                  % 如果点对大部分集中在四角,为文本图像
      v = 1;
elseif Psum < 0.5 && P5 > 0.5                              % 如果点对大部分集中在中间,为非文本图像
      v = 0;
end
```

实验结果：v=[1 0 1 0 1 0 1 0 1 0 1 0]。

提示：从给出的图像库也可以看出,奇数图像为文本图像,偶数图像为非文本图像,识别完全正确。

7.6 习题

(1) 任意选择一幅彩色图像,用 MATLAB 提取出该图像的 R、G、B 三分量并显示。
(2) 任意选择一幅彩色图像,用 MATLAB 提取出该图像的 H、S、V 三分量并显示。
(3) 任意选择一幅灰度图像,在 MATLAB 中求该图像的颜色一阶矩、二阶矩和三阶矩,并分析其特征。
(4) 共生矩阵法的基本思想就是什么? 任意选择一幅灰度图像,设定不同的距离差分值(a,b),用 MATLAB 求其在 0、45、90、135 这 4 个方向上的灰度共生矩阵,并进行分析。
(5) 任意选择一幅纹理图像,在 MATLAB 中计算图像的灰度差分统计特征：均值 mean、对比度 con 和熵 ent。
(6) 自己手写一些阿拉伯数字,提取这些数字的有效特征,用 MATLAB 实现这些手写数字的自动识别。

参考文献

[1] 冯春环,涂建平等. 基于离散余弦变换的红外目标识别算法. 系统仿真学报,2005,17(6)：1363~1365.
[2] 庄军,李弼程. 一种基于灰度共生矩阵的文本图像识别方法. 计算机工程,2006,32(3)：214-216.

第二部分

ARTICLE

MATLAB 数字图像处理实例

在当今的信息社会中,微电子与计算机技术高速发展,图像数字化设备(如 CCD 摄像机、扫描仪、数码相机、图像采集卡)的成本大大降低,普通计算机已经可以胜任部分图像处理任务,使得图像处理技术的应用越来越广泛,在工业应用、遥感图像处理、生物医学和疾病诊断、图像通信和传输、社会安全与信息安全、生物特征识别等各行各业都发挥着重要的作用,并显示出了广泛的应用前景。此部分针对数字图像处理中的一些具体问题如水果识别系统,火灾检测,图像检索、图像识别、图像聚类等现实应用进行详细介绍。

这部分内容主要包括以下 6 章:

第 8 章

基于神经网络的水果自动识别

计算机图像处理及识别是计算机应用技术的一个重要方面,在电子业、人工智能、工业自动化、生物医疗工程、卫星遥感等众多领域中占有极其重要的地位。目前国内外研究比较多的是农产品的品质检测。在水果品质检测方面,国外除了进行外部品质(如大小、形状、颜色、表面缺陷等)的检测外,还进行起内部品质的无损检测,有些检测项目已经商品化,且能达到实时速度。在国内,水果品质检测的研究从 20 世纪 90 年代才开始,仅停留在外部的品质检测上,且远未达到实时检测分级的水平。我国水果的生产在整个农产品的生产中占有很大的比例,是重要的外贸出口产品。但由于产后处理不够,使外销水果的品质难以保证,在国际市场上缺乏竞争力。其原因首先是检测与分选的手段落后。

在我国,水果分级基本上仍由人工完成。人工分级的缺点主要有:劳动量大,生产率低,分级标准难以实现和分级精度不稳定。因为在水果分级标准中,着色面积和缺陷面积的度量,仅凭人的视觉难以精确区分,且人长时间用眼,会造成疲劳及情绪的不稳定,从而造成分级误差的波动。因此,研究和开发水果自动实时分级系统在我国具有重要的经济价值和广阔的应用前景。

8.1 水果自动识别总体框架

基于苹果、桔子和香蕉 3 种水果的不同图像特征,把需要的水果从中识别(提取)出来。其总体框架如图 8-1 所示。

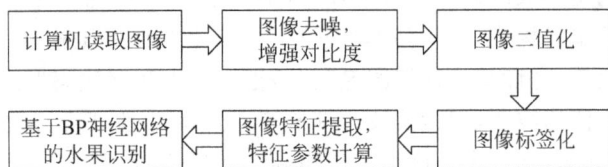

图 8-1 水果识别的总体框架

(1) 计算机读取图像。为了在计算机上进行图像处理,必须把作为处理对象的模拟图像转换成数字图像。图像信息的获取一般包括图像的摄取、转换和数字化等几个步骤。

(2) 图像去噪和对比度增强。图像有噪声和对比度较差的时候,会给最终的识别分类带来困难。所以必须先进行图像去噪和增强对比度的预处理。

(3) 图像的二值化。所谓图像的二值化,就是使图像上所有点的灰度值只有两种可能,不为"0"就为"255",也就是使整个图像呈现出明显的黑白效果。

（4）图像的标签化。为了能够把每个物体都相互区分开,就要检查有关像素是连接着的还是分离着的,这种处理称为**标签化**。所谓图像的标签化,是指对图像中互相连通的所有像素赋予同样的标号,而对于不同的连接成分则给予不同的标号的处理过程。经过标签化处理就能把各个连接成分进行分离,从而可以研究它们各自的特征。

（5）图像特征提取、特征参数计算。需要提取的图像特征有：面积、周长、弧度、颜色。利用这些参数就能将水果相互区分开来。

（6）基于 BP 神经网络的水果识别。建立水果特征库,用采集到的特征数据对 BP 网络进行训练,达到能够区分任意一幅图片中香蕉、苹果和桔子的目的,使识别系统具有良好的通用性。识别过程分成三个步骤：目标的数据获取、特征提取和分类判决。相应模型如图 8-2 所示。

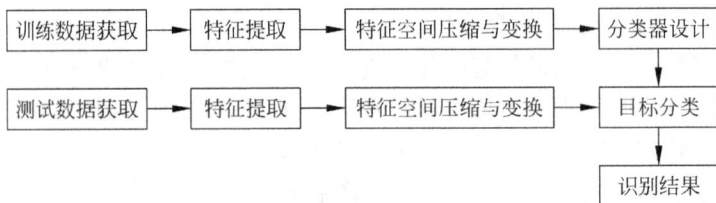

图 8-2　目标识别模型

8.2　图像预处理

图像预处理一般包括图像去噪、图像增强等,主要是为了增强图像的对比度,提高图像分割的准确性和图像识别的准确率。

8.2.1　图像去噪

计算机图像以计算机文件的形式存在,实质上是一些数字代码,它与通常所说的（传统意义上的）图像最大区别是计算机的图像是数字化的,而不是模拟化的（数字图像是模拟图像数据化的结果）,它是一般图像的离散采样,因而具有一些传统图像中所没有的概念。计算机图像由更基本的单元构成,这些基本单元称为"**像素**",像素是被逐点描述的,具有一个明确的位置和色彩数值。"**计算机读取图像**"就是把图像以数字代码形式存储起来。

图像去噪采用中值滤波法,中值滤波是抑制噪声的非线性处理方法。用中值滤波法处理 3＊3 像素的局域图像,把 9 个灰度值按从小到大的顺序排序后,以第 5 个（即中间）序号的灰度值作为目标像素的灰度值。

中值滤波法的原理是将模板中的变量值进行排序,然后取序列中间值,这种方法可以有效地防止受到突发性脉冲干扰的数据进入。在实际使用时,模板的大小要选择适当：如果选择的模板过小,可能起不到去除干扰的作用；如果选择的模板过大,会造成采样数据的时延过大,造成系统性能变差。在实际使用时,不可能仅仅使用一种方法,而是综合运用各种数字滤波技术,例如在中值滤波法中加入平均值滤波,借以提高滤波的性能。

对于给定的 n 个数值 $\{a_1, a_2, \cdots, a_n\}$,将它们按大小顺序排列。当 n 为奇数时,位于中间位置的数值称为这 n 个数值的中值;当 n 为偶数时,位于中间位置的两个数值的平均值称为这 n 个数值的中值,记做 $\mathrm{med}(a_1, a_2, \cdots, a_n)$。中值滤波就是这样的一个变换,图像中滤波后某像素的输出等于该像素模板中各像素灰度的中值。模板的大小决定于在多少个数值中求中值,模板的形状决定在什么样的几何空间中取元素计算中值。对于二维图像,窗口的形状可以是矩形、圆形及十字形等,它的中心位于被处理点上。窗口大小及形状对滤波效果也有影响。

程序如下:

```
% example8_2_1.m %
% 中值滤波
function example8_2_1()
Col_Image = imread('fruit01.jpg');                % 读取图像
Gray_Image = rgb2gray(Col_Image);
figure(1);imshow(Gray_Image); title('灰度图像');

Original_Image = im2double(Gray_Image);
Denoi_Image = Original_Image;
[m,n] = size(Denoi_Image);
for i = 2:1:m-1
    for j = 2:1:n-1
      temp = Denoi_Image(i-1:i+1,j-1:j+1);
      X = [temp(1,1),temp(1,2),temp(1,3),temp(2,1),temp(2,2),temp(2,3),temp(3,1),temp(3,
          2),temp(3,3)];
      temp = sort(X);
      Denoi_Image(i,j) = temp(1,5);                % 中值滤波
    end
end
figure(2);imshow(Denoi_Image);title('去噪后的图像');
```

读取的灰度图像如图 8-3 所示。
中值滤波对于滤除图像中的椒盐噪声非常有效。去噪后的图像如图 8-4 所示。

图 8-3　灰度图像　　　　　　图 8-4　去噪后的图像

8.2.2　图像增强

图像增强采用反锐化掩模法。反锐化掩模法是一种常用的图像锐化方法,其算法表达式为:

$$g(x,y) = f(x,y) + C[f(x,y) - f'(x,y)] \tag{8-1}$$

式中,$f(x,y)$为处理前的图像;$f'(x,y)$为经过人为方法模糊以后得到的图像;$g(x,y)$为锐化处理后的图像;C为比例常数,根据具体情况选定。由于原图像 $f(x,y)$经过模糊处理后得到的 $f'(x,y)$含有较多的低频成分,很容易理解,$[f(x,y) - f'(x,y)]$使低频成分与 $f(x,y)$相比降低了很多,而相应地保留了更多的高频成分。如果再乘以 $C(C > 1)$,即 $C[f(x,y) - f'(x,y)]$,相当于把高频分量增加为 $f(x,y) - f'(x,y)$的 C 倍,从而更有效地提高了高频成分。故利用式(8-1)可以实现图像锐化的目的,从而使图像变得更加清晰。

程序如下:

```
% example8_2_2.m %
Sharp_Image = Denoi_Image;
Mo = 1/9 * [1,1,1;1,1,1;1,1,1];
[m,n] = size(Sharp_Image);
for i = 2:1:m - 1
    for j = 2:1:n - 1
        XX = Sharp_Image(i - 1:i + 1,j - 1:j + 1);
        temp1 = XX. * Mo;
            Sharp_Image(i,j) = (temp1(1,1) + temp1(1,2) + temp1(1,3) …
            + temp1(2,1) + temp1(2,2) + temp1(2,3) + temp1(3,1) + temp1(3,2) + temp1(3,3));
        Sharp_Image(i,j) = Original_Image(i,j) + 1 * (Original_Image(i,j) - Sharp_Image(i,j));
    end
end
figure(3);imshow(Sharp_Image);title('锐化后的图像')
```

本节用一个 $3 * 3$ 的模板 $1/9 * [1,1,1;1,1,1;1,1,1]$不断和原图像中顺序取出的 $3 * 3$ 矩阵点乘。所谓点乘就是两个矩阵对应元素一一相乘,之后再求和就得到了前面所述模糊处理后的图像 $f'(x,y)$,这是反锐化掩模法实现的关键。

图 8-5 是锐化后的图像。

图 8-5　锐化后的图像

8.2.3　图像二值化处理

经过去噪和对比度增强的图像,我们就可以对其进行二值化处理。二值化就是把具有多级灰度的输入图像变换成灰度值只有 0 或 1 两种值的输出图像。

图像阈值分割是最常用的图像分割技术,主要利用图像中背景与对象之间的灰度差异。在理想状态下,背景与对象之间的灰度差异很大,且同一个对象具有基本相同的灰度值。

为了得到理想的二值图像,一般采用阈值分割技术。它对于物体与背景有较强对比的图像的分割特别有效,计算简单而且总能用封闭、连通的边界定义不交叠的区域。二值化处理的关键是确定适当的阈值 T_h。所谓**阈值**,是指在图像分割时,作为区分物体与背景像素的门限,大于或等于阈值的像素属于物体,其他像素则属于背景。如果阈值过大,过多的目标点被误认为背景点,目标被削弱,甚至会消失;如果阈值过小,过多的背景点被误认为目标点,噪声过大,目标特性也会被削弱,不利于正确识别。所有灰度大于或等于阈值的像素被判决为属于物体,灰度值用“255”表示;否则这些像素点被排除在物体区域以外,灰度值为“0”,表示背景。物体的边界就成为这样一些内部的点的集合,这些点都至少有一个邻点不属于该物体。通过二值化,设置一个阈值,把明亮的部分(图像中水果的灰度值比背景灰度值大)提取出来,即实现了目标对象的提取。

阈值法是一种简单有效的图像分割方法,它用一个或几个阈值将图像的灰度级分为几个部分,将属于同一部分的像素视为相同的物体。利用阈值法,对于物体与背景之间存在明显差别(对比)的景物,分割效果十分有效。只要阈值选取合适,将每个像素与之比较,进行二值化或者半二值化处理,就可以很好地将对象从背景中分离出来。二值化后的图像如图 8-6 所示。

图 8-6　二值化图像

程序如下:

```
% example8_2_3.m %
binary_Image = Denoi_Image;
[m,n] = size(Denoi_Image);
for i = 1:m
    for j = 1:n
        if binary_Image(i,j)< = 0.462
```

```
                binary_Image(i,j) = 255;
            else
                binary_Image(i,j) = 0;
            end
        end
end
figure(4);imshow(binary_Image);title('二值化图像')
```

8.3 图像边缘检测与特征提取

数字图像的边缘检测是图像分割、目标区域识别、区域形状提取等图像分析领域十分重要的基础,也是图像识别中提取图像特征的一个重要属性。

8.3.1 图像边缘检测处理

利用边缘检测来分割图像,其基本思想就是先检测图像中的边缘点,再按照某种策略将边缘点连接成轮廓,从而构成分割区域。由于边缘是所要提取目标和背景的分界线,提取出边缘才能将目标和背景区分开,因此边缘检测技术对于数字图像十分重要。

由于受原始图像中灰度分布不均匀和光照等的影响,使得二值化后的图像不是很理想,如同一类水果中出现空洞,并且个别边缘处出现断裂等。所以要进行边缘提取以弥补断裂的边缘部分,然后再基于数学形态学算子进行去除断边、图像填充等必要的后续处理。

1. 数学形态学

形态学运算是针对二值图像,并依据数学形态学(Mathematical Morphology)集合论方法发展起来的图像处理方法,是图像处理和模式识别领域的新方法,其基本思想是用具有一定形态的结构元素去量度和提取图像中的对应形状,以达到对图像分析和识别的作用。

2. 形态学基本运算

通常,形态学图像处理表现为一种邻域运算形式。有一种特殊定义的邻域称为"结构元素"(Structure Element),在每个像素位置上它与二值图像对应的区域进行特定的逻辑运算,运算结果为输出图像的相应像素。形态学运算的效果取决于结构元素的大小、内容以及逻辑运算的性质。常见的形态学运算有腐蚀和膨胀两种。常用的简单对称结构元素有:圆形(disk)、方形(square)、菱形(diamond)。

(1)腐蚀(imerode):腐蚀是一种消除边界点,使边界向内部收缩的过程。利用该操作,可以消除小且无意义的物体。

(2)膨胀(imdilate):膨胀是将与物体接触的所有背景点合并到该物体中,使边界向外部扩张的过程。利用该操作,可以填补物体中的空洞。

(3)开运算(imopen):先腐蚀后膨胀的过程称为开运算。利用该运算可以消除小物体,在纤细点处分离物体,平滑较大物体的边界,同时并不明显改变原来物体的面积。

(4)闭运算(imclose):先膨胀后腐蚀的过程称为闭运算。利用该运算可以填充物体内细小的空洞,连接邻近物体,平滑其边界,同时并不明显改变原来物体的面积。

通常,由于噪声的影响,图像在阈值化后得到边界通常都很不平滑,物体区域有一些噪声孔,背景区域上则散布着一些小的噪声物体。连续的开运算和闭运算可以有效地改善这种情况。

Sobel 算子是一种简单常用的微分算子,它不仅能检测边缘点,而且能进一步抑制噪声的影响。Sobel 算子是对数字图像 $f(x,y)$ 的每个像素考查其相邻点像素灰度的加权差,利用 Sobel 算子进行边缘检测;利用 OR 运算结合模糊分割和边缘信息,去除断边;利用数学形态学重新填充图像中的洞,最终使处理后的图像符合我们的要求,其效果分别如图 8-7 和图 8-8 所示。

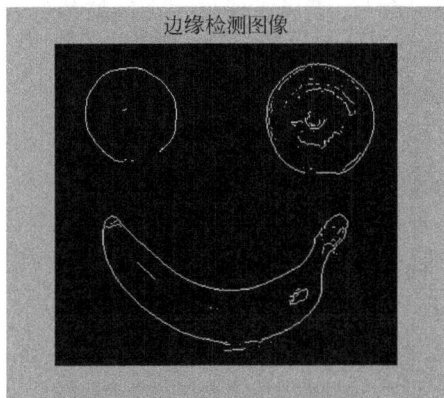

图 8-7 边缘检测图像

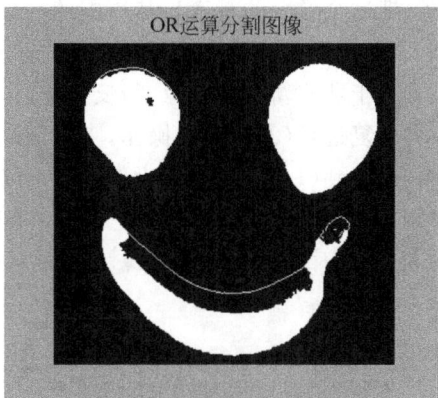

图 8-8 OR 运算分割图像

程序如下:

```
% example8_3_1.m %
% 利用 Sobel 算子提取边缘
ROI_edge = edge(Denoi_Image,'Sobel');
figure(5);imshow(ROI_edge);title('边缘检测图像');
% 利用 OR 运算结合二值化图像和边缘信息
ROI_Seg = zeros(m,n);
for i = 1:m
    for j = 1:n
        if (ROI_edge(i,j) == 0) & (binary_Image(i,j) == 0)
            ROI_Seg(i,j) = 0;
        else
            ROI_Seg(i,j) = 255;
        end
    end
end
figure(6);imshow(ROI_Seg);title('OR 运算分割图像');
% 去除断边
se = strel('disk',3);
Fina_Seg = imclose(ROI_Seg,se);
% 去除断边后重新再填充一下图像中的洞
Fina_Seg = imfill(Fina_Seg,4,'holes');
```

8.3.2 图像标签化处理

所谓**图像的标签化**,是指对图像中互相连通的所有像素赋予同样的标号,而对于不同的连接成分则给予不同的标号的处理过程。经过标签化处理就能把各个连接成分进行分离,从而可以研究它们的特征。

区域分割(标签化)的方法中最为基本的是区域扩张法。这种方法把图像分割成特征相同的小区域(最小的单位是像素),研究与其相邻的各个小区域之间的特征,把具有类似特征的小区域依次合并起来。例如,为了从像素开始进行区域扩张,可操作如下:

(1) 对图像进行光栅扫描,求出不属于任何区域的像素;

(2) 把这个像素的灰度与其周围的(4邻域或8邻域)不属于任何一个区域的像素灰度相比较,如果其差值在某一阈值以下,就把它作为同一个区域加以合并;

(3) 对于那些新合并的像素,反复进行(2)的操作;

(4) 反复进行(2)、(3)的操作,直至区域不能再扩张为止;

(5) 返回到(1),寻找能成为新区域出发点的像素。

本设计采用的是8邻域法,由于是二值图像,所以差值可以定义为"0"。为了能够看到明显的效果,程序以不同的颜色来突出显示标签化后的图像,其效果分别如图8-9和图8-10所示。

图8-9　标签化图像　　　　　　　　　图8-10　彩色标签化图像

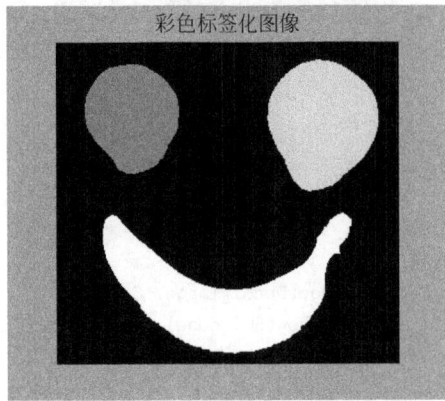

程序如下:

```
% example8_3_2.m %
% 标记连接成分(8邻域)
[Lab_Image1 XNum] = bwlabeln(Fina_Seg,8);
Lab_Image = Lab_Image1(3:end − 3,3:end − 3);
[m,n] = size(Lab_Image);
figure(7);imshow(Lab_Image);title('标签化图像')
Lab_Image1 = Lab_Image;
% 以伪彩色的形式显示标记图像
RGBX = label2rgb(Lab_Image,@jet,'k');
figure(8);imshow(RGBX);title('彩色标签化图像')
```

8.3.3　图像特征参数计算

如果用 S1,S2,S3 分别表示三种水果的面积;用 L1,L2,L3 分别表示三种水果的周长;

用 radian_o，radian_b，radian_a 分别表示三种水果的弧度。

计算的图像特征参数有：

（1）面积：计算物体所包含的像素数量。

经过标签化的不同区域像素值分别为：1,2,3。所以可以这样来计算面积：S1 对应像素值为 1 的区域，当从左到右、从上到下地对图像进行扫描时，发现像素值为 1 的，则计数器 S1 就加 1，整幅图像扫描完毕，即得区域 1 的面积。类似地，可以求出 S2 和 S3，只是对应的 S(n)需要除以 n。

程序如下：

```
% example8_3_3_1.m %
% 计算面积
S1 = 0;S2 = 0;S3 = 0;
for i = 1:m
    for j = 1:n
        if (Lab_Image(i,j) == 1)
            S1 = S1 + 1;
        end
    end
end
S1;

for i = 1:m
    for j = 1:n
        if (Lab_Image(i,j) == 2)
            S2 = S2 + 2;
        end
    end
end
S2 = S2/2;

for i = 1:m
    for j = 1:n
        if (Lab_Image(i,j) == 3)
            S3 = S3 + 3;
        end
    end
end
S3 = S3/3;
S = [S1,S2,S3]
```

（2）周长：计算出物体轮廓线上的像素数，在斜方向上，会产生数字化图形特有的误差，故应以其两倍的数量加以补正。

当从左到右、从上到下地扫描图像时，发现像素值为 1 的，且它的相邻像素值（8 领域）有与它不同的，计数器 L1 加 1，整幅图像扫描完毕，即得区域 1 的周长。类似地，可以求出 L2 和 L3。

程序如下：

```
% example8_3_3_2.m %
```

```
% 计算周长
L1 = 0;L2 = 0;L3 = 0;
for i = 1:m
    for j = 1:n
        if ((Lab_Image(i,j) == 1&Lab_Image(i - 1,j - 1) == 0)|(Lab_Image(i,j) == 1&…
            Lab_Image(i - 1,j) == 0)|(Lab_Image(i,j) == 1&Lab_Image(i - 1,j + 1) == 0)|…
            (Lab_Image(i,j) == 1&Lab_Image(i,j - 1) == 0)|(Lab_Image(i,j) == 1&…
            Lab_Image(i,j + 1) == 0)|(Lab_Image(i,j) == 1&Lab_Image(i + 1,j - 1) == 0)|…
            (Lab_Image(i,j) == 1&Lab_Image(i + 1,j) == 0)|(Lab_Image(i,j) == 1&…
            Lab_Image(i + 1,j + 1) == 0))
            L1 = L1 + 1;
        end
    end
end

for i = 1:m
    for j = 1:n
        if ((Lab_Image(i,j) == 2&Lab_Image(i - 1,j - 1) == 0)|(Lab_Image(i,j) == 2&…
            Lab_Image(i - 1,j) == 0)|(Lab_Image(i,j) == 2&Lab_Image(i - 1,j + 1) == 0)|…
            (Lab_Image(i,j) == 2&Lab_Image(i,j - 1) == 0)|(Lab_Image(i,j) == 2&…
            Lab_Image(i,j + 1) == 0)|(Lab_Image(i,j) == 2&Lab_Image(i + 1,j - 1) == 0)|…
            (Lab_Image(i,j) == 2&Lab_Image(i + 1,j) == 0)|(Lab_Image(i,j) == 2&…
            Lab_Image(i + 1,j + 1) == 0))
            L2 = L2 + 1;
        end
    end
end

for i = 1:m
    for j = 1:n
        if ((Lab_Image(i,j) == 3&Lab_Image(i - 1,j - 1) == 0)|(Lab_Image(i,j) == 3&…
Lab_Image(i - 1,j) == 0)|(Lab_Image(i,j) == 3&Lab_Image(i - 1,j + 1) == 0)|…
(Lab_Image(i,j) == 3&Lab_Image(i,j - 1) == 0)|(Lab_Image(i,j) == 3&…
Lab_Image(i,j + 1) == 0)|(Lab_Image(i,j) == 3&Lab_Image(i + 1,j - 1) == 0)|…
(Lab_Image(i,j) == 3&Lab_Image(i + 1,j) == 0)|(Lab_Image(i,j) == 3&…
Lab_Image(i + 1,j + 1) == 0))
            L3 = L3 + 1;
        end
    end
end
L = [L1, L2, L3]
```

（3）弧度：它是在面积、周长的基础上，测量物体形状的复杂程度的特征量。有弧度＝4π（面积)/(周长)。通过对三种弧度的比较，可以将弧度最小的香蕉识别出来。

程序如下：

```
% example8_3_3_3.m %
% 计算弧度
e1 = 0;e2 = 0;e3 = 0;
e1 = 4 * pi * S1/(L1)^2
e2 = 4 * pi * S2/(L2)^2
e3 = 4 * pi * S3/(L3)^2
```

　　(4) 颜色：计算机进行图像分类识别的实际操作时，颜色特征的表达和提取存在两个问题：一是颜色参量如何有效地反映物体颜色的本质并且同人的感觉相一致；二是图像识别是对物体外观颜色区域的判别，其特征的表达主要来自统计方法，如何合理地表达物体外观颜色的差异而且又便于计算机处理是关键的一环。

　　本实验采用颜色直方图法提取水果图像颜色特征。所谓**颜色直方图**是颜色信息的函数，它表示图像中具有同颜色级别的像素的个数，其横坐标是颜色级别（各个像素的灰度级），纵坐标是该颜色出现的频率（像素的个数）。

　　基于本设计的特点，样本采集时对于苹果的颜色是有一定要求的。由于设计中需要用颜色这个特征量来识别苹果，所以为了特征量的获取能够明显，这里的苹果要选用红苹果，即红色含量丰富的苹果，以实现与黄色的桔子和香蕉明显区别。

　　图像的颜色有多种表示方式，水果识别系统采用 RGB 颜色模式。对于彩色图像，可分解为 R、G、B 三幅单色图像，因此相应地便有三幅不同通道的直方图，每幅直方图中的像素分布情况都代表了这一通道中的特定颜色的程度信息。从我们的肉眼即可分辨出苹果的红色含量要比桔子和香蕉丰富得多，所以苹果红颜色的信息量在红、绿、蓝三种颜色中所占的比例也应该是三者中最高的。本设计中采用以绿色信息与黄色信息的总和作为分母来比较三种水果各自红色信息所占比例，从而将苹果特有的特征量提取出来，达到识别苹果的目的。

　　程序如下：

```
% example8_3_3_4.m %
% 水果分割图及各个通道直方图
if (e1 < e2)&(e1 < e3);
      disp('1 为香蕉');
   elseif (e2 < e1)&(e2 < e3);
      disp('2 为香蕉');
   else disp('3 为香蕉');
end

% ////////////////////////////////////////////////////
  for i = 1:m
    for j = 1:n
      if(Lab_Image(i,j) == 1)
          Lab_Image(i,j) = 0;
      end
    end
  end

  for i = 1:m
    for j = 1:n
      if(Lab_Image(i,j) == 3)
          Lab_Image(i,j) = 0;
      end
    end
  end
Fina_img1 = Lab_Image;
figure(9);imshow(Fina_img1);title('突显二值香蕉图像')
```

```
    for i = 1:m
      for j = 1:n
        if(Fina_img1(i,j) == 2)
            Fina_img1(i,j) = Original_Image(i,j);
        end
      end
    end
Banana_img = Fina_img1;
figure(10);imshow(Banana_img);title('香蕉提取图像')

% ////////////////提取苹果图像////////////////////////

% /////apple///////
[p,q] = find(Lab_Image1 == 3);
pmin = min(p);
pmax = max(p);
qmin = min(q);
qmax = max(q);
Image_apple = Lab_Image1(pmin:pmax,qmin:qmax);
Image_apple_R = Col_Image(pmin:pmax,qmin:qmax,1);
Image_apple_G = Col_Image(pmin:pmax,qmin:qmax,2);
Image_apple_B = Col_Image(pmin:pmax,qmin:qmax,3);

% ///////orange/////////
[p,q] = find(Lab_Image1 == 1);
pmin = min(p);
pmax = max(p);
qmin = min(q);
qmax = max(q);
Image_orange = Lab_Image1(pmin:pmax,qmin:qmax);
Image_orange_R = Col_Image(pmin:pmax,qmin:qmax,1);
Image_orange_G = Col_Image(pmin:pmax,qmin:qmax,2);
Image_orange_B = Col_Image(pmin:pmax,qmin:qmax,3);

% ////////banana//////////
[p,q] = find(Lab_Image1 == 2);
pmin = min(p);
pmax = max(p);
qmin = min(q);
qmax = max(q);
Image_banana = Lab_Image1(pmin:pmax,qmin:qmax);
Image_banana_R = Col_Image(pmin:pmax,qmin:qmax,1);
Image_banana_G = Col_Image(pmin:pmax,qmin:qmax,2);
Image_banana_B = Col_Image(pmin:pmax,qmin:qmax,3);

figure(11);
subplot(3,2,1),imshow(Image_apple_R),title('R 通道图像')
subplot(3,2,2),imhist(Image_apple_R),title('R 通道直方图')
subplot(3,2,3),imshow(Image_apple_G),title('G 通道图像')
subplot(3,2,4),imhist(Image_apple_G),title('G 通道直方图')
```

```
subplot(3,2,5),imshow(Image_apple_B),title('B 通道图像')
subplot(3,2,6),imhist(Image_apple_B),title('B 通道直方图')
figure(12);
subplot(3,2,1),imshow(Image_orange_R),title('R 通道图像')
subplot(3,2,2),imhist(Image_orange_R),title('R 通道直方图')
subplot(3,2,3),imshow(Image_orange_G),title('G 通道图像')
subplot(3,2,4),imhist(Image_orange_G),title('G 通道直方图')
subplot(3,2,5),imshow(Image_orange_B),title('B 通道图像')
subplot(3,2,6),imhist(Image_orange_B),title('B 通道直方图')

figure(13);
subplot(3,2,1),imshow(Image_banana_R),title('R 通道图像')
subplot(3,2,2),imhist(Image_banana_R),title('R 通道直方图')
subplot(3,2,3),imshow(Image_banana_G),title('G 通道图像')
subplot(3,2,4),imhist(Image_banana_G),title('G 通道直方图')
subplot(3,2,5),imshow(Image_banana_B),title('B 通道图像')
subplot(3,2,6),imhist(Image_banana_B),title('B 通道直方图')

X = [100:200];

[COUNTS_b1,X] = imhist(Image_banana_R);
[COUNTS_b2,X] = imhist(Image_banana_G);
[COUNTS_b3,X] = imhist(Image_banana_B);

n_banana_R = sum(COUNTS_b1)
n_banana_G = sum(COUNTS_b2)
n_banana_B = sum(COUNTS_b3)

[COUNTS_o1,X] = imhist(Image_orange_R);
[COUNTS_o2,X] = imhist(Image_orange_G);
[COUNTS_o3,X] = imhist(Image_orange_B);

n_orange_R = sum(COUNTS_o1)
n_orange_G = sum(COUNTS_o2)
n_orange_B = sum(COUNTS_o3)

[COUNTS_a1,X] = imhist(Image_apple_R);
[COUNTS_a2,X] = imhist(Image_apple_G);
[COUNTS_a3,X] = imhist(Image_apple_B);

n_apple_R = sum(COUNTS_a1)
n_apple_G = sum(COUNTS_a2)
n_apple_B = sum(COUNTS_a3)

ratio_o = n_orange_R/(n_orange_G + n_orange_B)
ratio_b = n_banana_R/(n_banana_G + n_banana_B)
ratio_a = n_apple_R/(n_apple_G + n_apple_B)
```

经过程序运算，得出表 8-1。

表 8-1   水果特征参数数据表

	面积(S)	周长(L)	弧度(radian_x)	颜色(ratio_x)
桔子	7271	390	0.6007	1.2200
香蕉	14 067	898	0.2192	0.7605
苹果	10 006	465	0.5815	1.6010

由表 8-1 可以看出：

(1) 香蕉是周长最长、弧度最小的水果；

(2) 在 3 种水果中，苹果的 R 通道直方图中固定区域(100~170 像素)中像素数量与其 G 通道和 B 通道直方图中固定区域中像素数量和的比值为三者中最大的，即苹果的红色信息量(ratio_a)是最多的。利用这种计算像素比值的方法便可以将苹果与其他两种红色信息量相对较少的水果区分出来(见图 8-11~图 8-15)。

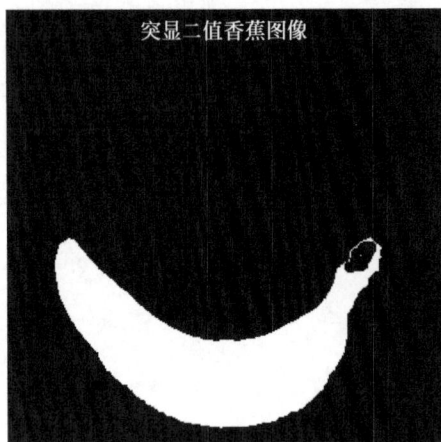

图 8-11   突显二值香蕉图像

图 8-12   香蕉提取图像

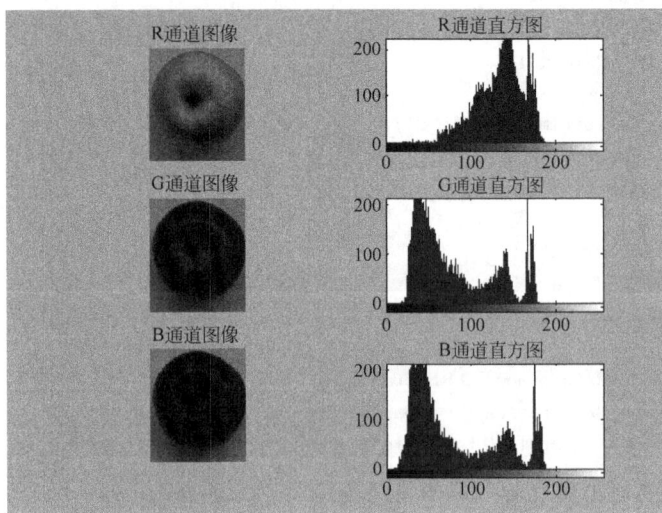

图 8-13   苹果 R、G、B 颜色通道图像及直方图

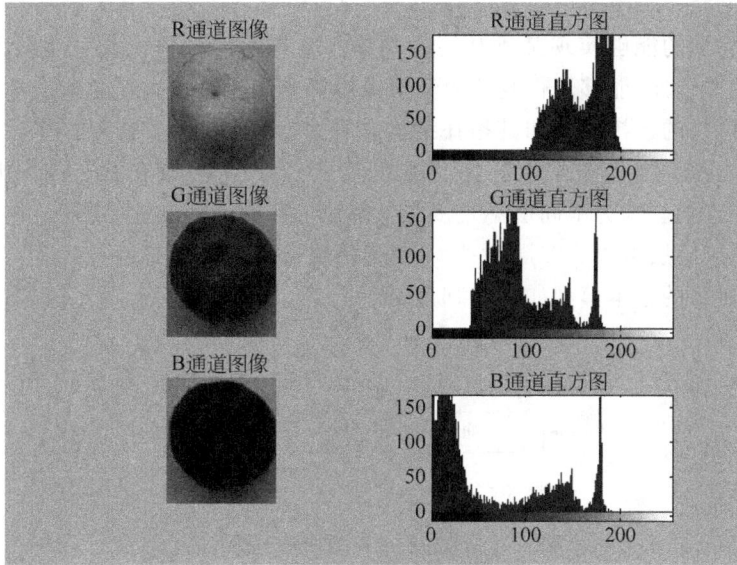

图 8-14　桔子 R、G、B 颜色通道图像及直方图

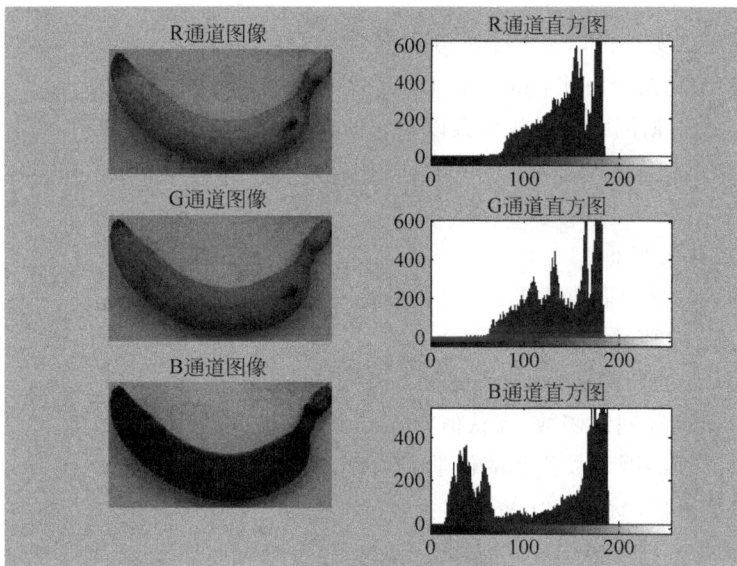

图 8-15　香蕉 R、G、B 颜色通道图像及直方图

8.4　基于 BP 神经网络的水果识别

　　神经网络具有并行结构和并行处理、自适应性、知识的分布存储、较强的容错性、本质的非线性系统等特性,通过网络训练,可以建立数据库信息的非线性模型,并从中提取出相应的规则。神经网络方法是基于生物神经系统的结构和功能而建立起来的。基于神经网络的分类方法是目前应用较广的一种数据分类方法。

人工神经网络(Artificial Neural Network,ANN)是人类在对其大脑神经网络认识理解的基础上人工构造的能够实现某种功能的网络。它是由大量单元相互连接而成的复杂网络,具有高度的非线性,能够进行复杂的逻辑操作和非线性关系实现的系统。

人工神经网络的连接形式和其拓扑结构多种多样,但总的来说有两种形式:**分层型**和**互连型**。分层型神经网络将所有神经元按功能分为若干层,一般有输入层、中间层和输出层三层,各层顺序连接。因为中间层不直接与外部输入和输出打交道,所以又称为**隐层**。根据处理功能的不同,隐层可以有多层(一般不超过两层),也可以没有。

人工神经网络的基本模型如图 8-16 所示。

图 8-16 人工神经网络的基本模型图

近年来应用日趋广泛的反向传播的 BP 神经网络包含两个部分:①信息的正向传播;②误差的反向传播。

BP 神经网络的实现由以下几个部分组成。

(1) 网络初始化指令格式: net＝init(net)。

函数 init()会根据网络初始化函数以及它的参数值来设置网络权值和阈值的初始值。

(2) 网络创建指令格式: net＝newff(PR,[S1 S2…SN],{TF1 TF2…TFN}, BTF, BLF, PF)。

函数各参数含义如下:

- PR:输入向量的取值范围;
- Si:第 i 层的神经元个数,总共 N 层;
- Tfi:第 i 层的传递函数,默认值"tansig";
- BTF:BP 神经网络函数,默认值"trainlm";
- BLF:BP 神经网络权值和阈值学习函数,默认值"learngdm";
- PF:性能函数,默认值"mse"。

设计的网络为 net＝newff(minmax(P_Training),[19 3],{'logsig' 'logsig'},'trainrp')。

(3) 网络仿真指令格式: y＝sim(net,p)。

对于高维的多个输入,可以使用该函数方便地得到仿真结果。

(4) 网络训练指令格式: net＝train(net,p,t)。

函数 train()通过调用参数 net. trainParam 值来确定,其中应用于神经网络目标量的 t 是可以任意设定的。

(5) 竞争转换指令格式: y_sim＝compet(y)。

compet()是一种转换函数,它可以把运行结果中输出向量里的最大值赋值为 1,其他值则赋值为 0,从而更方便地对输出结果进行直观的观察。

(6) 转换指令格式: y_sim_vc＝vec2ind(y_sim)。

函数 vec2ind()能够将运行结果的向量形式转换为索引形式,将输出结果中位置为 1 的向量以索引的形式显示出来,从而更清楚地观察训练结果。例如,输出为[1 0 0]时,对应显示的为 1,输出为[0 1 0]时,对应显示的为 2,输出为[0 0 1]时,对应显示的为 3。

(7) 输入输出层结构。

一般情况下,BP 神经网络的输入输出层结点的个数完全由实际应用的具体情况来决定。需要训练网络通过识别两个特征量(6 个数据)来区分三种水果,所以共需要 2 个输入端和 3 个输出端。输出端分别对应[1 0 0],[0 1 0]和[0 0 1]。

(8) 隐含层的选择。

1989 年,Robert Hecht Nielson 证明了对于任何在闭区间内的一个连续函数都可以用含一个隐含层的 BP 网络来逼近。因而一个三层的 BP 网络可以完成任意的 m 维到 n 维的映射。我们选择含有一个隐含层的三层 BP 网络作为网络结构。隐含层结点数目的选择是一个十分复杂的问题,到目前为止,还没有用数学公式来明确表示应该怎样确定隐含层的结点数目。事实上,结点数太少,可能训练不出来,或者训练出的网络不强壮,不能识别以前没有看到过的样本,容错性较差;但隐含层结点太多又会使学习训练时间太长,误差也不一定最小。参照经验公式和实验测试效果,这里选择有 19 个隐含层结点的网络。

综上所述,设计的网络应该是一个具有 2 个输入端,19 个隐含结点,3 个输出结点的三层 BP 神经网络。

建立水果特征数据库所用到的部分图片如下。

部分用于训练的水果图片如图 8-17 所示。

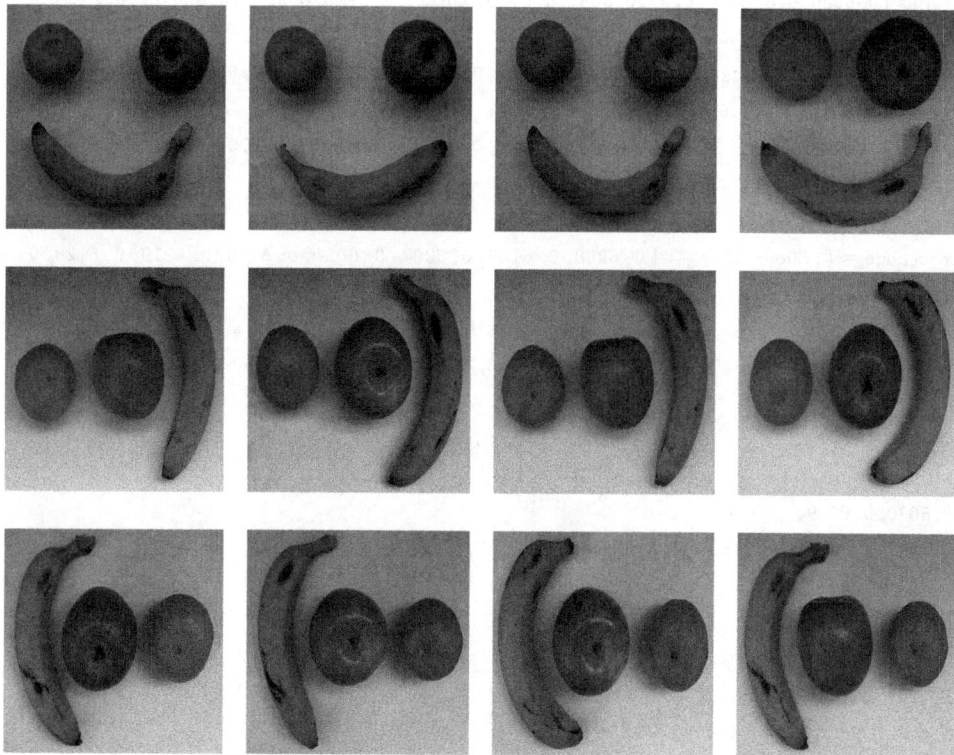

图 8-17 部分用于训练的水果图片

部分用于测试的水果图片如图 8-18 所示。

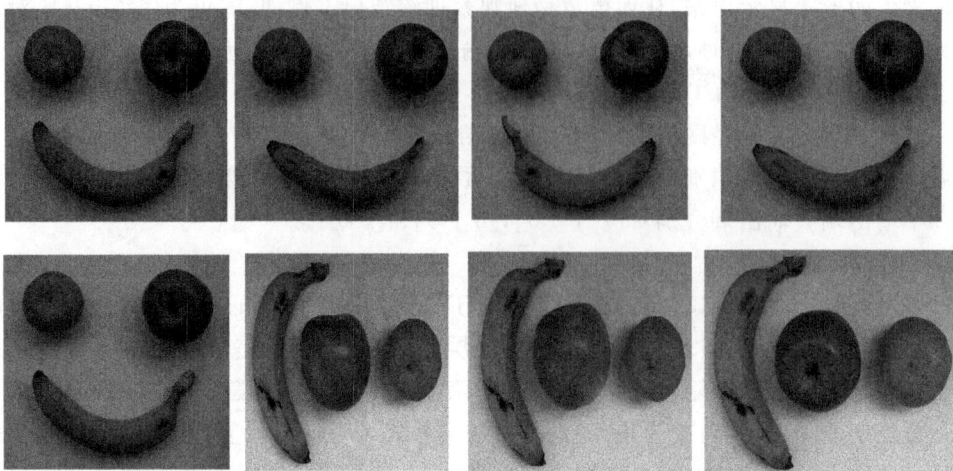

图 8-18　部分用于测试的水果图片

首先利用前面的程序进行三种水果的分割,把三种水果分别提取出来。然后进行三种水果的特征提取,得到 x_in。

采集数据及主要程序如下:

```
% example8_4.m %
x_in = [0.6088,0.6183,0.6207,0.6051,0.6140,0.6219,0.6128,0.6087,0.6249,0.6223;…
        0, 0, 0, 0, 0, 0, 0, 0, 0, 0;…
        0.2014,0.2543,0.2187,0.2186,0.1966,0.2229,0.2535,0.2038,0.2198,0.2477;…
        0, 0, 0, 0, 0, 0, 0, 0, 0, 0;…
        0.5884,0.6121,0.5956,0.5917,0.6006,0.6046,0.6070,0.5908,0.6070,0.6059;…
        5, 3, 4, 3, 2, 2, 4, 2, 3, 2];


x_orange = (1.0e - 005).*[0.6088,0.6183,0.6207,0.6051,0.6140,0.6219,0.6128,0.6087,
0.6249,0.6223;…
                        0, 0, 0, 0, 0, 0, 0, 0, 0, 0];
x_banana = (1.0e - 005).*[0.2014,0.2543,0.2187,0.2186,0.1966,0.2229,0.2535,0.2038,
0.2198,0.2477;…
                        0, 0, 0, 0, 0, 0, 0, 0, 0, 0];
x_apple = (1.0e - 005).*[0.5884,0.6121,0.5956,0.5917,0.6006,0.6046,0.6070,0.5908,
0.6070,0.6059;…
                        5, 3, 4, 3, 2, 2, 4, 2, 3, 2];


P = [x_orange,x_banana,x_apple]./(1.0e - 003);
P = [x_orange,x_banana,x_apple]./(1.0e - 003);
P_Training = [P(:,1:7),P(:,11:17),P(:,21:27)];     % 选出 21 列作为训练样本
P_test = [P(:,8:10),P(:,18:20),P(:,28:30)];        % 选出 9 列作为测试样本


m1 = [1 0 0]';
```

```
m11 = [m1,m1,m1,m1,m1,m1,m1];
m2 = [0 1 0]';
m22 = [m2,m2,m2,m2,m2,m2,m2];
m3 = [0 0 1]';
m33 = [m3,m3,m3,m3,m3,m3,m3];
T_Training = [m11,m22,m33];
T_test = [m11(:,1:3),m22(:,1:3),m33(:,1:3)];

net = newff(minmax(P_Training),[19 3],{'logsig' 'logsig'},'trainrp');    % 应用 BP 网络
net.trainParam.goal = 0.001;
net.trainParam.epochs = 5000;

net = init(net);                              % 初始化网络
net = train(net,P_Training,T_Training);       % 训练网络

Y = sim(net,P_Training);
Y_sim = compet(Y);
Y_sim_vc = vec2ind(Y_sim)

Y_test = sim(net,P_test);
Y_test_sim = compet(Y_test);
Y_test_sim_vc = vec2ind(Y_test_sim)

errors1 = 0;
errors1 = errors1 + sum(sum(abs(Y_test_sim - T_test)))/2/15;      % 15 为测试的个数
right = 1 - errors1                           % 正确率
```

将采集到的桔子、香蕉和苹果各自的弧度及颜色数据分别作为训练样本和测试样本(前 10 组数据为训练样本,后五组为测试样本),设定目标输出分别为 1、2、3(1 表示桔子;2 表示香蕉;3 表示苹果)。经过对 BP 网络的初始化、训练、仿真、竞争、转换等操作,最终实现其对特征数据的识别,从而达到能够自动识别水果的目的。

运行结果如下:

```
Y_sim_vc =
  Columns 1 through 21
     1  1  1  1  1  1  1  2  2  2  2  2  2  2  3  3  3  3  3  3  3
Y_test_sim_vc =
     1  1  1  2  2  2  3  3  3
right =
     1
```

设计的神经网络和运行结果如图 8-19 所示,BP 网络的训练性能曲线如图 8-20 所示。

由运行结果可以看出,BP 网络已经能够正确识别三种水果各自的特征量并将其准确地区分出来(1 表示桔子;2 表示香蕉;3 表示苹果),且正确率为 100%。可见,水果数据库建立成功,BP 网络的训练也达到了比较准确的程度,基本上完成了本次实验的任务。

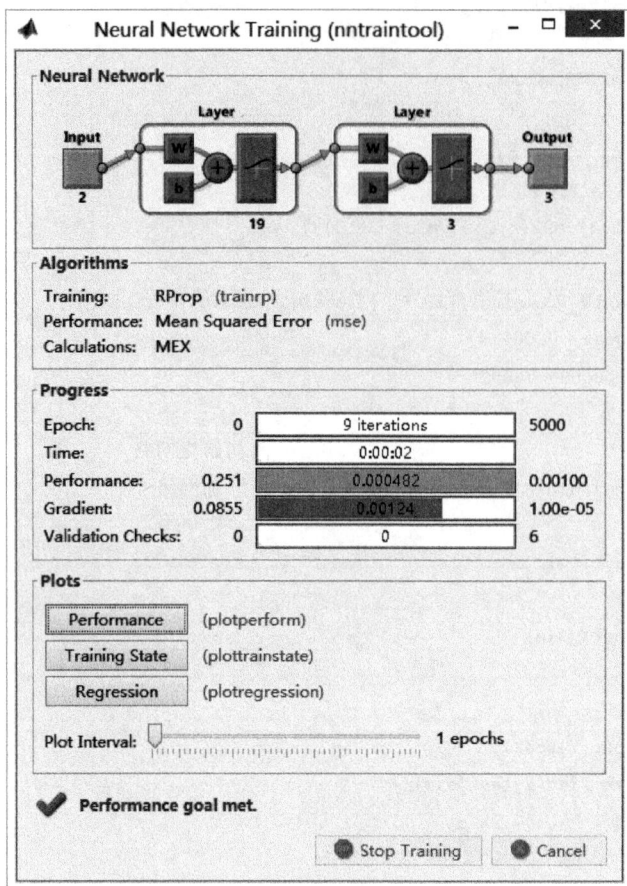

图 8-19　设计的神经网络和运行结果

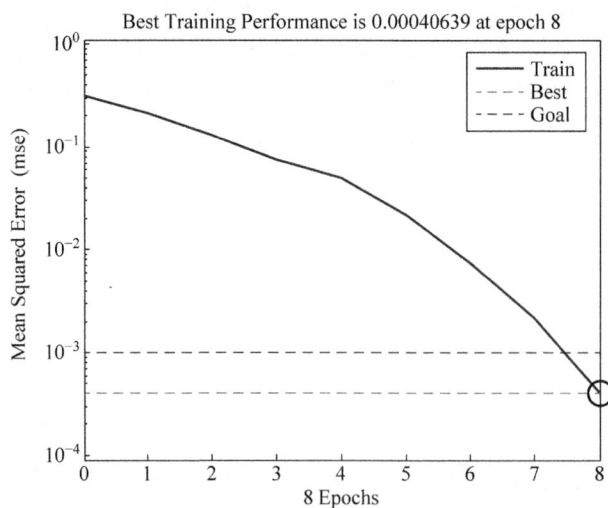

图 8-20　BP 网络的训练性能曲线

8.5 小结

通过基于图像特征和神经网络的水果自动识别的研究和实现,能够对数字图像处理的相关知识有了基本的认识,对整个自动目标识别的全过程:预处理(去噪声、对比度增强)、边缘检测、分割、特征提取、目标分类有更系统的了解。对于神经网络以及 BP 算法在模式识别、特征分类中的作用也有了初步的了解,通过水果识别系统的研究和开发设计,能够提高理论联系实际和根据所学知识解决实际问题的能力。

第 9 章

基于图像特征的火灾检测

近年来,火灾发生频率高、覆盖范围广,对人民群众的生命财产和社会经济造成了很大损失,已成为一种普遍而又损害很大的自然灾害,全球每年发生火灾的次数为 600～700 万起,与地震、瘟疫和水涝并列为四大自然灾害。随着现代科技的发展和各种新型材料、能源的出现,火灾的损害继续扩大。因此,如何实现对火灾的有效监测已成为一个亟待研究解决的问题。

目前应用最广的火灾监测技术主要基于传感器,如烟敏式、感温式和光敏式。它们的原理主要是通过感应火灾发生过程中烟雾浓度的改变、温度的上升以及其他光热现象,进行基于近距离的火灾监测;而对于大的空间而言,例如室外、仓库、码头和森林等场所,一旦发生火灾,由于距离远,传感器感应到的火灾信号会很弱,检测效果不是很理想。

近年来,随着视频监控技术和图像处理技术的飞速发展,基于视频图像的火灾监测技术成为可能;图像处理技术的日趋成熟大大提高了火灾监测的可靠性和准确率。因此,本章主要研究基于视频图像的火灾监测方法,以实现在各种空间场合的火灾监测。

9.1 火灾火焰特征分析

在火灾发生的初期,有两个特征较为明显:火焰和烟雾。分别对这两个特征进行特征提取,作为图像中是否发生火灾的判据,可获得较为准确的火灾监测结果。

对火焰模型特征提取时,通过 CCD 摄像头提取的火焰模型是以 RGB 模型在计算机中存储的,分析该模型非常有利于火焰特征的提取。例如,现对搜集到的 18 幅包含火焰的图像进行分析,图像共含像素点 2 506 752 个,其中火焰像素点 835 584 个;另有不包含火焰的图像 8 幅,图像共包含像素点 1 179 648 个。将这些图片中的火焰像素点颜色分布与强光、高温等干扰源的像素点的颜色分布进行对比分析,如图 9-1 所示。

由图 9-1 可以看出,在 RGB 空间图像上,火焰像素颜色具有以下特点:

(1) 火焰像素点的颜色分布具有以下特征:

$$\begin{cases} R_{\text{mean}} = \sum_{i=1}^{k} R(x_i, y_i)/K \\ R(x, y) > R_{\text{mean}} \\ R(x, y) > G(x, y) > B(x, y) \end{cases} \tag{9-1}$$

式(9-1)中,$R(x, y)$、$G(x, y)$、$B(x, y)$ 分别表示 RGB 模型中像素点 (x, y) 三基色分量的取

(a) 含火焰图像RGB颜色分布图

(b) 不含火焰图像RGB颜色分布图

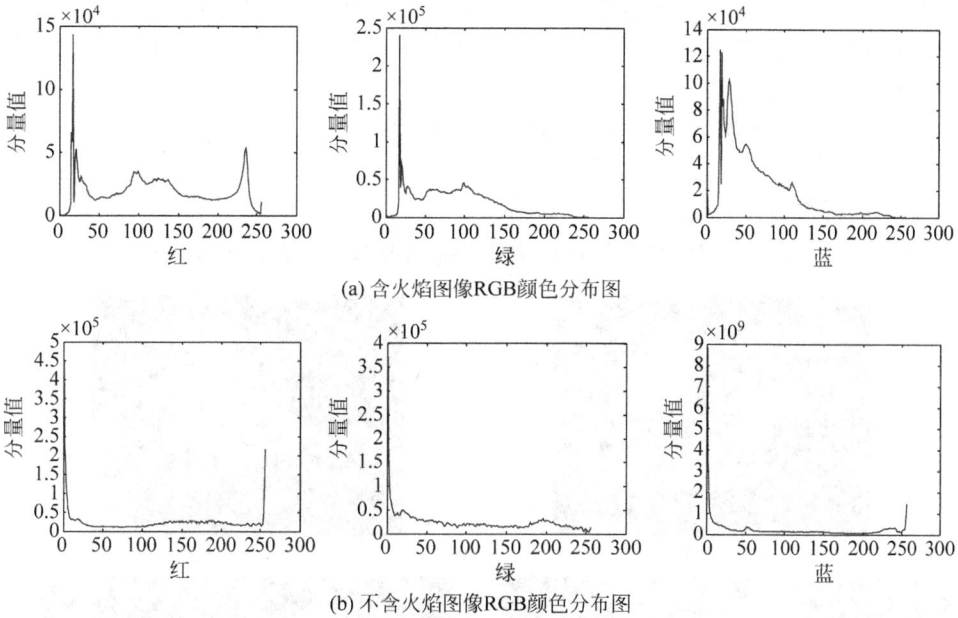

图 9-1　图像 RGB 颜色分布图

值，K 表示此幅火焰图像中像素点总数，R_{mean} 表示此幅火焰图像中所有像素点基色分量的均值。

（2）火焰图像的三原色分量满足以下关系：

$$R(x,y) > 200, \quad G(x,y) < 200, \quad B(x,y) < 100 \tag{9-2}$$

算法的流程图如图 9-2 所示。

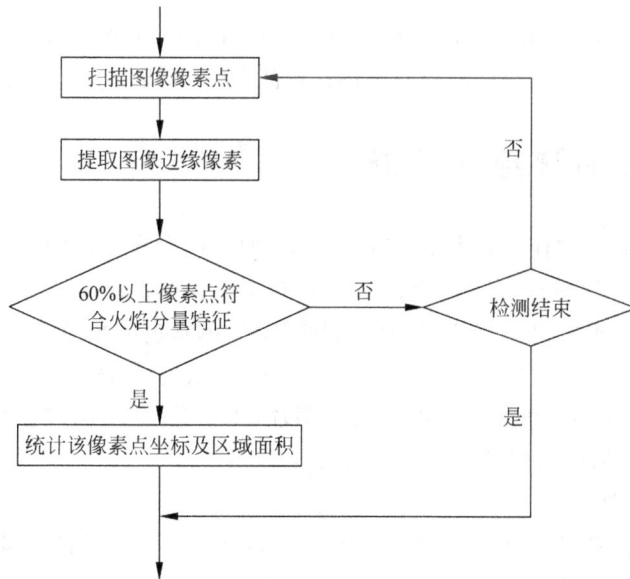

图 9-2　火焰模型特征提取算法流程图

根据如图 9-2 所示流程,从图像左上方的像素点开始向外处理,依次向右取,若右侧没有像素点则转向下方,如此 S 型取法取遍此幅图像中所有像素点,若 60% 的像素点满足以下特征,即:

$$R(x,y) > G(x,y) > B(x,y) \quad 且 \quad R(x,y) > 200, \quad G(x,y) < 200, \quad B(x,y) < 100$$

$$(9\text{-}3)$$

则此连通区域可判别为火焰。

利用上述方法对两幅 RGB 图像进行火焰特征提取实验,结果见图 9-3。

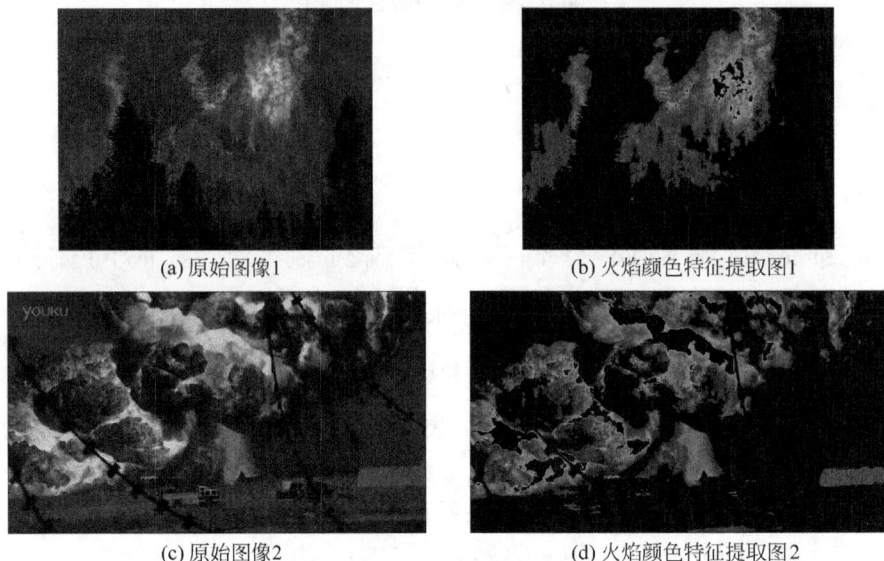

(a) 原始图像1

(b) 火焰颜色特征提取图1

(c) 原始图像2

(d) 火焰颜色特征提取图2

图 9-3 火焰模型特征提取结果图

从图 9-3 可以看出,两幅 RGB 图像的火焰模型特征图与原始图像中的火焰有很好的吻合性,能够反映火焰的大小和形状,说明上述讨论的 RGB 分量之间的关系是正确的。

9.2 火灾烟雾特征分析

火灾火焰燃烧时常常伴随有大量的烟雾产生,烟雾包含有丰富的特征参数。烟雾颜色模型算法仅仅利用烟雾的颜色参数对图像进行判别是不够准确的,还需要提取其他特征。火焰燃烧初期的烟雾通常呈青灰色,其 R、G、B 三个颜色基色的数值基本相等,用 α 表示其相似程度,公式为 $\alpha = \max(|R-G|,|G-B|,|B-R|)$,最终得 $\alpha \in [0,20]$。换成用 HIS(或称为 HSI)颜色模型表示,则通过处理大量的图片,可得色度 H 的取值范围为 $175° \leqslant H \leqslant 185°$,可以用 H 的取值范围判别图像中的火灾区域[1]。

1. 基准点的选取

扫描数字图像全部像素点,对于 RGB 模型,选取像素点的三基色分量;对于 HIS 模型,选取像素点的色调分量 H。对于色调分量的取值范围在 $175° \leqslant H \leqslant 185°$ 的像素点,计算其 α 参数;如果 $\alpha \in [0,20]$,则将此像素点作为基准点 x。将图像中其余 α 参数在 $[0,20]$ 像素点与基准点作比较,若像素空间距离 $D \leqslant 0.2$,则认为此像素点与基准点相似,给予保留;若

$D>0.2$，则将此像素点作为噪声消除，并置为白色。

基于 RGB 模型，基准点 x 归一化得到 (M_R, M_G, M_B)，公式如下：

$$\begin{cases} M_R = \dfrac{R}{255} \\[2mm] M_G = \dfrac{G}{255} \\[2mm] M_B = \dfrac{B}{255} \end{cases} \tag{9-4}$$

基于 HIS 模型，基准点 x 计算公式为：

$$\begin{cases} I = \max(M_R, M_G, M_B) \\[2mm] S = 1 - \dfrac{\min(M_R, M_G, M_B)}{\max(M_R, M_G, M_B)} \\[2mm] H = \begin{cases} H_0 & M_B \leqslant M_G \\ 2\pi - H_0 & M_B > M_G \end{cases} \end{cases} \tag{9-5}$$

$\min(M_R, M_G, M_B)$ 和 $\max(M_R, M_G, M_B)$ 分别表示像素点归一化之后的最小值与最大值。H_0 的计算公式为：

$$H_0 = \arccos \dfrac{M_R - M_G + \dfrac{M_R - M_B}{2}}{\sqrt{(M_R - M_G)^2 + (M_R - M_B)^2 + (M_G - M_B)^2}} \times \dfrac{180}{\pi} \tag{9-6}$$

2. 空间距离的计算

在烟雾颜色模型中，需要将满足 α 参数在 $[0,20]$ 条件的像素点与基准点作比较，以此来确定 HIS 模型颜色距离的相似性。

设像素点 y 满足要求，其 HIS 模型三分量值分别为 h、i、s，设 x、y 两点的空间距离为 D，则

$$D = (V_1 + V_2 + V_3)^{\frac{1}{2}} \tag{9-7}$$

式（9-7）中，V_1、V_2、V_3 的计算公式为：

$$\begin{cases} V_1 = (I - i)^2 \\ V_2 = S \times \cos H - s \times \cos h \times (S \times \cos H - s \times \cos h) \\ V_3 = S \times \cos H - s \times \sin h \times (S \times \cos H - s \times \cos h) \end{cases} \tag{9-8}$$

3. 烟雾模型算法及实验结果

由于人类的视觉与 HIS 颜色距离有一定的关系，因而可以通过计算像素点与基准像素点之间的距离判断所扫描的像素点是不是烟雾。通过下面的实验可以验证这是一种良好的烟雾颜色特征提取算法，烟雾的正确检测可为后期的火焰识别和预警提供有利的条件。

从图 9-4 可以看出，该算法能够较好地检测出图像中的烟雾，烟雾的基本轮廓能够展现出来。但从图像中也可以看出，烟雾的 RGB 范围跟噪声的 RGB 区别不是特别明显，容易受到噪声的影响。另外，该算法的结果与基准点的选择关系较大，如果基准点选择不好，结果会明显恶化。若仅仅依靠烟雾特征进行火焰检测，其有效性还不够，在实际中还需要结合其他特征一起检测。

(a)原始图　　　　　　　　(b)灰度图　　　　　　　　(c)烟雾特征图

图 9-4　烟雾特征提取算法结果图

9.3　火灾检测系统框架

系统对拍摄的视频进行分帧,得到单帧图像;将当前图像与基准图像做差分得到差分图像;结合火焰的特征提取,通过多特征融合,对获得的差分图像进行色彩验证与面积阈值检测,分析火情,达到火灾监测的目的。

系统总体流程如图 9-5 所示。

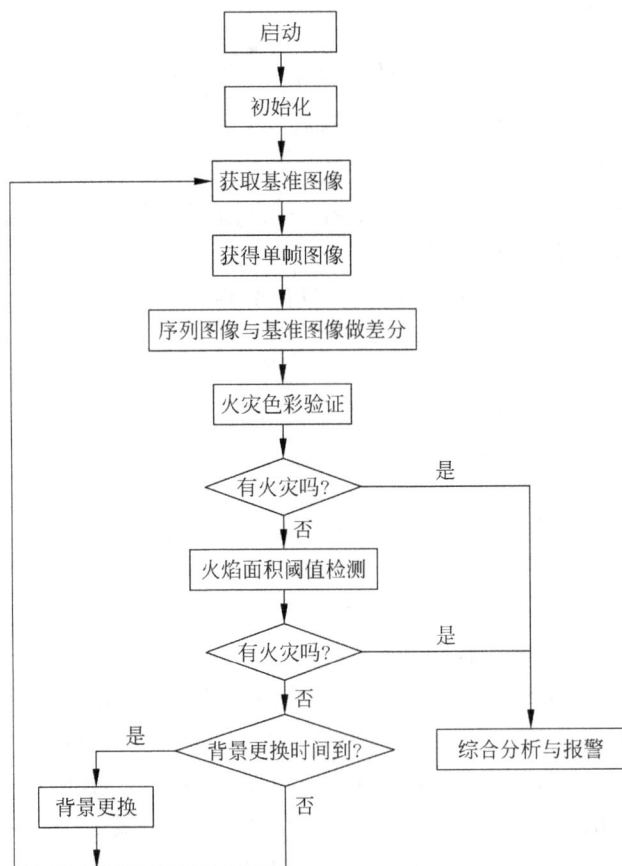

图 9-5　系统总体流程图

该系统主要分为三个模块:图像的采集与预处理模块,火灾色彩验证模块以及火灾面积阈值检测模块,结构图如图 9-6 所示。

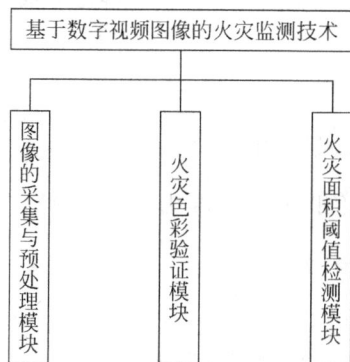

图 9-6 系统模块结构图

在图像的预处理模块,将视频进行分帧后得到单帧图像,若图像不够清晰,效果不够好,可进行中值滤波等去噪处理,以利于最后的图像中火焰特征提取。

色彩验证模块,主要是提取彩色图像中包含的丰富信息。因为 CCD 摄像头采集到的视频都是以 RGB 模型存储在摄像机中,所以在颜色模型中,通过分析对比包含火焰的图像与不包含火焰的图像的 R、G、B 三分量之间的关系,得出包含火焰的图像的 R、G、B 三分量需满足的关系,即:$R(x,y)>G(x,y)>B(x,y)$ 且 $R(x,y)>200,G(x,y)<200,B(x,y)<100$,以此作为判断图像中是否包含火焰的判据。火灾发生时一般伴随大量烟雾产生,烟雾可能是黑色、灰色、青色,火焰燃烧初期,一般为青灰色。可以根据烟雾的这个特征,在 HIS 模型中,根据 HIS 模型颜色距离与人类视觉的关系,判断图像中烟雾的像素点,进而进行火焰的识别。

9.4 火灾检测系统的 MATLAB 实现

火灾检测系统主要包括 7 个部分,分别为:图像的读取;彩色图像的灰度化;边缘检测;估计 RGB 分量的分布;实现火焰检测;实现烟雾检测;实现主程序。

9.4.1 图像读取函数

read_images 函数实现了交互选择某一文件夹后,依次读取该文件夹下所有图像的功能,并把所有图像保存在结构体 imgs_array 中,具体代码如下:

```
function imgs_array = read_images()
%9.4.1
% 输入参数:不需要输入参数
% 输出参数:imgs_array 结构体,包含所读图像
[~,pathname] = uigetfile({'*.jpg;*.bmp;*.tif;*.png;*.gif','All Image Files';'*.*',
'All Files'});
cd(pathname);                              % 当前路径
files = dir('*.jpg');
K = size(files,1);                         % K 当前文件夹下图像的个数
imgs_array = [];
```

```
for i = 1:K
    temp = imread(files(i).name);                    %依次读取当前文件夹下所有图像
    imgs_array(i).img = temp;
end
```

9.4.2　彩色图像的灰度化

RGBtoGray 函数实现了彩色图像的灰度化,具体代码如下:

```
function Gray_Img = RGBtoGray(color_img)
%9.4.2
% 输入参数: color_img 彩色图像
% 输出参数: Gray_Img 结构体,包含三种灰度图像

[M,N,~] = size(color_img);
R = color_img(:,:,1);
G = color_img(:,:,2);
B = color_img(:,:,3);

Wr = 0.11;
Wg = 0.3;
Wb = 0.59;
Gray_Img.Max_Intensity = [];
Gray_Img.Mean_Inte
nsity = [];
Gray_Img.Weight_Intensity = [];

for i = 1:M
    for j = 1:N
        temp = max([R(i,j),G(i,j),B(i,j)]);
        Gray_Img.Max_Intensity(i,j) = temp(1);
        Gray_Img.Mean_Intensity(i,j) = (R(i,j) + G(i,j) + B(i,j))/3;
        Gray_Img.Weight_Intensity(i,j) = (Wg * R(i,j) + Wb * G(i,j) + Wr * B(i,j))/3;
    end
end
```

9.4.3　边缘检测算子进行边缘检测

operator5 函数实现了利用 5 种边缘检测算子进行图像的边缘检测,具体代码如下:

```
function Extra_Edge = operator5(color_img)
%9.4.3
% 函数功能:利用 5 种边缘检测算子进行边缘检测
% 输入参数: color_img 彩色图像
% 输出参数: Gray_Img 结构体,包含 5 种算子提取的边缘

Gral_Img = rgb2gray(color_img);
Extra_Edge.sobel_edge = edge(Gral_Img,'sobel');
Extra_Edge.prewitt_edge = edge(Gral_Img,'prewitt');
Extra_Edge.roberts_edge = edge(Gral_Img,'roberts');
```

```
Extra_Edge.log_edge = edge(Gral_Img,'log');
Extra_Edge.canny_edge = edge(Gral_Img,'canny');
```

9.4.4　估计 RGB 分量的分布

RGB_distribution 函数实现了 RGB 分量的分布的估计，具体代码如下：

```
function RGBPixel_Dis = RGB_distribution()
%9.4.4
% 输入参数：不需要输入参数
% 输出参数：RGBPixel_Dis 结构体，RGB 三分量的分布

[～,pathname] = uigetfile({'*.jpg;*.bmp;*.tif;*.png;*.gif','All Image Files';'*.*',
'All Files'});
cd(pathname);
files = dir('*.jpg');

K = size(files,1);                          %%K 当前文件夹下图像的个数

RPixel_Dis = 0;
GPixel_Dis = 0;
BPixel_Dis = 0;

for i = 1:K
    temp = imread(files(i).name);
    R = temp(:,:,1);
    G = temp(:,:,2);
    B = temp(:,:,3);
    [counts,x] = imhist(R);
    RPixel_Dis = RPixel_Dis + counts;
    [counts,x] = imhist(G);
    GPixel_Dis = GPixel_Dis + counts;
    [counts,x] = imhist(B);
    BPixel_Dis = BPixel_Dis + counts;
end

RGBPixel_Dis.RPixel_Dis = RPixel_Dis;       % 所有图像中红色灰度分布直方图
RGBPixel_Dis.GPixel_Dis = GPixel_Dis;       % 所有图像中绿色灰度分布直方图
RGBPixel_Dis.BPixel_Dis = BPixel_Dis;       % 所有图像中蓝色灰度分布直方图
```

9.4.5　实现火焰检测

flame_detection 函数实现了火焰检测，具体代码如下：

```
function flame_image = flame_detection(color_img)
%9.4.5
% 输入参数：color_img 彩色图像
% 输出参数：flame_image 检测到的彩色火焰图像

[M,N,～] = size(color_img);
```

```
R = double(color_img(:,:,1));
G = double(color_img(:,:,2));
B = double(color_img(:,:,3));

flame_logical = [];
for i = 1:M
    for j = 1:N
        % 对应 9.1 节理论分析,60% 满足,可以适当扩大数值范围
        if R(i,j)> G(i,j)&&G(i,j)> B(i,j)&& R(i,j)>150&&G(i,j)< 200&&B(i,j)< 150
            flame_logical(i,j) = 1;
        else
            flame_logical(i,j) = 0;
        end
    end
end
flame_image = [];
flame_image(:,:,1) = uint8(double(R). * flame_logical);
flame_image(:,:,2) = uint8(double(G). * flame_logical);
flame_image(:,:,3) = uint8(double(B). * flame_logical);
```

9.4.6 实现烟雾检测

frost_detection 函数实现了烟雾检测,具体代码如下:

```
function [frog_img,Gral_pic] = frost_detection(color_img)
% 9.4.6
% 输入参数: color_img 彩色图像
% 输出参数: frog_img 检测到的烟雾图像
%           Gral_pic 灰度图像

N = 2;
Gral_pic = rgb2gray(color_img);
[row,col] = size(Gral_pic);

h = imhist(Gral_pic)/row/col;              % 归一化
Pa = cumsum(h);                            % 累计直方图
temp1 = abs(Pa - 1/N);
temp2 = abs(1 - Pa - 1/N);
temp = temp1 + temp2;
[~,under_value] = min(temp);
seg_img = ~(Gral_pic > under_value);
frog_img = double(Gral_pic). * seg_img;
```

9.4.7 实现主程序

该函数为主程序,依次实现了图像读取与处理,具体代码如下:

```
% 程序名称: 主程序
% main()
% 9.4.7
```

```
clc
clear
close all

% 读取图像文件
mgs_array = read_images();

% 彩色图像灰度化
olorflame_img1 = imgs_array(1).img;          % 自己选择 K 值,表示读取该文件夹下第几幅图
                                              % 像,实验选择了第一幅图像
Gray_Img = RGBtoGray(colorflame_img1);

figure(10)
imshow(colorflame_img1)
title('原始图像')                              % 第一幅图像
figure(11)
imshow(uint8(Gray_Img.Max_Intensity))
title('最大值法')
figure(12)
imshow(uint8(Gray_Img.Mean_Intensity))
title('平均值法')
figure(13)
imshow(uint8(Gray_Img.Weight_Intensity))
title('加权平均值法')

% 利用 5 种边缘检测算子进行边缘检测
Extra_Edge = operator5(colorflame_img1);
figure(14)
imshow(Extra_Edge.sobel_edge)
title('边缘提取(sobel 算子)')
figure(15)
imshow(Extra_Edge.prewitt_edge)
title('边缘提取(prewitt 算子)')
figure(16)
imshow(Extra_Edge.roberts_edge)
title('边缘提取(roberts 算子)')
figure(17)
imshow(Extra_Edge.log_edge)
title('边缘提取(log 算子)')
figure(18)
imshow(Extra_Edge.canny_edge)
title('边缘提取(canny 算子)')

% 火焰检测,用三幅图像
flame_image1 = flame_detection(colorflame_img1);
figure(19)
imshow(uint8(flame_image1))
title('火焰模型特征提取')                        % 第一幅图像

colorflame_img2 = imgs_array(2).img;
flame_image2 = flame_detection(colorflame_img2);
```

```
figure(20)
imshow(colorflame_img2)
title('原始图像')                              % 第二幅图像
figure(21)
imshow(uint8(flame_image2))
title('火焰模型特征提取')                        % 第二幅图像

% 烟雾检测
colorfog_img = imgs_array(3).img;
[frog_img,gral_img] = frost_detection(colorfog_img);

figure(30)
imshow(colorfog_img)
title('原始图')                                % 第三幅图像
figure(31)
imshow(gral_img)
title('灰度图')
figure(32)
imshow(uint8(frog_img))
title('提取的烟雾图')

fogExtra_Edge = operator5(colorfog_img);      % 第三幅烟雾图像
figure(33)
imshow(Extra_Edge.sobel_edge)
title('边缘提取(Sobel 算子)')
figure(34)
imshow(Extra_Edge.prewitt_edge)
title('边缘提取(Prewitt 算子)')
figure(35)
imshow(Extra_Edge.roberts_edge)
title('边缘提取(Roberts 算子)')
figure(36)
imshow(Extra_Edge.log_edge)
title('边缘提取(Log 算子)')
figure(37)
imshow(Extra_Edge.canny_edge)
title('边缘提取(Canny 算子)')

%%%%%%%%%%%%%%%%%%%
% 计算一批图像的 RGB 分量分布
%%%%%%%%%%%%%%%%%%%
RGBPixel_Dis = RGB_distribution();

figure(50)
plot(RGBPixel_Dis.RPixel_Dis)
xlabel('红')
ylabel('分量值')

figure(51)
plot(RGBPixel_Dis.GPixel_Dis)
xlabel('绿')
```

```
ylabel('分量值')

figure(52)
plot(RGBPixel_Dis.BPixel_Dis)
xlabel('蓝')
ylabel('分量值')
```

  图 9-7 和图 9-8 分别针对火焰图像和烟雾图像进行了实验，从实验结果可以看出，无论对于火焰图像还是烟雾图像，面积阈值算法都能较好地给出图像中火焰的轮廓，通过与 4 种经典边缘检测算子得出的结果进行对比可以看出，面积阈值算法的结果要明显好于其他算子。在实际应用中，火焰与烟雾几乎是同时存在的，在火焰刚刚燃烧时，一般烟雾的面积要大于火焰的面积，然后火焰的面积可能又大于烟雾面积，这也说明对于火灾监测任务而言，需要将火焰和烟雾的检测结合起来才能达到更好的检测效果。

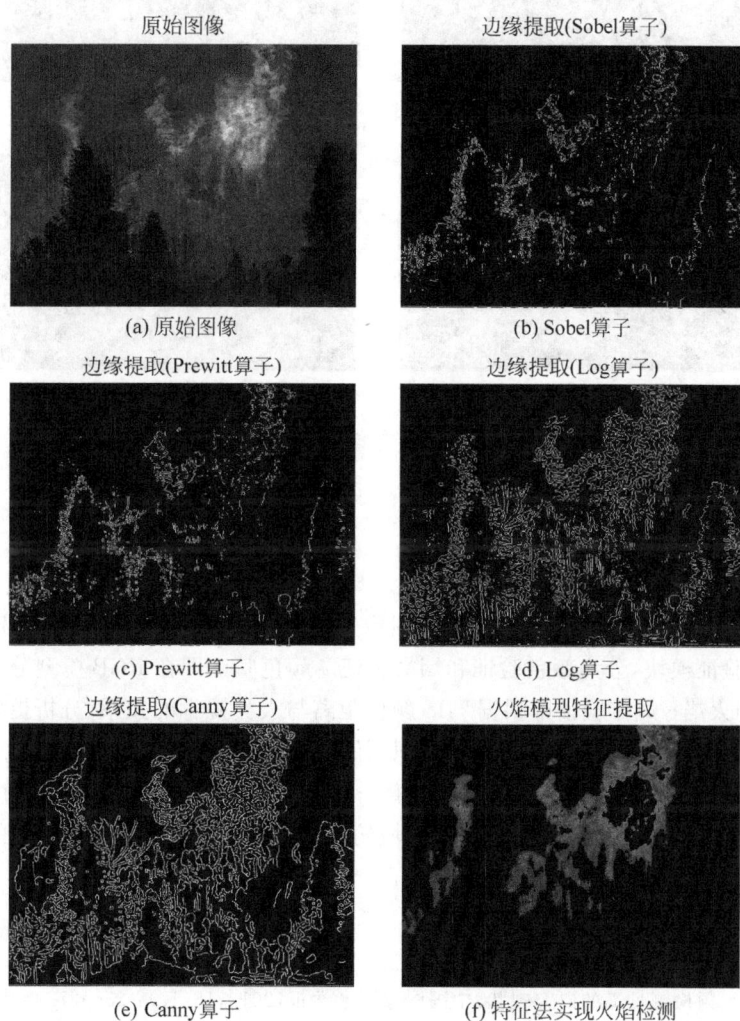

(a) 原始图像

(b) Sobel算子

(c) Prewitt算子

(d) Log算子

(e) Canny算子

(f) 特征法实现火焰检测

图 9-7　火焰图像中面积阈值算法与经典边缘检测算子结果对比图

原始图像

边缘提取(Sobel算子)

(a) 原始图像

(b) Sobel算子

边缘提取(Prewitt算子)

边缘提取(Log算子)

(c) Prewitt算子

(d) Log算子

边缘提取(Canny算子)

提取的烟雾图

(e) Canny算子

(f) 特征法提取的烟雾图

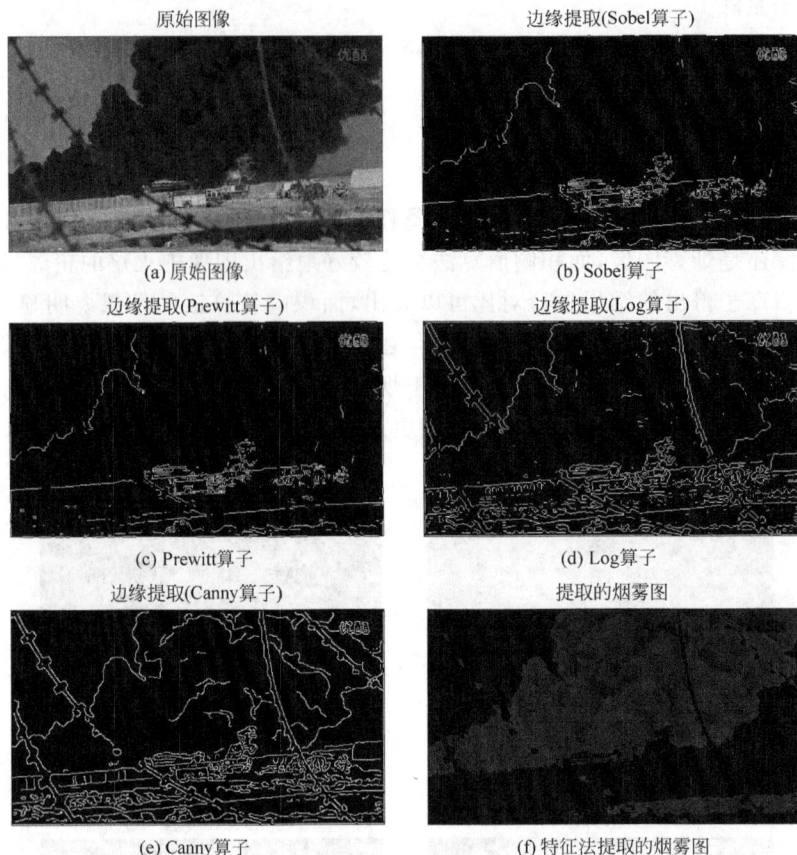

图 9-8　烟雾图像中经典边缘检测算子和特征法提取的烟雾对比图

9.5　小结

在图像的预处理模块,先对分帧得到的图像进行去噪增强处理,以利于后续的特征提取;在图像的色彩验证模块,分为**颜色验证**和**烟雾验证**。颜色验证即在 RGB 模型分析火焰颜色特征,以此来识别火焰;烟雾验证即根据 HIS 颜色距离与人类视觉的关系,分析提取图像中的烟雾点,来判别是否有火焰产生。在图像的面积阈值检测模块,先对彩色图像进行灰度化处理,再对灰度图像进行二值化处理;通过检测每一个像素点,建立连通区域;通过阈值比较,保留疑似火焰区域,最后用挖空法得到火焰区域轮廓,以达到识别提取火焰区域的目的。

参考文献

[1]　罗胜.视频检测烟雾的研究现状.中国图像图形学报,2013,18(10):25～27.

[2]　金红,张荣标.基于视频的火灾实时检测方法.计算机工程与应用,2009,30(18):28～32.

[3]　DongKeun Kim. Smoke Detection using Boundary Growing and Moments[C]. International Conference on Convergence and Hybrid Information Technology 2009:38～40.

第 10 章

基于全局特征的图像检索

10.1 引言

基于全局特征的检索技术是图像检索的重要内容,对促进图像检索技术的发展具有重要的作用。图像的全局特征主要包括颜色特征、纹理特征、形状特征等,基于这些特征的图像检索把图像的颜色、形状、纹理等视觉特征作为图像的描述来查找和匹配图像,可以实现对图像的快速检索。当前,基于局部特征的图像检索虽然不断得到发展,但全局特征检索仍然有其应用空间。

10.2 基于全局特征图像检索的分析与设计

10.2.1 设计要求

了解图像检索流程,掌握图像全局特征提取方法、距离度量方法和 MATLAB 检索系统实现方案。

10.2.2 设计分析

基于全局特征的图像检索方法利用图像的颜色、纹理、形状等基本视觉特征实现检索,这比利用传统的文字标注等要有效得多。它具有以下几个显著的特点:

- 用于检索的是反映图像内容的各种量化特征;
- 使用基于相似性度量的近似查询;
- 大多采用实例查询(Query By Example,QBE)方法。

图像检索有三个关键:一是要选取恰当的图像特征;二是要采取有效的特征提取算法;三是要有准确的特征匹配算法。

图像检索系统主要包括查询选择、特征提取、相似匹配、结果显示等模块,各模块的作用如下:

- 查询选择模块:选择查询图像和待查询图像集;
- 特征提取模块:提取查询图像和待查询图像集的特征;
- 相似匹配模块:计算查询图像特征与待查询图像集中所有图像特征的相似度;
- 结果显示模块:把检索结果按相似度高低排序并显示出来。

在图像检索系统中,特征的相似度量是重要问题之一。只有得到了图像的特征后进行特征的相似性度量,才能有效地根据相似距离进行比较,准确地实现图像检索。相似度是以数值的形式来表示两幅图像之间的相似程度的度量结果,即相似距离。将图像的特征看作是坐标空间中的点,两个点的接近程度(即相似度)通常用它们之间的距离表示,不同类型的特征数据所采用的相似性度量函数是不一样的,相似度公式选择的恰当与否对检索的精确度有很大的影响。合适的距离算法的选择有助于基于内容的图像检索的性能提高。这里采用欧氏距离。

10.2.3 设计步骤

该检索程序主要分以下几步,如图 10-1 所示。

(1) 提取图像集全局特征,并建立特征数据集;
(2) 提取查询图像全局特征;
(3) 读入图像特征数据集;
(4) 选择查询图像并提取全局特征;
(5) 选择距离度量方式和检索结果返回图像数目;
(6) 将查询图像特征与图像特征数据集进行相似计算;
(7) 输出并显示查询结果。

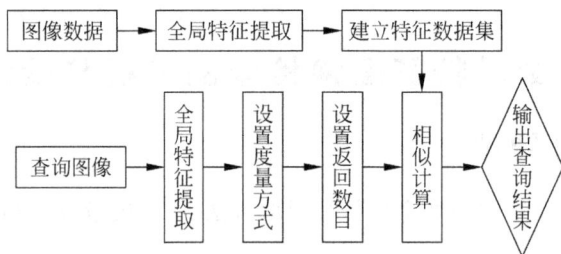

图 10-1 基于全局特征的图像检索流程

MATLAB 代码主要包括以下几个部分。

1. 选择查询图像

主要内容包括:用户通过对话框选择查询图像(图像格式可以是 jpg、png 和 bmp),提取图像全局特征(颜色特征和小波纹理特征),将提取的所有颜色特征和纹理特征组合在一起构造成一个查询向量。

```
[query_fname, query_pathname] = uigetfile('*.jpg; *.png; *.bmp', 'Select query image');

if (query_fname ~= 0)
    query_fullpath = strcat(query_pathname, query_fname);
    [pathstr, name, ext] = fileparts(query_fullpath); % fiparts returns char type

    if (strcmp(lower(ext), '.jpg') == 1 || strcmp(lower(ext), '.png') == 1 …
            || strcmp(lower(ext), '.bmp') == 1)

        queryImage = imread(fullfile(pathstr, strcat(name, ext)));
%查询图像;
```

```
% guidata(hObject, handles);
        % 提取查询图像特征
        queryImage = imresize(queryImage, [384 256]);
        hsvHist = hsvHistogram(queryImage);
        autoCorrelogram = colorAutoCorrelogram(queryImage);
        color_moments = colorMoments(queryImage);
        % 提取灰度图像 gabor 小波
        img = double(rgb2gray(queryImage))/255;
        [meanAmplitude, msEnergy] = gaborWavelet(img, 4, 6); % 4 = number of scales, 6 =
number of orientations
        wavelet_moments = waveletTransform(queryImage);
        % 建立查询图像特征向量
        queryImageFeature = [hsvHist autoCorrelogram color_moments meanAmplitude msEnergy
wavelet_moments str2num(name)];

        handles.queryImageFeature = queryImageFeature;
        guidata(hObject, handles);
        helpdlg('Proceed with the query by executing the green button!');

        % 清理工作区变量
        clear('query_fname', 'query_pathname', 'query_fullpath', 'pathstr', ...
            'name', 'ext', 'queryImage', 'hsvHist', 'autoCorrelogram', ...
            'color_moments', 'img', 'meanAmplitude', 'msEnergy', ...
            'wavelet_moments', 'queryImageFeature');
    else
        errordlg('You have not selected the correct file type');
    end
else
    return;
end
```

2. 设置待检索图像
主要作用是通过对话框让用户选择待检索图像所在的文件夹。

```
folder_name = uigetdir(pwd, 'Select the directory of images');
if (folder_name ~ = 0)
    handles.folder_name = folder_name;
    guidata(hObject, handles);
else
    return;
```

3. 特征提取
提取所有待检索图像特征,并保存为文件。主要内容有:获取待检索图像数量,读取文件夹中每幅图像并将其大小归一化,提取每幅图像颜色和纹理特征,将每幅图像各特征组合在一起构成一个图像特征,将所有图像特征存为一个文件。

```
% 为每一种图像类型建立一个文件夹
pngImagesDir = fullfile(handles.folder_name, '*.png');
jpgImagesDir = fullfile(handles.folder_name, '*.jpg');
bmpImagesDir = fullfile(handles.folder_name, '*.bmp');
```

```matlab
% 获取图像总数目
num_of_png_images = numel(dir(pngImagesDir));
num_of_jpg_images = numel(dir(jpgImagesDir));
num_of_bmp_images = numel(dir(bmpImagesDir));
totalImages = num_of_png_images + num_of_jpg_images + num_of_bmp_images;

jpg_files = dir(jpgImagesDir);
png_files = dir(pngImagesDir);
bmp_files = dir(bmpImagesDir);

if (~isempty(jpg_files) || ~isempty(png_files) || ~isempty(bmp_files))
    % 从文件夹中读取 jpg 图像并提取图像集特征
    jpg_counter = 0;
    png_counter = 0;
    bmp_counter = 0;
    for k = 1:totalImages

        if ((num_of_jpg_images - jpg_counter) > 0)
            imgInfoJPG = imfinfo(fullfile(handles.folder_name, jpg_files(jpg_counter + 1).name));
            if (strcmp(lower(imgInfoJPG.Format), 'jpg') == 1)
                sprintf('% s \n', jpg_files(jpg_counter + 1).name)
                % 提取图像特征
                image = imread(fullfile(handles.folder_name, jpg_files(jpg_counter + 1).name));
                [pathstr, name, ext] = fileparts(fullfile(handles.folder_name, jpg_files(jpg_counter + 1).name));
                image = imresize(image, [384 256]);
            end

            jpg_counter = jpg_counter + 1;

        elseif ((num_of_png_images - png_counter) > 0)
            imgInfoPNG = imfinfo(fullfile(handles.folder_name, png_files(png_counter + 1).name));
            if (strcmp(lower(imgInfoPNG.Format), 'png') == 1)
                % 读入图像
                sprintf('% s \n', png_files(png_counter + 1).name)
                % 提取图像特征
                image = imread(fullfile(handles.folder_name, png_files(png_counter + 1).name));
                [pathstr, name, ext] = fileparts(fullfile(handles.folder_name, png_files(png_counter + 1).name));
                image = imresize(image, [384 256]);
            end

            png_counter = png_counter + 1;

        elseif ((num_of_bmp_images - bmp_counter) > 0)
            imgInfoBMP = imfinfo(fullfile(handles.folder_name, bmp_files(bmp_counter + 1).name));
```

```
            if (strcmp(lower(imgInfoBMP.Format), 'bmp') == 1)
                % 读入图像
                sprintf('% s \n', bmp_files(bmp_counter + 1).name)
                % 提取图像特征
                image = imread(fullfile(handles.folder_name, bmp_files(bmp_counter + 1).
name));
                [pathstr, name, ext] = fileparts(fullfile(handles.folder_name, bmp_files
(bmp_counter + 1).name));
                image = imresize(image, [384 256]);
            end

            bmp_counter = bmp_counter + 1;

        end

        hsvHist = hsvHistogram(image);
        autoCorrelogram = colorAutoCorrelogram(image);
        color_moments = colorMoments(image);
        % 提取灰度图像 Gabor 小波
        img = double(rgb2gray(image))/255;
        [meanAmplitude, msEnergy] = gaborWavelet(img, 4, 6);  % 4 = number of scales, 6 =
number of orientations
        wavelet_moments = waveletTransform(image);
        % 建立图像集 t
         set = [hsvHist autoCorrelogram color _ moments meanAmplitude msEnergy wavelet _
moments];
        % 将正在处理的图像名字添加到最后一列
        dataset(k, :) = [set str2num(name)];

        % 清楚工作区变量
        clear('image', 'img', 'hsvHist', 'autoCorrelogram', 'color_moments', …
            'gabor_wavelet', 'wavelet_moments', 'set', 'imgInfoJPG', 'imgInfoPNG', …
            'imgInfoGIF');
    end

    % 存储图像集
    uisave('dataset', 'dataset1');
    % save('dataset.mat', 'dataset', '-mat');
clear('dataset', 'jpg_counter', 'png_counter', 'bmp_counter');
```

4. 进行检索

设置检索所需变量的值。主要内容有：检查待检索图像特征是否存在，设置度量方式、范数形式、返回图像数目等。

```
if (~isfield(handles, 'queryImageFeature'))
    errordlg('Please select an image first, then choose your similarity metric and num of
returned images!');
    return;
end

% 检查图像集是否存在
```

```
if (∼isfield(handles, 'imageDataset'))
    errordlg('Please load a dataset first. If you dont have one then you should consider
creating one!');
    return;
end

% 设置变量
if (∼isfield(handles, 'DistanceFunctions') && ∼isfield(handles, 'numOfReturnedImages'))
    metric = get(handles.popupmenu_DistanceFunctions, 'Value');
    numOfReturnedImgs = get(handles.popupmenu_NumOfReturnedImages, 'Value');
elseif (∼isfield(handles, 'DistanceFunctions') ‖ ∼isfield(handles, 'numOfReturnedImages'))
    if (∼isfield(handles, 'DistanceFunctions'))
        metric = get(handles.popupmenu_DistanceFunctions, 'Value');
        numOfReturnedImgs = handles.numOfReturnedImages;
    else
        metric = handles.DistanceFunctions;
        numOfReturnedImgs = get(handles.popupmenu_NumOfReturnedImages, 'Value');
    end
else
    metric = handles.DistanceFunctions;
    numOfReturnedImgs = handles.numOfReturnedImages;
end

if (metric == 1)
    L1(numOfReturnedImgs, handles.queryImageFeature, handles.imageDataset.dataset);
elseif (metric == 2 ‖ metric == 3 ‖ metric == 4 ‖ metric == 5 ‖ metric == 6 ‖ metric
== 7 ‖ metric == 8 ‖ metric == 9 ‖ metric == 10 ‖ metric == 11)
    L2(numOfReturnedImgs, handles.queryImageFeature, handles.imageDataset.dataset, metric);
else
relativeDeviation(numOfReturnedImgs, handles.queryImageFeature, handles.imageDataset.
dataset);
```

详细代码可参看光盘中的文件。

为验证检索效果,在 Corel 图像库中取 5 类 500 幅图像进行检索。这五类图像包括"公共汽车"、"恐龙"、"建筑"、"海岸"、"非洲人"。选取公共汽车中的第一幅图像进行检索,检索结果如图 10-2 所示。

可见,结果中不仅包括与查询图像型号相同、在图中相对位置相同、背景相同的公共汽车,还包括型号不同、相对位置和背景不同的公共汽车。也就是说,程序中使用的全局特征对颜色、形状、背景杂乱具有一定的鲁棒性。

该程序可在 mathworks.com 网站中的 Filechange 中通过搜索 cbires 下载。其运行界面如图 10-2 所示。该程序在执行检索前需先生成待检索图像的全局特征,即单击"Create DB for image features"按钮。在检索时需先选文件夹(即点击"Select image directory for processing"),然后加载图像特征数据(即点击"Load Dataset"),再选择查询图像(即点击"Browse for image")和度量方式(L1 或 L2)及检索结果返回数目,最后点击绿色按钮"Query"进行查询,得出检索结果。

在该程序运行时,首次运行可能出现如下错误,"Reference to non-existent field 'popupmenu_NumOfReturnedImages'",点击该错误,进入文件 gui_mainfcn,在 197 行设端

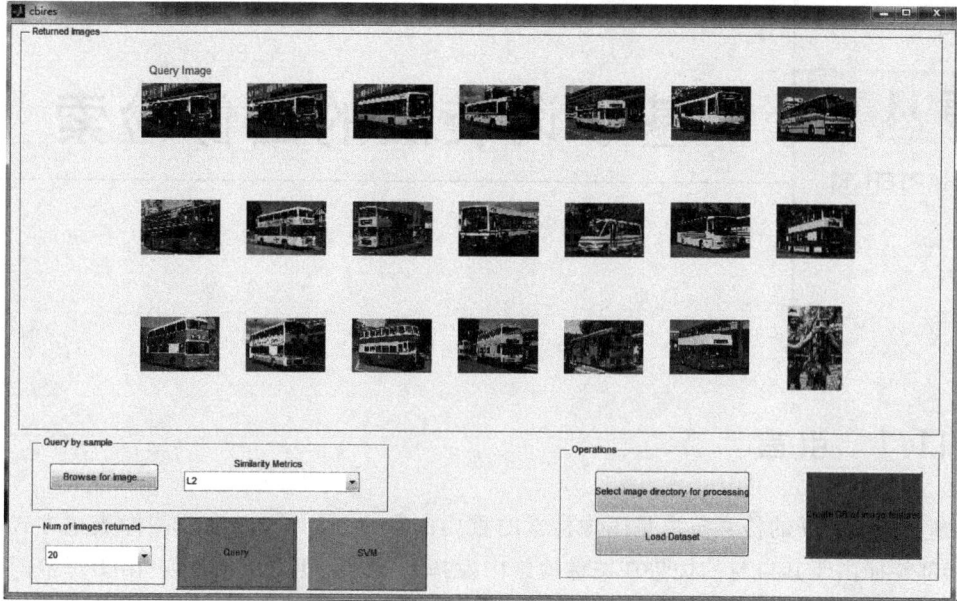

图 10-2 检索界面

点,按 F5 键,可执行查询。一次查询完成后,改变度量选项和返回数目值,再查询,可得出新的结果。

第 11 章

基于词袋法的图像检索

11.1　引言

基于全局特征的检索技术是图像检索的重要内容之一。然而,随着图像表述方式的进步,局部特征由于其自身的优势在图像检索中发挥着越来越重要的作用。由于每幅图像可能有成百上千个特征,在图像检索时,如果直接用局部特征进行检索,两幅图像的相似度就是两个成百上千的向量集之间的相似计算,这会导致图像检索的运算量非常大,复杂度非常高。对于在图像集上的检索而言,检索时间几乎长到让人无法忍受。为此,人们借用文本领域的词袋法来简化运算。在词袋法中,图像的特征不再是成百上千个向量,而是用一个由视觉词典中单词的频率向量(即词频向量)来表示。这样,图像的检索就从向量集的检索简化为一维向量的检索,检索时间会大大缩短。

11.2　基于词袋法的图像检索的分析与设计

11.2.1　设计要求

图像局部特征提取方法,了解词袋的构建、词频向量的构造、基于词袋法的图像检索的流程和 MATLAB 实现方案。

11.2.2　设计分析

基于全局特征的图像检索先提取图像的颜色、纹理、形状等全局特征,然后用相似性匹配的方法完成图像检索。然而,全局特征只能反映图像的全局统计信息,而图像的局部特征蕴含着大量的细节信息,往往更能体现图像的本质特性。2004 年,Lowe 对尺度不变特征变换(Scale-Invariant Feature Transform,SIFT)进行了总结,他指出 SIFT 是一种鲁棒性很高的局部特征,其对旋转、尺度缩放、亮度变化保持不变性,对视角变化、仿射变换、噪声也保持一定的稳定性。为充分利用图像的局部特征,以及受文本检索领域的词袋方法(Bag of Words,BoW)的启发,研究人员提出了图像领域的词袋法。该方法先从图像集中提取大量的局部特征,一般为 SIFT 特征,并应用聚类算法将这些特征点聚类,得到一个视觉码本,即视觉词典,码本的每个聚类中心代表一个视觉单词;然后,对于每幅输入图像,将其每个局部特征点与视觉词典内的视觉单词进行映射,最终得到一个视觉单词分布直方图(单词频率向量)作为该图像的特征向量。由于视觉词袋法性能优越,它在视频语义概念检测、图像场景分类、目标检测等领域中发挥着越来越重要的作用。

在实际应用中,SIFT 特征点被广泛用来代表图像的局部区域,形成了如下的视觉词袋法,该方法主要过程如下:

首先,视觉词典生成。对于由 T 幅图像组成的图像集 $\mathcal{I}=\{I_1,I_2,\cdots,I_k,\cdots,I_{T-1},I_T\}$,检测出 $\mathcal{I}$ 中所有图像的 SIFT 特征点,利用 K-Means 算法对这些点聚类,得到一个初始的视觉码本,即初始的视觉词典 $\mathcal{V}=\{v_1,v_2,\cdots,v_k,\cdots,v_{N-1},v_N\}$,其中,$N$ 为初始词典规模,v_k 为第 k 个视觉单词,是一个 128 维的 SIFT 特征向量。

其次,视觉词汇直方图构建。对于每幅图像,检测出其所有的 SIFT 特征点,然后将每个特征点与词典中的单词进行映射,构造出一个 N 维视觉词汇分布直方图 H 作为特征向量来代表该关键帧。

但是,传统的视觉词典法通常采用 K-Means 算法聚类生成视觉词典。2006 年,Nister 等由实验表明 K-Means 聚类算法只适用于生成较小规模的词典,当词典的规模超过 10^5 时就比较难以解决。为此,他们引入了分层 K-Means 聚类算法(Hierarchical K-Means,HKM)来提高量化和检索效率。2007 年,Philbin 等又采用近似 K-means 算法(Approximate K-Means,AKM)针对大规模数据库的目标检索实现了进一步优化,并引入倒排文档结构来进一步提高检索效率。

为加快检索速度,可以将位置敏感哈希(Locality Sensitive Hashing,LSH)引入图像检索。位置敏感哈希是当前高维空间中近似近邻(Approximate Near Neighbor,ANN)搜索中速度最快的解决方法,LSH 在汉明空间进行搜索,E^2LSH 是对 LSH 的改进之一,在欧氏空间进行搜索。与基于树的索引方法相比,它们不但复杂度低、支持维数高,而且检索时间大大缩短。

E^2LSH 是基于 p-稳定函数的,并且对于 $p\in(0,2]$ 的所有值都适用。稳定分布被定义为归一化独立同分布变量和的极限。稳定分布比较常用的例子是高斯分布,它的定义如下:

在 $\mathfrak{R}$ 上的分布 $\mathcal{D}$ 被称为 p-稳定分布,如果存在 $p\geqslant0$,对于 n 个实数 $v_1,v_2,\cdots,v_n$ 和分布 $\mathcal{D}$ 的独立同分布变量 $X_1,X_2,\cdots,X_n$,随机变量 $\sum_i v_iX_i$ 和变量 $\left(\sum_i |v_i|^p\right)^{\frac{1}{p}}X_i$ 具有相同的分布,X 是分布 $\mathcal{D}$ 的随机变量。

E^2LSH 通过计算内积$(a \cdot v)$为每一个向量 v 分配一个哈希值,哈希函数 $h_{a,b}(v):\mathfrak{R}^d\to\mathbb{Z}$ 把一个 d 维向量 v 映射到整数集上。哈希函数通过随机选择的 a 和 b 进行排序,a 是从 p-稳定分布独立选择的 d 维向量,b 是一个在 $[0,w]$ 上均匀选取的实数。a 和 b 选定后,$h_{a,b}(v)=\left\lfloor\dfrac{a \cdot v+b}{w}\right\rfloor$。

在进行哈希运算时,内积$(a \cdot v)$把每个向量映射到一条实线上。由 p-稳定分布定义可知,两个向量(v_1,v_2)投影的距离$(a \cdot v_1-a \cdot v_2)$的分布与 $\|v_1-v_2\|_p X$ 的分布相同。X 服从 p-稳定分布。如果能够把实线以合适的长度 w 进行等长分割,并且根据向量被投影到分割后的哪一段为该向量分配一个哈希值,即桶标记。

E^2LSH 算法在进行检索时,要对所有高维向量进行哈希,然后将各个向量分到一些哈希桶中,这样可以缩小检索时查找的范围。但它每次检索都要读取所有向量并进行桶的分配,而且,桶哈希的结果位于主存中,不利于系统效率的提高。实际上,由于图像库是相对稳定的,所以桶分配的结果在使用相同哈希函数时也是几乎相同的,为了加快检索速度,可将桶分配结果存为文件,检索时直接从文件中寻找相关的点,并进一步计算精确的欧氏距离。在哈希函数族确定后,对数据集中的点进行哈希运算,得到 L 个哈希值 $h_1(v),h_2(v),\cdots,$ $h_L(v)$,然后对这 L 个值进行哈希得到一个索引值 Index,再将 Index 存入外存索引文件 indexFile 中,该文件还包含索引值对应的数据点的序号(arg(Index))。重复该过程直到所有点的 Index 值都已经得到并存入文件,同时 Index 相同的点不再建立新的索引文件。这样就得到一系列的索引值 $\text{Index}_1,\text{Index}_2,\cdots,\text{Index}_m$ 及外存索引文件 IndexFile_i,各文件所包含的内容如下:

$\text{IndexFile}_1 : \text{Index}_1,\arg(\text{Index}_1);$
   ⋮
$\text{IndexFile}_m : \text{Index}_m,\arg(\text{Index}_m);$

外存索引文件的建立过程如下:

(1) 计算 $E^2\text{LSH}$ 所需参数,产生 p-稳定随机数并存储为参数文件 paraFile;

(2) 根据哈希函数族对数据集进行哈希,得到 L 个哈希值 $h_1(v),h_2(v),\cdots,h_L(v)$;

(3) 对 L 个哈希值进行哈希得到一个索引值 Index,并将其对应点的序号存入文件 IndexFile;

(4) 重复(2)、(3),对索引值相同的点直接将其序号存入该索引值对应的文件,直到遍历完整个数据集。

搜索过程如下:

(1) 读取参数文件 paraFile;

(2) 根据 paraFile 重建哈希函数,读取查询点计算它的索引值 Index;

(3) 查找包含该索引值 Index 的 IndexFile;

(4) 读取 IndexFile 中各点的坐标并计算与查询点的距离,得到相似度排序结果,完成搜索。

11.2.3 设计步骤

基于词袋法的图像检索程序主要分以下几步,如图 11-1 所示。

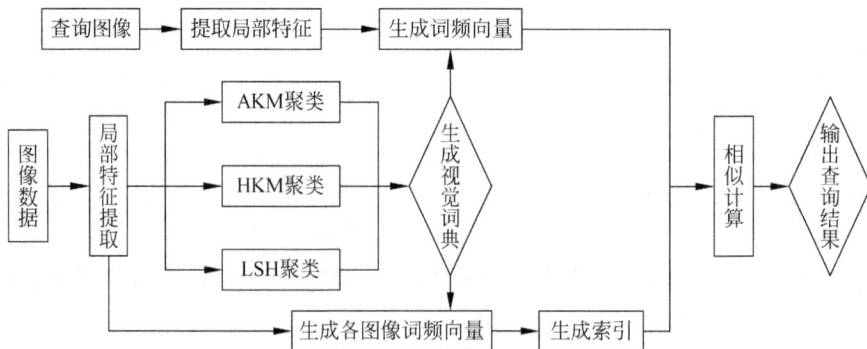

图 11-1 基于词袋法的图像检索流程

（1）生成图像特征，并存为文件；

（2）选择查询图像并读入图像集所有图像的特征；

（3）选择距离度量方式和检索结果返回图像数；

（4）提取查询图像特征并进行检索。

MATLAB 代码实现主要包括以下几个部分。

1. 主程序

```
function example11_1()
% DEMO

% Author: Mohamed Aly <malaa@vision.caltech.edu>
% Date: October 6, 2010

root = pwd;
addpath(fullfile(root, 'caltech-image-search-1.0'));

% 基于词袋法的搜索
bag_of_words();

% 创建多种特征索引结构
full_representation();

% ------------------------------------------------------------------
% Bag of Words
% ------------------------------------------------------------------
function bag_of_words()

% 设置随机数初始化种子
old_seed = ccvRandSeed(123, 'set');

% 生成随机数据,也可读入图像数据进行处理
fprintf('Creating features\n');
num_images = 100;
features_per_image = 1000;
dim = 128;
num_features = num_images * features_per_image;

features = uint8(ceil(rand(dim, num_features) * 255));
labels = reshape(repmat(uint32(1:num_images), features_per_image, 1), [], 1)';

% 指定词典生成方法
dict_type = 'akmeans';
fprintf('Building the dictionary: %s\n', dict_type);

%% 设置不同词典生成方法的参数
switch dict_type
  % 生成 AKM(Approximate k-means)词典
  case 'akmeans'
    num_words = 100;
```

```
      num_iterations = 5;
      num_trees = 2;
      dict_params = {num_iterations, 'kdt', num_trees};

    % 生成 HKM(Hierarchical k - means) 词典
    case 'hkmeans'
      num_words = 100;
      num_iterations = 5;
      num_levels = 2;
      num_branches = 10;
      dict_params = {num_iterations, num_levels, num_branches};
end; % switch

% 生成词典
dict_words = ccvBowGetDict(features, [], [], num_words, 'flat', dict_type, [], dict_params);

% 为特征生成单词表(单词表是一个 cell 类型数组,每个元素表示一个单词.每幅图像对应于一个
% 单词,单词中包含图像特征 ID)
fprintf('Computing the words\n');
dict = ccvBowGetWordsInit(dict_words, 'flat', dict_type, [], dict_params);
words = cell(1, num_images);
for i = 1:num_images
  words{i} = ccvBowGetWords(dict_words, features(:,labels == i), [], dict);
end;
ccvBowGetWordsClean(dict);

% 为单词表生成逆文档索引
fprintf('Creating and searching an inverted file\n');
if_weight = 'none';
if_norm = 'l1';
if_dist = 'l1';
inv_file = ccvInvFileInsert([], words, num_words);
ccvInvFileCompStats(inv_file, if_weight, if_norm);

% 通过逆文档索引搜索前两个单词
[ids dists] = ccvInvFileSearch(inv_file, words(1:2), if_weight, if_norm, …
  if_dist, 5)

ccvInvFileClean(inv_file);

ccvRandSeed(old_seed, 'restore');

%%
% 最小哈希 LSH(Min - Hash LSH)索引
fprintf('Creating and searching a Min - Hash LSH index\n');
ntables = 3;
nfuncs = 2;
dist = 'jac';

% 生成并插入索引
lsh = ccvLshCreate(ntables, nfuncs, 'min - hash', dist, 0, 0, 0, 100);
```

```
ccvLshInsert(lsh, words, 0);

% 在最小哈希 LSH 索引上搜索前两个单词
[ids dists] = ccvLshKnn(lsh, words, words(1:2), 5, dist)

ccvLshClean(lsh);

end % bag_of_words function

% -----------------------------------------------------------------------
% Full Representation
% -----------------------------------------------------------------------
function full_representation()

old_seed = ccvRandSeed(123, 'set');

fprintf('Creating features\n');
num_images = 100;
features_per_image = 1000;
dim = 128;
num_features = num_images * features_per_image;

features = uint8(ceil(rand(dim, num_features) * 255));
labels = reshape(repmat(uint32(1:num_images), features_per_image, 1), [], 1)';

% 定义最近邻搜索(Nearest Neighbor search)方法的类型
nn_types = {'kdt', 'hkm', 'lsh-l2', 'lsh-simplex'};

for nni = 1:length(nn_types);
  % 获取搜索类型
  type = nn_types{nni};

  % 生成索引
  fprintf('\nCreating index %d: %s\n', nni, type);
  switch type
    % Kd-Tree 类型索引
    case 'kdt'
      ntrees = 4;
      index = ccvKdtCreate(features, ntrees);

    % Hierarchical K-Means 类型索引
    case 'hkm'
      nlevels = 4;
      nbranches = 10;
      niterations = 20;
      index = ccvHkmCreate(features, niterations, nlevels, nbranches);

    % LSH-L2 类型索引
    case 'lsh-l2'
      ntables = 4;
      nfuncs = 20;
```

```matlab
    index = ccvLshCreate(ntables, nfuncs, 'l2', 'l2', 1, dim, .1, 1000);
    ccvLshInsert(index, features);

  % LSH - Simplex 类型索引
  case 'lsh - simplex'
    ntables = 4;
    nfuncs = 2;
    index = ccvLshCreate(ntables, nfuncs, 'sph - sim', 'l2', 1, dim, .1, 1000);
    ccvLshInsert(index, features);
end; % switch

% 对特征进行最近邻搜索
fprintf('Searching for first image\n');
switch type
  case 'kdt'
    [nnids nndists] = ccvKdtKnn(index, features, features(:,labels == 1), 2);
  case 'hkm'
    [nnids nndists] = ccvHkmKnn(index, features, features(:,labels == 1), 2);
  case {'lsh - l2', 'lsh - simplex'}
    [nnids nndists] = ccvLshKnn(index, features, features(:,labels == 1), 2);
end; % switch

% 获取特征数最多的索引
nnlabels = labels(nnids(1,:));
counts = histc(nnlabels, 1:num_images);
[counts cids] = sort(counts, 'descend');
counts(1), cids(1)

% 销毁索引
switch type
  case 'kdt'
    ccvKdtClean(index);
  case 'hkm'
    ccvHkmClean(index);
  case {'lsh - l2', 'lsh - simplex'}
    ccvLshClean(index);
end; % switch
end; % for nni

ccvRandSeed(old_seed, 'restore');

end % full_representation function

end % DEMO function
```

2. 视觉词典生成函数

```matlab
function [words, nwords] = ccvBowGetDict(data, labels, locs, nwords, type, cluster, ...
  tparams, cparams, init, dfile)
% 该函数对输入数据 data 计算出词典 words
%
```

```
% 输入参数
% ------
% data     - 输入数据,每一列代表一个点
% labels   - 数据点的标记
% locs     - 数据点的位置
% nwords   - 需要的单词数量
% type     - 词典类型
%            'flat'    - 直接从数据聚类生成词典
%            'class'   - 为每一类生成一个不同的词典
%            'spatial' - 使用空间金字塔方法生成词典
% cluster  - 聚类方法
%            'akmeans' - 使用近似 k - means 方法聚类
%            'lsh'     - 使用 LSH(Locality Sensitive Hashing)方法聚类
%            'hkmeans' - 使用分层 k - means 方法聚类
% tparams  - 词典类型参数
% cparams  - 聚类方法参数
%
% 输出参数
% ------
% words    - 输出的单词
% nwords   - 输出单词的总数
%
% Author: Mohamed Aly < malaa@vision. caltech. edu >
% Date: October 6, 2010

if ~exist('init','var'), init = []; end;
if ~exist('dfile','var'), dfile = []; end;

global tempdictfile
tempdictfile = dfile;

% 判断输入参数中的词典类型并对输入数据进行聚类
switch type
    % 直接型词典
    case 'flat'
        if isfield(tparams, 'seed')
            if strcmp(class(data),'Composite')
                spmd
                    % 初始化随机数
                    old = ccvRandSeed(tparams.seed, 'set');
                    data = data(:,randperm(size(data,2)));
                    ccvRandSeed(old, 'restore');
                end;
            else
                old = ccvRandSeed(tparams.seed, 'set');
                data = data(:,randperm(size(data,2)));
                ccvRandSeed(old, 'restore');
            end;
        end;
        % 对数据聚类
        [words, nwords] = clusterData(data, nwords, cluster, cparams, init);
```

```
    % 多表 LSH 型词典
  case 'lsh - multi'
      [words nwords] = clusterData(data, nwords, cluster, cparams, init);
      words.tparams = tparams;

    % 多个词典
  case 'multiple'
      old = ccvRandSeed(1234, 'set');
      for d = 1:tparams.ndict
        % 获取特征随机排列
        ids = randperm(size(data,2));
        % 生成词典
        [words{d} nwords{d}] = clusterData(data(:,ids), nwords, cluster, cparams, init);
      end;
      nwords = sum(nwords);
      ccvRandSeed(old, 'restore');

    % 单类词典(为每个类生成一个词典)
  case 'per - class'
      nc = tparams.nc;
      cs = tparams.cs;
      words = cell(1, nc);
      cnwords = zeros(1, nc);
      for ci = 1:nc
        c = cs(ci);
        % 为每个类的标签生成词典
        [words{ci} cnwords(ci)] = clusterData(data(:, labels == c), nwords, cluster, cparams,
        init);
      end;
      nwords = max(cnwords);

end;
```

3. 数据聚类函数

```
function [w, nw] = clusterData(feats, nwords, cluster, params, init)
% 对输入数据聚类
switch cluster
  % approximate k - means 方法生成词典
  case 'akmeans'
    if strcmp(class(feats),'Composite')
      spmd npoints = size(feats,2); npoints = gplus(npoints,1); end
      npoints = npoints{1};
    else
      npoints = size(feats,2);
    end;
    % 判断是否聚类
    if npoints <= nwords
      w = feats;
    else
```

```
    % 进行聚类
    akmeans = ccvAkmeansCreate(feats, nwords, params{:});
    w = akmeans.means;
    ccvAkmeansClean(akmeans);
  end;
  nw = size(w, 2);

% LSH 方法生成词典
case 'lsh'
  % 设置特征维数
  params{6} = size(feats,1);
  w.params = params;
  w.nwords = nwords;

  lsh = ccvLshCreate(params{:});
  w.ids = unique(ccvLshBucketId(lsh, feats));
  ccvLshClean(lsh);
  nw = nwords;

case 'xkmeans'

  parallel = 0;
  try if matlabpool('size')> 0, parallel = 1; end; catch end;

  [ndims npoints] = size(feats);
  k = params.k;
  maxiter = params.maxiter;
  eps = params.eps;

  % 计算随机方向
  seed = 123;
  if isfield(params,'seed'), seed = params.seed; end;
  lsh = ccvLshCreate(params.ndir, 1, 'cos','l2',0,ndims,0,1,seed);
  rnd = ccvRandSeed(seed, 'set');
  % 计算特征的桶标记
  fprintf(' getting signatures..\n');
  rsig = ccvLshBucketId(lsh, feats);
  rsig = feval(params.class,rsig);
  datasig = zeros(1, npoints, params.class);
  for i = 1:params.ndir
    datasig = bitor(bitshift(datasig,1), rsig(i,:));
  end;

  if parallel
    ss = Composite();
    len = ceil(npoints/length(ss));
    for l = 1:length(ss)
      ss{l} = datasig((l-1) * len + 1 : min(l * len, npoints));
    end;
  end;
```

```matlab
if ~exist('init','var') || isempty(init)
  mm = randperm(npoints);
  means = feats(:, mm(1:k));
  meanssig = datasig(mm(1:k));
  meandists = zeros(1, k, 'single');
else
  means = init.means;
  meanssig = init.meanssig;
end;
oldmeans = means;

iter = 1; cont = 1;
fprintf(' starting k-means..\n');
while cont && iter <= maxiter
  ittic = tic;
  % 获取最近的均值
  nntic = tic;
  if ~parallel
    [ids dists] = ccvKnn(datasig, meanssig,1,'xor',1);
  else
    spmd
      [ii dd] = ccvKnn(ss, meanssig,1,'xor',1);
    end;
    ids = cell2mat(ii(:)');
    dists = cell2mat(dd(:)');
  end;
  fprintf(' nn %.2f min ', toc(nntic)/60);

  % 计算新的均值
  mtic = tic;
  parfor m = 1:k
    mids = ids == m;
    if ~any(mids)
      means(:,m) = oldmeans(:,m);
      meandists(m) = 0;
    else
      means(:,m) = mean(feats(:,mids), 2);
      meandists(m) = sum(dists(mids));
    end;
  end;
  fprintf('means %.2f min\n', toc(mtic)/60);
  meandist(iter) = mean(meandists);

  % 重新计算均值桶标记
  rsig = ccvLshBucketId(lsh,means);
  rsig = feval(params.class, rsig);
  meanssig = zeros(1, k, params.class);
  for i = 1:params.ndir
    meanssig = bitor(bitshift(meanssig,1), rsig(i,:));
  end;
```

```
      fprintf(' iter % d: dist = % f took  % .2f min\n', iter, meandist(iter), toc(ittic)/60);

   if iter > 1 && abs(meandist(iter) - meandist(iter - 1)) < =  eps
      cont = 0;
   end;
   iter = iter  +  1;

   end;

   % 存储均值
   w. means = means;
   w. meanssig = meanssig;
   w. class = params. class;
   nw = size(means, 2);

   ccvRandSeed(rnd, 'restore');
   ccvLshClean(lsh);

 % hierarchical k - means 方法生成词典
  case 'hkmeans'
   hkmeans = ccvHkmCreate(feats, params{:});
   w = ccvHkmExport(hkmeans, 0);
   ccvHkmClean(hkmeans);
   nw = nwords;

end;
```

提示：caltech-image-search 包含了基于视觉词袋法的图像搜索所需的多种功能，如要使用，下载后需先进行编译，它的编译需要 C99（1999 年修订的 C 规范，即 99 版 C 语言）的支持，对编译环境要求较高，具体说明如下所示。关于该工程的详细信息请在网络中进行搜索并查看。

在不同的编译环境下编译过程出现的提示如下。

在 MATLAB 2007 下执行，出现以下提示：

```
??? Undefined variable "RandStream" or class "RandStream. create".
Error in = = > ccvRandSeed at 26
    old =  RandStream. setGlobalStream(RandStream. create(type, 'Seed', seed));
Error in = = > DEMO > bag_of_words at 18
old_seed =  ccvRandSeed(123, 'set');
```

说明 MATLAB 2007 没有 RandStream 类，用 MATLAB 2015 运行。

在 MATLAB 2015 下先编译 compile. m，当编译器为 Visual Studio 2008（在 MATLAB 命令窗口输入 mex -setup，根据提示选择）时，出现以下提示：

```
d:\matproject\caltech - image - search - 1. 0\ccVector. hpp(9) : fatal error C1083: Cannot open
include file: 'stdint. h': No such file or directory
```

当选择编译器为 Lcc（MATLAB 自带的编译器）时，错误提示更多，主要是找不到
＜string＞、＜cassert＞、＜cstring＞、＜climits＞等文件。

当编译器为 Visual Studio 2005 时,出现以下提示为:

```
d:\matproject\caltech-image-search-1.0\ccVector.hpp(9) : fatal error C1083: 无法打开包括
文件:"stdint.h": No such file or directory
```

这里的"stdint.h"是包含在 C99(99 版 C 语言)标准中的,主要用于统一跨平台数据定义。MSVC 中不带有这个头文件,直到 Visual Studio 2010 才有。若要使用之前的版本,可以从下面的地址下载该头文件:http://msinttypes.googlecode.com/svn/trunk/stdint.h 或 http://www.azillionmonkeys.com/qed/pstdint.h。

并将文件存到以下位置(以 VS2008 为例):

C:\Program Files\Microsoft Visual Studio 9.0\VC\include。

以上做法解决了不含 stdint.h 的问题,但又提示没有 log2 函数。安装 cygwin,将其中 stdint.h 放到 C:\Program Files\Microsoft Visual Studio 9.0\VC\include 下,出现以下提示:

```
fatal error C1083: Cannot open include file: 'bits/wordsize.h': No such file or directory
```

将 Visual Studio 2010 作为默认的编译器。编译后出现以下提示:

```
E:\Program Files\VC\INCLUDE\utility(163) : error C2440: "初始化": 无法从"int"转换为"float *"
从整型转换为指针类型要求 reinterpret_cast、C 样式转换或函数样式转换
E:\Program Files\VC\INCLUDE\utility(247): 参见对正在编译的函数 模板 实例化"std::_Pair_base
<_Ty1,_Ty2>::_Pair_base<_Ty,_Ty>(_Other1 &&,_Other2 &&)"的引用
```

安装 MinGW,并下载 GunMex 进行配置,并将默认的编译器设为 MinGW 的 gcc,并编译 Compile.m,工程中前面几个文件成功编译,编译 ccDistance.cpp 时失败,出现以下提示:

```
ccDistance.cpp:425:7: error: '::infinity' has not been declared
ccDistance.cpp:430:7: error: 'numeric_limits' was not declared in this scope
```

在 D:\MatProject\caltech-image-search-1.0\ccdistance.hpp 中添加 #include <limits>,重新编译,全部通过。

对于 64 位 MATLAB,需要重新编译,否则会提示命令没有定义。例如:

```
Undefined function 'mxKdtCreate' for input arguments of type 'uint8'
```

此时,在 MATLAB 主窗口输入"which mxKdtCreate",提示该函数找不到。而在 32 位 MATLAB 下会给出该函数地址。

64 位 MATLAB 使用 MinGW 和 Visual Studio 2010 旗舰版都不能编译 Caltech-image-search 1.0 的 Compile.m 文件,但 32 位 MATLAB 可以。

第 12 章

基于词袋法的图像分类

12.1 引言

图像分类是图像预处理的重要工作之一。随着图像表述方式的不断进步,图像分类已经由基于全局特征的分类发展为基于词袋法的分类,也就是用基于视觉词典的词频向量作为图像特征训练图像模型,进而通过训练出模型估计图像类型,完成图像分类工作。本章对该方法进行简要分析,并给出基于 MATLAB 的程序实现。

12.2 基于词袋法的图像分类的分析与设计

12.2.1 设计要求

了解图像局部特征和视觉词袋法,掌握图像词典和词频向量创建流程、图像分类流程和MATLAB 分类程序实现方案。

12.2.2 设计分析

特征在图像处理中起着至关重要的作用,图像特征主要分为全局特征和局部特征。**全局特征**的优点是提取过程简单,缺点是它们只能反映图像的全局统计信息,而忽略了细节的、局部的信息。而图像中的**局部特征**,如边缘、角点、结合处等蕴含着丰富的视觉信息,往往更能体现图像的本质特性。按照粒度大小的不同,图像局部特征可划分为基于特征点的局部特征、基于块的局部特征以及基于区域的局部特征等。在众多的局部视觉特征中,(Scale-Invariant Feature Transform,SIFT)特征在图像处理、图像检索、图像分类等工作中得到了广泛的应用,它对旋转、尺度缩放、亮度变化保持不变性,对视角变化、仿射变换、噪声也保持一定程度的稳定性。

SIFT 提取主要分为如下四步:

(1) 检测尺度空间极值点。建立输入图像的差分高斯尺度空间,然后在该尺度空间中搜索极值点,初步确定特征点的位置。

(2) 精确定位极值点。对差分高斯函数进行 Taylor 展开,通过插值运算精确定位(达到亚像素精度)特征点的位置、尺度,同时滤除低对比度点和边缘响应较强的点。

(3) 关键点方向参数指派。通过统计特征点邻域范围内像素的梯度方向直方图,为关键点指派主方向和辅助方向两个参数。

　　（4）关键点描述子的生成。将特征点 16×16 邻域分成 16 个 4×4 的小邻域,每个小邻域计算得到一个 8 格的方向直方图,从而可为每个特征点构造一个 128 维的特征描述子。

　　虽然局部特征有前述优点,但如果直接将其用于图像分类,运算量非常大,运算速度非常慢。为充分利用局部特征,并降低运算量,人们将文本检索领域的词袋法(Bag of Words, BoW)用于图像检索、分类、识别等工作。在文本领域中,关键词出现频次的直方图被用来代表一篇文档。类似地,在图像领域中,图像视觉单词出现频次直方图可以用来表示该幅图像。该方法主要分为三步：首先,从图像中提取局部特征(如 SIFT 特征等)；然后,用聚类算法(K-Means 等)将这些特征点聚类,得到一个视觉码本(即视觉词典),码本的每个聚类中心代表一个视觉单词；再提取每幅图像的局部特征,并将每个局部特征点与视觉单词进行匹配,统计各个视觉单词在图像中出现的频次,最终得到一个词频直方图作为该图像的特征向量。

　　图像分类技术是建立视频低层特征与高层语义概念之间映射的关键技术,人们经常使用支持向量机(Support Vector Machine, SVM)进行分类。支持向量机是在统计学习理论基础上发展起来的一种新的模式分类方法。SVM 在解决有限样本、非线性及高维模式识别等问题中表现出许多特有的性能。在图像分类领域,支持向量机由于其坚实的理论基础以及已经取得的优越分类性能,几乎已成为图像分类中应用最广泛的分类器。

　　支持向量机的基本原理是：在线性可分情况下,寻找一个最优分类超平面,使类别间的间隔最大；对于线性不可分情况,通过引入核映射方法,将低维空间里线性不可分情况转化成高维空间里的线性可分问题,也就是通过非线性变换将输入空间变换到一个更高维空间,然后在这个空间中求广义最优分类面。

　　图像分类主要包括特征提取和建立图像类别分类器这两个步骤。传统的基于全局特征的分类方法提取的是图像的全局特征,如颜色、纹理、形状等,然后对这些特征数据进行训练,生成分类器模型,完成图像分类。与基于全局特征方法不同的是,词袋法利用的是图像的局部特征。基于词袋法的图像分类先提取局部特征,再利用聚类算法对局部特征点聚类,生成一个视觉词典；然后提取每幅图像的局部特征并构造一个直方图(词频向量)作为该图像的特征向量；最后,利用机器学习方法(一般为 SVM)对提取的直方图数据进行训练、分类,完成图像分类。

12.2.3　设计步骤

　　本节以 caltech-image-search 1.0 为例说明基于词袋法的图像分类的流程。该检序主要分以下几步,如图 12-1 所示。

　　（1）建立图像集；

　　（2）设置训练集和测试集及相关参数；

　　（3）提取训练集图像特征并创建词典；

　　（4）提取图像集所有图像特征并计算直方图(词频向量)；

　　（5）为训练集图像建立分类模型；

　　（6）用训练模型判定测试图像类型；

　　（7）用混淆矩阵评价分类结果。

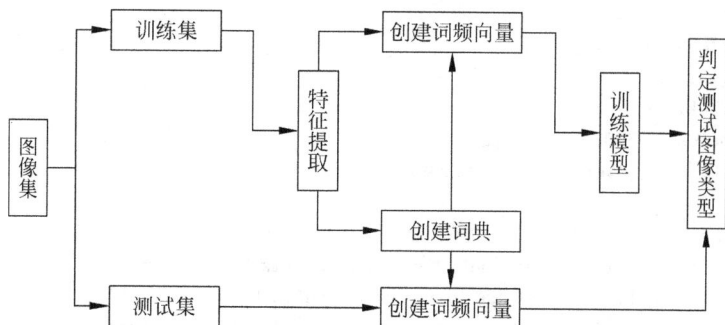

图 12-1 基于词袋法的图像识别流程

主要代码包括以下几个部分。

1. 选择图像

```
% Caltech－101 数据集上的图像分类
function example12_1()
% phow_caltech101()

% Author: Andrea Vedaldi
% Copyright (C) 2011－2013 Andrea Vedaldi
% All rights reserved.
%
% This file is part of the VLFeat library and is made available under
% the terms of the BSD license (see the COPYING file).
root = vl_setup;
conf.calDir = fullfile(root,'data','101_ObjectCategories');
conf.dataDir = fullfile(root,'data');
conf.SIFTPath = fullfile(root,'data','101_ObjectCategories','featSIFT.mat');

% 参数设置
conf.autoDownloadData = true;
conf.numTrain = 15;
conf.numTest = 15;
conf.numClasses = 102;
conf.numWords = 600;
conf.numSpatialX = [2 4];
conf.numSpatialY = [2 4];
conf.quantizer = 'kdtree';
conf.svm.C = 10;
conf.svm.solver = 'sdca';
conf.svm.biasMultiplier = 1;
conf.phowOpts = {'Step', 3};
conf.clobber = false;
conf.tinyProblem = true;
conf.prefix = 'baseline';
conf.randSeed = 1;

if conf.tinyProblem
```

```
    conf.prefix = 'tiny';
    conf.numClasses = 5;
    conf.numSpatialX = 2;
    conf.numSpatialY = 2;
    conf.numWords = 300;
    conf.phowOpts = {'Verbose', 2, 'Sizes', 7, 'Step', 5};
end
% 路径设置
conf.vocabPath = fullfile(conf.dataDir, [conf.prefix '-vocab.mat']);
conf.histPath = fullfile(conf.dataDir, [conf.prefix '-hists.mat']);
conf.modelPath = fullfile(conf.dataDir, [conf.prefix '-model.mat']);
conf.resultPath = fullfile(conf.dataDir, [conf.prefix '-result']);

% 生成随机数
randn('state',conf.randSeed);
rand('state',conf.randSeed);
vl_twister('state',conf.randSeed);

% -------------------------------------------------------------------
% Download Caltech-101 data
% -------------------------------------------------------------------

if ~exist(conf.calDir, 'dir') || ...
   (~exist(fullfile(conf.calDir, 'airplanes'),'dir') && ...
    ~exist(fullfile(conf.calDir, '101_ObjectCategories', 'airplanes')))
  if ~conf.autoDownloadData
    error( ...
      ['Caltech-101 data not found. ' ...
       'Set conf.autoDownloadData = true to download the required data.']);
  end
  vl_xmkdir(conf.calDir);
  calUrl = ['http://www.vision.caltech.edu/Image_Datasets/' ...
    'Caltech101/101_ObjectCategories.tar.gz'];
  fprintf('Downloading Caltech-101 data to ''%s''. This will take a while.', conf.calDir);
  untar(calUrl, conf.calDir);
end

if ~exist(fullfile(conf.calDir, 'airplanes'),'dir')
  conf.calDir = fullfile(conf.calDir, '101_ObjectCategories');
end

% -------------------------------------------------------------------
% Setup data
% -------------------------------------------------------------------
% 获取包含图像的文件夹
classes = dir(conf.calDir);
classes = classes([classes.isdir]);
classes = {classes(3:conf.numClasses + 2).name};

% 获取文件夹中所有图像
images = {};
```

```
imageClass = {};
for ci = 1:length(classes)
    ims = dir(fullfile(conf.calDir, classes{ci}, '*.jpg'))';
    ims = vl_colsubset(ims, conf.numTrain + conf.numTest);
    ims = cellfun(@(x)fullfile(classes{ci},x),{ims.name},'UniformOutput',false);
    images = {images{:}, ims{:}};
    imageClass{end + 1} = ci * ones(1,length(ims));
end
selTrain = find(mod(0:length(images) - 1, conf.numTrain + conf.numTest) < conf.numTrain);
selTest = setdiff(1:length(images), selTrain);
imageClass = cat(2, imageClass{:});

% 设置模型参数
model.classes = classes;
model.phowOpts = conf.phowOpts;
model.numSpatialX = conf.numSpatialX;
model.numSpatialY = conf.numSpatialY;
model.quantizer = conf.quantizer;
model.vocab = [];
model.w = [];
model.b = [];
model.classify = @classify;


% --------------------------------------------------------------------
% Train vocabulary
% --------------------------------------------------------------------

if ~exist(conf.vocabPath) || conf.clobber
    % 获取图像特征并训练出词典
    selTrainFeats = vl_colsubset(selTrain, 30);
    descrs = {};
    % 并行处理训练集中所有图像
    parfor ii = 1:length(selTrainFeats)
        im = imread(fullfile(conf.calDir, images{selTrainFeats(ii)}));
        im = standarizeImage(im);
        [drop, descrs{ii}] = vl_phow(im, model.phowOpts{:});
    end
    descrs = vl_colsubset(cat(2, descrs{:}), 10e4);
    descrs = single(descrs);

    % 对图像特征进行聚类生成词典
    vocab = vl_kmeans(descrs, conf.numWords, 'verbose', 'algorithm', 'elkan',
    'MaxNumIterations', 50);
    save(conf.vocabPath, 'vocab');
else
    load(conf.vocabPath);
end
model.vocab = vocab;
if strcmp(model.quantizer, 'kdtree')
    model.kdtree = vl_kdtreebuild(vocab);
end
```

```
% -------------------------------------------------------------------
% Compute spatial histograms
% -------------------------------------------------------------------

% 为每幅图像生成空间直方图
if ~exist(conf.histPath) || conf.clobber
  hists = {};
  parfor ii = 1:length(images)
    fprintf('Processing % s ( % .2f % % )\n', images{ii}, 100 * ii / length(images));
    im = imread(fullfile(conf.calDir, images{ii}));
    hists{ii} = getImageDescriptor(model, im);
  end

  hists = cat(2, hists{:});
  save(conf.histPath, 'hists');
else
  load(conf.histPath);
end


% -------------------------------------------------------------------
% Compute feature map
% -------------------------------------------------------------------
% 对图像直方图进行映射
psix = vl_homkermap(hists, 1, 'kchi2', 'gamma', .5);


% -------------------------------------------------------------------
% Train SVM
% -------------------------------------------------------------------

if ~exist(conf.modelPath) || conf.clobber
  switch conf.svm.solver
    case {'sgd', 'sdca'}
      lambda = 1 / (conf.svm.C * length(selTrain));
      w = [];
      parfor ci = 1:length(classes)
        perm = randperm(length(selTrain));
        fprintf('Training model for class % s\n', classes{ci});
        y = 2 * (imageClass(selTrain) == ci) - 1;
        [w(:,ci) b(ci) info] = vl_svmtrain(psix(:, selTrain(perm)), y(perm), lambda, …
          'Solver', conf.svm.solver, …
          'MaxNumIterations', 50/lambda, …
          'BiasMultiplier', conf.svm.biasMultiplier, …
          'Epsilon', 1e-3);
      end

    case 'liblinear'
      svm = train(imageClass(selTrain)', sparse(double(psix(:,selTrain))), …
            sprintf(' -s 3 -B % f -c % f', conf.svm.biasMultiplier, conf.svm.C), 'col');
      w = svm.w(:,1:end-1)';
      b = svm.w(:,end)';
```

```
  end

  model.b = conf.svm.biasMultiplier * b;
  model.w = w;

  save(conf.modelPath, 'model');
else
  load(conf.modelPath);
end

% -------------------------------------------------------------------
% Test SVM and evaluate
% -------------------------------------------------------------------

% 估计测试图像的分类
scores = model.w' * psix + model.b' * ones(1,size(psix,2));
[drop, imageEstClass] = max(scores, [], 1);

% 计算混淆矩阵
idx = sub2ind([length(classes), length(classes)], ...
              imageClass(selTest), imageEstClass(selTest));
confus = zeros(length(classes));
confus = vl_binsum(confus, ones(size(idx)), idx);

% 对计算结果进行绘图
figure(1); clf;
subplot(1,2,1);
imagesc(scores(:,[selTrain selTest])); title('Scores');
set(gca, 'ytick', 1:length(classes), 'yticklabel', classes);
subplot(1,2,2);
imagesc(confus);
title(sprintf('Confusion matrix (%.2f %% accuracy)', 100 * mean(diag(confus)/conf.numTest)));
print('-depsc2', [conf.resultPath '.ps']);
save([conf.resultPath '.mat'], 'confus', 'conf');
```

2. 图像尺寸标准化

```
% -------------------------------------------------------------------
function im = standarizeImage(im)
% -------------------------------------------------------------------

im = im2single(im);
if size(im,1) > 480, im = imresize(im, [480 NaN]); end
```

3. 生成特征

```
% -------------------------------------------------------------------
function hist = getImageDescriptor(model, im)
% -------------------------------------------------------------------

im = standarizeImage(im);
width = size(im,2);
```

```matlab
height = size(im,1);
numWords = size(model.vocab, 2);

% 获取 PHOW 特征
[frames, descrs] = vl_phow(im, model.phowOpts{:});

% 根据视觉词表对局部特征进行量化
switch model.quantizer
  case 'vq'
    [drop, binsa] = min(vl_alldist(model.vocab, single(descrs)), [], 1);
  case 'kdtree'
    binsa = double(vl_kdtreequery(model.kdtree, model.vocab, …
                                  single(descrs), 'MaxComparisons', 50));
end

for i = 1:length(model.numSpatialX)
  binsx = vl_binsearch(linspace(1,width,model.numSpatialX(i) + 1), frames(1,:));
  binsy = vl_binsearch(linspace(1,height,model.numSpatialY(i) + 1), frames(2,:));

  bins = sub2ind([model.numSpatialY(i), model.numSpatialX(i), numWords], …
                 binsy,binsx,binsa);
  hist = zeros(model.numSpatialY(i) * model.numSpatialX(i) * numWords, 1);
  hist = vl_binsum(hist, ones(size(bins)), bins);
  hists{i} = single(hist / sum(hist));
end
hist = cat(1,hists{:});
hist = hist / sum(hist);
```

4. 进行检索

```matlab
% -------------------------------------------------------------------
function [className, score] = classify(model, im)
% -------------------------------------------------------------------

hist = getImageDescriptor(model, im);
psix = vl_homkermap(hist, 1, 'kchi2', 'period', .7);
scores = model.w' * psix + model.b';
[score, best] = max(scores);
className = model.classes{best};
```

提示：vl_feat 具有图像处理的许多功能，下载后需要先进行编译，然后才能使用。其详细信息请搜索并查看官方主页。光盘给出的文件是已经编译过的，可以直接使用。使用前要先将所需函数所在的路径添加到当前工程中。

第 13 章

基于位置敏感哈希的图像聚类

13.1 引言

位置敏感哈希(Locality Sensitive Hashing,LSH)是当前高维向量近似最近邻检索的最优方法之一,它将数据点映射到一条线上,并对这条线进行分段,能达到对数据集进行划分的效果。另外,LSH 的欧氏空间实现方案——精确欧式空间位置敏感哈希(E^2LSH)是随机映射的一个特例。而随机映射可用于聚类,这是因为它对数据集具有可分保持特性(主要包括距离保持和边界保持)。经过映射,数据点间的距离和边界以很高的概率被保持。对于 E^2LSH 来说,经过映射后,桶标记相同的点比桶标记不同的点更相似。因此,可以利用桶标记对数据点进行分组,也就是把桶标记相同的数据点分为一类。

将 LSH 用于聚类需要克服的主要问题是它的随机性。用单个哈希表进行聚类,难以达到令人满意的效果,而使用多个哈希表聚类需要将多个聚类结果进行融合。这需要增加计算代价,不过只要采取合适的方法(如聚类集成技术),就可以达到聚类效率和聚类质量的平衡。本章将基于位置敏感哈希的聚类集成技术用于图像聚类分析,有效提高了图像聚类的精度和效率。

13.2 基于位置敏感哈希的图像聚类

13.2.1 设计要求

了解聚类集成方法,掌握位置敏感哈希对数据划分的方法、图像特征在数据划分和聚类集成中的处理流程以及 MATLAB 聚类实现方案。

13.2.2 设计分析

E^2LSH 的位置敏感哈希函数是基于 p-稳定分布函数的,$p \in (0,2]$,其定义为:

$$h(v) = \left\lfloor \frac{a \cdot v + b}{w} \right\rfloor \tag{13-1}$$

其中,a 是由 p-稳定分布函数产生的 n 维随机向量,w 表示分段长度,内积$(a \cdot v)$对数据点 v 进行随机映射,b 对映射后的结果加上一个偏移,取模运算确保映射后的哈希值(桶标记)在一定范围内。可见,哈希函数的生成要用随机的方法,内积运算对数据点进行映射。

E^2LSH 的位置敏感哈希函数的定义使它与一般的随机映射不同。在 E^2LSH 算法中，数据点映射后不在映射向量所在方向的全坐标轴上，而是映射到了坐标轴的一部分。一般的随机映射需要构造随机矩阵并进行矩阵运算，即每个点都要与一个矩阵进行运算。但 E^2LSH 中，每个点只需要进行内积计算，这可以降低内存消耗和计算复杂度。因此，基于 E^2LSH 的聚类可能比基于一般随机映射的聚类更具有优势。

聚类集成可以融合多重聚类结果以减弱聚类的随机性。聚类集成技术能充分利用多种聚类算法或一种算法在多种情况下的运算结果，得出更优的结果。2002 年，Strehl 和 Ghosh 提出了 3 种基于图划分的聚类集成方法（Cluster based Similarity Partitioning Algorithm，CSPA）、（Meta-CLustering Algorithm，MCLA）和（HyperGraph Partitioning Algorithm，HGPA）。CSPA 首先创建一个 $n \times n$ 相似矩阵，n 是数据集 X 的对象的个数，这可以看作全连接图的邻接矩阵，图的节点表示数据集的对象，两点间的边是一个相关权值，其值等于同一类中这两个对象出现在同一类中的次数。HGPA 创建一个超图，节点代表对象，相同权值的超边代表类，然后用 HMETIS 将该超图划分为大致相等的 k 部分。MCLA 生成的图表示类间的关系，节点对应于各个类，每个边的权值用二进制 Jaccard 相似度计算，然后使用 METIS 把该图划分为 k 个元类，最后通过将每个对象分配给关联最多的元类得出最终划分。

Strehl 和 Ghosh 把一致划分（即最终划分）定义为与各个基聚类器得出的划分共享信息最多的划分，为测量两个划分共享的信息量，他们定义了归一化互信息（Normalized Mutual Information，NMI），用来度量两个划分相似度，用 $n_h^{(a)}$ 表示划分 $\lambda^{(a)}$ 类 C_h 中数据点的个数，$n_l^{(b)}$ 表示划分 $\lambda^{(b)}$ 中类 C_l 中数据点的个数，$n_{h,l}$ 表示同时在这两个类中点的数目。那么，NMI 的定义为：

$$\phi^{(\mathrm{NMI})}(\lambda^{(a)}, \lambda^{(b)}) = \frac{\sum_{h=1}^{k^{(a)}} \sum_{l=1}^{k^{(b)}} n_{h,l} \log\left(\frac{n \cdot n_{h,l}}{n_h^{(a)} n_l^{(b)}}\right)}{\sqrt{\left(\sum_{h=1}^{k^{(a)}} n_h^{(a)} \log \frac{n_h^{(a)}}{n}\right)\left(\sum_{l=1}^{k^{(b)}} n_l^{(b)} \log \frac{n_l^{(b)}}{n}\right)}} \tag{13-2}$$

其中，$k^{(a)}$ 和 $k^{(b)}$ 分别表示两个划分的类的个数。NMI 的最大值为 1，最小值为 0。

在此基础上，一致划分就是和所有基划分 $\lambda^{(q)}$ 有最大平均互信息的划分：

$$\lambda^* = \arg \max_{\hat{\lambda}} \sum_{q=1}^{m} \phi^{(\mathrm{NMI})}(\hat{\lambda}, \lambda^{(q)}) \tag{13-3}$$

其中，$\hat{\lambda}$ 是所有可能的 m 个划分中的一个。

13.2.3　设计步骤

该程序分为 LSH 聚类和聚类集成两部分，如图 13-1 所示。程序运行主要步骤如下：

（1）读入图像特征；

（2）对图像特征进行 LSH 划分，重复多次，并将聚类结果合并；

（3）对合并后的聚类结果运用三种方法进行聚类集成；

（4）计算三种集成结果与原始图像标签的互信息；

（5）将于原始标签互信息最大的集成结果作为最终的聚类结果（最终划分）。

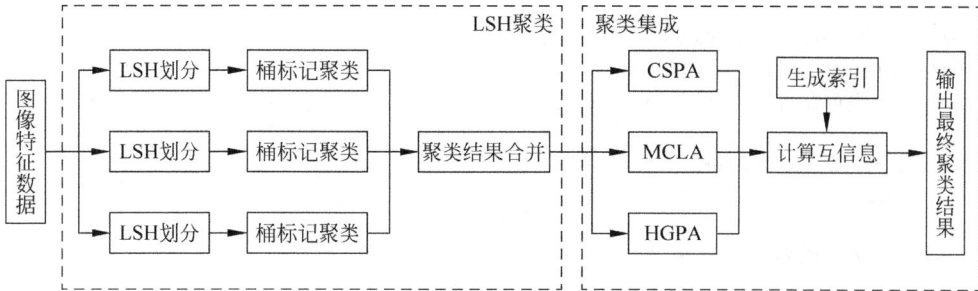

图 13-1　基于位置敏感哈希的聚类集成流程

主要代码如下所示。

1. LSH 聚类主程序

```
function example13_2_1()

clear;
root = pwd;
root = fullfile(root,'LSHCode');
addpath(root);
% 载入包括 4 类 75 幅图像的图像集的颜色数据矩阵
Color = load('Color.txt');
% 对矩阵取转置
data = Color';
% 为便于区分聚类结果,将颜色特征数据扩大 1000 倍
data = data * 1000;
% 获取图像数目
num_features = size(data,2);
clear Color;
tic;
clusTime = 0;
user = memory;
memUsed1 = user.MemUsedMATLAB/1000000;
% 进行 LSH 划分,range 为各维最大值 w 为负,或不指定,默认将 range 分为 16 段
[Te1,buckets1] = lsh('e2lsh',2,4,size(data,1),data,'range',1,'w',1000);
[Te2,buckets2] = lsh('e2lsh',2,4,size(data,1),data,'range',1,'w',100);
[Te3,buckets3] = lsh('e2lsh',2,4,size(data,1),data,'range',1,'w',500);
% 对 LSH 划分结果进行合并
buckets = [buckets1,buckets2,buckets3];
bucketNum = size(buckets,2);
cid = [];
% 对合并后划分结果的各列分别进行聚类
for i = 1:bucketNum
    singleBuc = buckets(:,i);
    cidx = kmeans(singleBuc,5,'distance','sqeuclid','emptyaction','drop');
    cid = [cid,cidx];
end
clusTime = clusTime + toc;
disp(['聚类时间',num2str(clusTime)]);
```

```
user = memory;
memUsed2 = user.MemUsedMATLAB/1000000;
memUsed = memUsed2 - memUsed1;
disp(['聚类内存消耗',num2str(memUsed)]);


save ColorRes.mat 'buckets'
save ColorCid.mat 'cid'
```

2. LSH 划分函数

```
function [T,buck] = lsh(type,l,k,d,x,varargin)
% 将数据划分成 LSH 数据结构,并返回表 T
% 输入参数:
% type: LSH 运行方案,取值为 lsh 或 e2lsh
% 'LSH': 汉明空间方案,见论文 http://theory.csail.mit.edu/~indyk/vldb99.ps
% 'E2LSH': 欧式空间方案,见论文 http://theory.lcs.mit.edu/~indyk/nips-nn.ps
% d: 数据维数,l: 表的个数,k: 键值长度 %
%
% 可选参数:
% 'B': 桶最大容量,即每个桶最多包含 B 个元素
% 'range': 数据取值范围
% 'w': E2LSH 参数,表示分段长度
% 'verb': 冗余值
% 'data': 输入数据
% 'ind': 样例在输入数据中的序号
% 输出参数:
% 结构数组 T,其组成元素有:
% type: 划分方案,其值为 'lsh' 或 'e2lsh'
% args: 哈希函数参数
% I: 哈希函数结构,见 lshfunc.m
% B: 最大桶容量
% count: 表中不同元素数量
% buckets: 带有哈希键值的矩阵
% Index: 桶中点的序号
% verbose: 冗余值
% bhash: 用于快速访问桶的次哈希

% (C) Greg Shakhnarovich, TTI-Chicago (2008)

b = inf;
range = [];
verb = 0;
ind = 1:size(x,2);


for a = 1:2:length(varargin)
  eval(sprintf('%s = varargin{a+1};',lower(varargin{a})));
end

% 将 range 转换为 2 * d 矩阵
range = processRange(d,range);
```

```
% 创建 LSH 函数
Is = lshfuncFixPara(type,l,k,d,varargin{:});

% 设置哈希表的参数
T = lshprep(type,Is,b);

% 对输入数据进行划分,得出分桶结果
if (~isempty(x))
  [T,buck] = lshins(T,x,ind);
end
```

3. 数据点范围变换

```
function C = processRange(D,C);
% C = processRange(D,C);
% 将 range 转换为 2 * D 矩阵形式
% C 可能的输入形式有:
% a scalar c in which case C(1,d) = 0, C(2,d) = c for all d
% a vector c, in which case C(1,d) = 0, C(2,d) = c(d) for all d
% empty list [ ] in which case C(1,d) = 0, C(2,d) = 1 for all d
%
% (C) Greg Shakhnarovich, TTI - Chicago (2008)


% 生成 2 行 D 列矩阵
if (isempty(C))
  C = [zeros(1,D);ones(1,D)];               % 没有给出,取默认值
elseif (size(C,1) == 1 & size(C,2) == 1)    % 给出各维的最大值
  C = [zeros(1,D);repmat(C,1,D)];
elseif (size(C,1) == 1 & size(C,2) == D)    % 给出每一维的最大值
  C = [zeros(1,D); C];
elseif (size(C,1) == 2 & size(C,2) == 1)    % 给出所有维的单个范围
  C = repmat(C,1,D);                        % 生成 1 行 D 列矩阵,每个元素为 C 矩阵,结果为 2 行 D 列矩阵
elseif (size(C,1) == 2 & size(C,2) == D)
  % nothing - already have C
else
  error('Incorrect size for C');
end
```

4. 创建 LSH 函数

```
% 创建一组随机的位置敏感哈希函数参数
function I = lshfunc(type,l,k,d,varargin)
% 输入参数:
% type:哈希函数类型,取值为 lsh 或 e2lsh
% l :哈希函数(或哈希表)的个数
% k :每个哈希函数的比特数(或键值长度)
% d :数据维数 %
%
% 输出参数:
% I(j)是生成第 j 个表的哈希函数,它是一个如下的与哈希方案有关的结构体:
% 'lsh': d:k 维向量
%        t:k 个门限值组成的向量
```

```
%
% 'e2lsh' : w: 对随机映射线进行分割的长度
%           a: d * k 的随机矩阵
%           b: k 维随机偏移向量
%
% I = lshfunc( … ,'range',RNG)
% 输入数据的范围有 RNG 给出,
% 它可以是一个标量,意味着每一维的范围是[0,RNG],
% 也可以是 D 维向量,即第 i 维的范围是[0,RNG(i)],
% 还可以是一个 2 * D 的矩阵,即第 i 维的范围是 RNG(:,i)
% RNG 的默认值为 1
%
% I = lshfunc( … ,'W',W)
% 为 e2lsh 方案提供参数 w,即映射线分段长度,默认值为 16
% (C) Greg Shakhnarovich, TTI – Chicago (2008)

exclude = [ ];
range = [ ];
w = [ ];

% 提取输入参数
for a = 1:2:length(varargin)
  eval(sprintf('% s = varargin{a + 1};',lower(varargin{a})));
end

% 将 range 变换为 2 行 d 列矩阵,并赋初值
range = processRange(d,range);

switch type,

  case 'lsh',                              % 汉明空间方案

    include = setdiff(1:d,exclude);
    for j = 1:l
      % 设置随机的维数
      I(j).d = include(unidrnd(length(include),1,k));
      % 为每一维选择门限
      % 哈希函数的形式为 [[ x(:,d)' >= t ]]
      t = unifrnd(0,1,1,k). * (range(2,I(j).d) – range(1,I(j).d));
      I(j).t = range(1,I(j).d) + t;
      I(j).k = k;
    end

  case 'e2lsh',                            % 欧式空间方案

    % 设置分割长度
    if (isempty(w))
      w = – 16;
    end
    if (w < 0)
      % 对映射数据范围进行大致估计
```

```
       limits = max(abs(range(1,:)),abs(range(2,:)));

       % diff(x,n)如果 x 是向量,计算 x 相邻元素差异;如果 x 是矩阵,计算行差异 [X(2:m,:) - X(1:m
       - 1,:)]
       rangeAct = mean(diff([ - limits; limits] * 2 * sqrt(d)));
       n = abs(w);
       w = rangeAct/n;
   end

   % 加载参数,由于参数 A、b 是在程序运行时随机产生的,为减小不同时间运行时对划分结果的
   % 影响,将其存储在文件 funcpara.mat 中,
    load('funcpara.mat');

   for j = 1:l
       % 哈希函数形式为: floor((A' * x - b)/w),A、b、w 的值从参数文件中读取
       I(j).W = w;
       I(j).A = A;
       I(j).b = b;
       I(j).k = k;
   end

end
```

5. 对数据进行桶划分

```
% 桶划分函数
function [T,buck] = lshins(T,x,ind)

% (C) Greg Shakhnarovich, TTI - Chicago (2008)

% 结构 T 的元素有:
% buckets : bukets(j,:) 是第 j 个桶的哈希值
% Index : Index{j} 第 j 个桶中数据点的序号
% count : count(j) 第 j 个桶中的数据点数

if (nargin < 3 | isempty(ind))
  ind = 1:size(x,2);
end

% 建立哈希表 T
for j = 1:length(T)

  % 插入新数据点前桶的个数
  oldBuckets = size(T(j).buckets,1);

  % 找出每个点对应的桶
  buck = findbucket(T(j).type,x,T(j).I);
end
```

6. 找出数据点所在的桶

```
function v = findbucket(type,x,I)
```

```
% (C) Greg Shakhnarovich, TTI - Chicago (2008)

switch type,
case 'lsh',
  v = x(I.d,:)' <= repmat(I.t,size(x,2),1);

case 'e2lsh',
  v = (double(x)' * I.A - repmat(I.b,size(x,2),1))/I.W;      % 对数据点进行哈希运算
  v = floor(v * 100);
  vmin = min(v);                          % 各列最小值
  vmin = min(vmin);                       % 各行最小值
  v = v + abs(vmin);
  v = v + 1;

end
```

7. 聚类集成主程序

```
% 对图像颜色特征进行聚类集成
function example13_2_ 2()

% ClusterEnsembleColor

clear;
root = pwd;
root = fullfile(root,'ClusterEnsemble');
addpath(root);
% 设置原始数据标签,使用的数据是 4 类 75 幅图像的标签
% 为便于验证,图像序号为 1~15,16~35,36~55,56~75 的图像分别对应于 4 个类
cn = [1 1 1 1 1 1 1 1 1 1 1 1 1 1 1 2 2 2 2 2 2 2 2 2 2 2 2 2 2 2 2 2 2 2 2 3 3 3 3 3 3 3 3 3 3 3
3 3 3 3 3 4 4 4 4 4 4 4 4 4 4 4 4 4 4 4 4 4 4 4 4 ];
% 读入对图像颜色特征进行 40 次聚类的结果,即 75 * 40 的矩阵
cls = textread('colorClus1.txt');
cls = cls';
% 将 40 次聚类结果矩阵进行集成, k = 4 为类的数目
cl = clusterensemble(cls,4);
% 根据与原标签的相关度确定最终聚类集成的标签
disp(['Consensus clustering has a mutual info of ' num2str(evalmutual(cn,cl)) ' with the'
'correct'' labels ']);
```

8. 聚类集成函数

```
% function cl = clusterensemble(cls,k)
% 根据一致性函数对多重聚类标签 cls = [cl1; cl2;…]进行聚类集成
% 返回一个向量,即组合聚类标签
% 一致性函数有以下三种
%      - Cluster - based Similiarty Partitioning Algorithm (CSPA)
%      - HyperGraph Partitioning Algorithm (HGPA)
%      - Meta - CLustering Algorithm (MCLA)
% 最终结果取与原始标签平均归一化互信息最大者
% copyright (c) 1998 - 2002 by Alexander Strehl
```

```
function cl = clusterensemble(cls,k)

if ~exist('cls'),
    disp('clusterensemble - warning: no arguments - displaying illustrative example:');
    disp('clusterensemble - advice: type "help clusterensemble" for information about usage');
    disp('');
end;

if size(cls,2)>1000,
    workfcts = {'hgpa', 'mcla'};              % 设置使用的一致性函数
    disp('clusterensemble - warning: using only hgpa and mcla');
else
    workfcts = {'cspa', 'hgpa', 'mcla'};   % 设置使用的一致性函数
end;

for i = 1:length(workfcts);
    workfct = workfcts{i};
    if ~exist('k'),
        cl(i,:) = feval(workfct,cls);
    else
        cl(i,:) = feval(workfct,cls,k);   % 根据设置的一致性函数进行集成
    end;
    q(i) = ceevalmutual(cls,cl(i,:));     % 计算三种方法聚类结果与原始标签的互信息
    disp(['clusterensemble: ' workfct ' at ' num2str(q(i))]);
end;

[qual, best] = max(q);

cl = cl(best,:);                          % 取出三种方法中最好的结果
save 'clLSH.mat' cl
```

9. 聚类相似算法（CSPA）

```
% function cl = cspa(cls,k)
% 运行 CSPA 集成方法
% Copyright (c) 1998 - 2002 by Alexander Strehl

function cl = cspa(cls,k)

disp('CLUSTER ENSEMBLES using CSPA');

if ~exist('k'),
    k = max(max(cls));
end;

clbs = clstoclbs(cls);
s = clbs' * clbs;                    % 将标记矩阵取内积,得 n*n 矩阵,即相似矩阵,n 为数据点个数

s = checks(s./size(cls,1));          % 检查矩阵有效性
cl = metis(s,k);                     % 对相似矩阵进行划分
```

10. METIS 图划分

```
% copyright (c) 1998 – 2002 by Alexander Strehl

function labels = metis(x,k)

filename = wgraph(x,[],0);
labels = sgraph(k,filename);
delete(filename);
```

11. 元聚类算法（MCLA）

```
% Performs MCLA for CLUSTER ENSEMBLES %
% Copyright (c) 1998 – 2002 by Alexander Strehl

function cl = mcla(cls,k)

disp('CLUSTER ENSEMBLES using MCLA');

if ~exist('k'),
    k = max(max(cls));
end;

disp('mcla: preparing graph for meta – clustering');
clb = clstoclbs(cls);
cl_lab = clcgraph(clb,k,'simbjac');
for i = 1:max(cl_lab),
    matched_clusters = find(cl_lab == i);
    clb_cum(i,:) = mean(clb(matched_clusters,:),1);
end;
cl = clbtocl(clb_cum);
```

12. CMETIS 图划分

```
% 调用图划分方法 CMETIS
% Copyright (c) 1998 – 2002 by Alexander Strehl

function cl = clcgraph(x,k,sfct)

cl = cmetis(checks(feval(sfct,x)),sum(x,2),k);
```

13. HGPA 集成方法

```
% 超图划分算法(HGPA)
% Performs HGPA for CLUSTER ENSEMBLES %
% Copyright (c) 1998 – 2002 by Alexander Strehl

function cl = hgpa(cls,k)

disp('CLUSTER ENSEMBLES using HGPA');

if ~exist('k'),
```

```
   k = max(max(cls));
end;

r = size(cls,1);
clb = [];
for i = 1:r,
   clb = [clb; cltoclb(cls(i,:))];
   kq(i) = max(cls(i,:));
   lastindex = sum(kq(1:i));              % cls 的第 i 行第一个类
   firstindex = lastindex - kq(i) + 1;
   xy(firstindex:lastindex,:) = [i * ones(kq(i),1) ((1:kq(i))')];
end;

cl = clhgraph(clb',k,ones(1,size(clb,1)));
```

14. HMETIS 图划分

```
% 调用图划分方法 HMETIS
% Copyright (c) 1998 - 2002 by Alexander Strehl

function cl = clhgraph(x,k,sfct)

cl = hmetis(x,k);
```

提示：聚类集成程序 clusterEnsemble 和 LSH 数据划分程序 lshcode 可在 google 搜索并下载，不需编译可直接使用。本章将它们用于图像的聚类集成，对原始程序进行了一些改动。

参考文献

[1] http://www.mit.edu/~andoni/LSH/[DB/OL] 2015.06.

[2] http://strehl.com/soft.html/[DB/OL] 2015.06.

[3] 高毫林，徐旭，李弼程. 近似最近邻搜索算法——位置敏感哈希[J]. 信息工程大学学报，2013，14：332-340.

[4] 高毫林，彭天强，李弼程，等. 基于多表频繁项投票和桶映射链的快速检索方法[J]. 电子与信息学报，2012：2574-2581.